AI 기반 자율주행 ADAS 와 차체수리

강성구 · 권익형 공저

문운당

머리말

한국폴리텍대학에서 학생들을 가르치면서도 자동차 엔지니어라는 생각을 버리지 않고 나날이 늘어나는 자동차 신기술을 공부하면서 현장의 엔지니어분들께 도움이 되고자 블로그에 글을 쓰고 유튜브에 영상을 남기면서 문뜩 질문을 받습니다. '당신은 뭐하는 사람이요?'라고 얼핏 자동차과 교수라는 직업이 떠오르다가 저의 본질에 대해 또 저의 양심에 물어보다 '자동차 문화 디자이너'라고 대답한다.

'자동차 문화 디자이너'

이 말은 자동차정비 엔지니어 선배로써 후진을 양성하고 기술을 전파하지만 정작 후배들이 자동차정비 엔지니어라는 직업을 가짐으로써 '이 직업을 택히였기에 먹고사는데 지장은 없습니다.' 라는 소문이 나게 하겠다는 것이다.

제가 처음 자동차정비에 입문한 1994년 선배분들이 '자동차정비 배우면, 3년만에 집사고 땅산다'는 말씀을 해주셨지만 3년이 지나고 30년이 다되가는 지금도 저겐 땅이 없습니다. 주위에 선배님들을 둘러보아도 이상한 점이 그런 선배분들이 보이지 않는 다는 것이다. 지금 우리사회는 좋은 직업만으로 집과 땅을 산다는 것은 힘든 세상이 되었다. 하지만 자동차정비를 배우는 후배들에게 힘든 직업 중 하나이지만 나름대로 보람도 있고 기술자로써 대우도 받을 수 있는 세상을 만들어 주고 싶고 노력해야 한다는게 나의 사명이라고 생각한다. 그게 선배된 사람의 할 일인 것이니까.

자율주행과 관련된 본서를 준비하면서 또 한번 자동차정비시장이 힘들다는 것이 느껴진다. 전기차 시대가 도래하면서 기본적인 소모품들이 사라지고 ADAS 적용으로 차량의 사고가 줄어듬에 따라 자동차정비 일은 빠른 속도로 줄어들고 있다. 공공의 이익을 위해서 자동차가 바뀌는 것은 당연한 부분이지만 소상공인이 대부분인 자동차정비업에는 치명적일 수 밖에 없다.

엔진이 탑재된 자동차가 흉물로 여겨지고 대기오염의 주범으로 지목되면서 전기자동차의 보급이 확대되어 자동차정비 일거리가 줄어들고 있으면서도 현장의 정비인력은 부족한 상태이나 수급이 쉽지 않은 상태이다. 이를 공공이 생각해보면 기술직에 속하는 자동차정비 엔지니어가 단순한 업무를 수행하는 인력과 동일한 취급을 받고 있기 때문으로 최저임금의 기준이 단순직 초급수준에 적용되고 기술직이나 숙련자와 차등을 두어야 하지만 현실이 그렇지 못한 점에 아쉬움이 크다.

저 혼자서 세상을 바꿀수 없기에 자동차정비업 선후배님들과 학계 선후배님들 다 함께 자동차 문화를 바꿔갔으면 합니다.

본서의 내용이 많이 부족합니다. 이세상의 모든 차량을 다다루지 못하고 주로 접하는 국산차량을 중심으로 대표 수입차량 일부의 정보를 담았으나 ADAS와 관련된 보정방법이 크게 다르지 않다는 기초지식을 습득하는데 도움이 되고자 합니다. 자동차 정비현장에서 필요하다고 판단한 부분과 필자의 노하우 위주로 집필하다보니 부족한 부분과 지극히 주관적인 부분이 많이 있으니 그점 양해해주시기 바라며 필자의 의도를 이해주기를 바라는 바입니다.

본서가 출간되기까지 함께 집필해주신 현대자동차 권익형 수석기사님과 박춘호 수석기사님 그리고 언제나 한결같이 함께해주는 가족들과 언제나 바른길로 안내해주시고 코칭해주시는 한국폴리텍대학 강현준 교수님, 오산대학교 문학훈 교수님 외 여러 교수님들과 '땅에서 구름까지'의 저자 최인호님, '한스덴트칼라' 한상돌 대표님, 현장에서 함께 도움을 준 행복한 자동차 윤영길 대표와 디젤캠프 이종욱 대표님 외 자동차 정비현장에 계시는 선후배분들과 출판에 도움 주신 문운당 임직원분들 하나하나 이름을 밝힐 수는 없지만 도움 주신 모든분들께 이 글로 나마 감사의 인사를 전합니다.

자동차 문화 디자이너

- 저자 대표 강성구 -

차 례

Chapter 1 자율주행과 ADAS

1.1 자율주행의 개요 1

1.1.1 커넥티드 카 _ 2
1.1.2 자동차의 발명품 _ 8
1.1.3 자율주행자동차 _ 11

1.2 ADAS 이해 16

1.2.1 ADAS 개요 _ 16
1.2.2 ADAS 분류 _ 17

Chapter 1 생각해보기 29

Chapter 2 전방 레이더와 차체수리

2.1 전방 레이더 31

2.1.1 전방 레이더의 특징 _ 31
2.1.2 전방 레이더의 성능 _ 32

2.2 차량별 특징 35

2.2.1 국산 자동차 _ 35
2.2.2 수입 자동차 _ 43

2.3 차량별 차체수리 및 코딩 56

2.3.1 국산 자동차 _ 57
2.3.2 수입 자동차 _ 86

2.4 전·측방 레이더 120

2.4.1 전·측방 레이더의 특징 _ 120
2.4.2 전·측방 레이더의 장착위치 _ 121
2.4.3 전·측방 레이더 데이터 _ 122

※ 전방 레이더 보정 정리 129

Chapter 2 생각해보기 136

Chapter 3 후·측방 레이더와 차체수리

3.1 후·측방 레이더 139

3.1.1 후·측방 레이더의 특징 _ 139 3.1.2 후·측방 레이더의 성능 _ 140

3.2 차량별 특징 143

3.2.1 국산 자동차 _ 143 3.2.2 수입 자동차 _ 149

3.3 차량별 차체수리 및 코딩 152

3.3.1 국산 자동차 _ 152 3.3.2 수입 자동차 _ 169

※ 후·측방 레이더 보정 각도 정리 182

Chapter 3 생각해보기 185

Chapter 4 전방 카메라와 차체수리

4.1 전방 카메라 189

4.1.1 전방 카메라의 특징 _ 189 4.1.2 전방 카메라의 성능 _ 191

4.2 차량별 특징 197

4.2.1 국산 자동차 _ 197 4.2.2 수입 자동차 _ 199

4.3 차량별 차체수리 및 코딩 203

4.3.1 국산 자동차 _ 203 4.3.2 수입 자동차 _ 215

※ 전방 카메라 보정 정리 227

Chapter 4 생각해보기 230

Chapter 5 주차편의와 차체수리

5.1 주차편의 장치 232
5.1.1 후방경보 장치 _ 232
5.1.2 후방 카메라와 내비게이션 _ 233
5.1.3 AVM _ 234
5.1.4 자동주차 _ 236
5.1.5 주차편의 장치의 성능 _ 240
5.2 시스템별 점검 · 진단 243
5.2.1 전 · 후방 경보기 _ 243
5.2.2 자동주차 _ 245
5.2.3 RVM _ 247
5.2.4 AVM _ 249
5.3 차량별 차체수리 및 코딩 253
5.3.1 국산 자동차 _ 253
5.3.2 수입 자동차 _ 266

Chapter 5 생각해보기 277

Chapter 6 패널 및 차체수리

6.1 볼트 온 패널 279
6.1.1 볼트 온 패널 개요 _ 279
6.1.2 볼트 온 패널 교환 _ 280
6.2 외부 패널 283
6.2.1 외부 패널 개요 _ 283
6.2.2 외부 패널 교환 _ 285
6.3 내부 패널 286

6.3.1 내부 패널 개요 _ 286 6.3.2 내부 패널 교환 _ 287

6.4 차체 고정 292

6.4.1 차체 고정 목적 _ 292 6.4.2 차체 고정 방법 _ 293

6.5 차체 인장 및 교환 295

6.5.1 차체 인장 _ 295 6.5.2 차체 교환 _ 299

Chapter 6 생각해보기 301

Chapter 01

자율주행과 ADAS

자동차는 고도의 지능을 가진 형태로 많은 발전을 하고 있는데, 엔진에 대한 기술은 배출가스 규제에 따라 방향이 정해져 있지만, 자율주행과 관련된 기능은 그 끝을 누구나 예상하듯 로봇 자동차가 되는 것이지만 차량의 제작에 드는 비용과 윤리적인 문제와 책임소재로 인해 쉽게 결정되지 못하고 있다.

자동차가 로봇이 되기까지에는 여러 가지 문제가 존재하지만, 사람의 운전을 보조하는 분야에 있어서는 많은 사람이 거부감이 없다. 2017년을 기준으로 해 미국에서 교통사고로 사망한 사람의 수보다 20세기 전쟁에서 사망한 사람보다 많은 사락이 사망한다고 한다. 이러한 교통사고 중 운전자의 실수에 의한 사망사고가 다량 발생하고 있고, 교통정체의 경우 또한 운전자의 습관과 전방주시 태만 등으로 인하여 발생하여 많은 사회적 비용(社會的 費用, social cost)이 발생하고 있다.

우리나라의 경우 전국의 교통정체와 같은 혼잡으로 인해 많은 사회적 비용이 발생하는 이러한 손실금액은 약 59조6,000억 원에 달한다고 한다. 이러한 비용을 절감하고 자동차에서 발생하는 유해 배출가스를 줄이며, 지구온난화 물질인 CO_2의 배출을 줄이기 위해서도 자율주행은 반드시 필요하다고 하겠다.

자율주행은 공상과학영화에서 오래전에 보여주었지만 지금 주위를 둘러보면 이러한 자율주행과 관련된 지능형 기능이 적용된 자동차들이 이미 주변에 있다는 것을 알 수 있다.

1.1 자율주행의 개요

자율주행은 자동차 스스로 운전하는 기능으로 우리나라 '자동차관리법' 제1장 총칙 제2조 1의3 "자율주행 자동차란 운전자 또는 승객의 조작 없이 자동차 스스로 운행이 가능한 자동차를 말한다."라고 명시되어 있다.

또 제27조(임시운행의 허가) ① 자동차를 등록하지 아니하고 일시 운행을 하려는 자는 대통령령으로 정하는 바에 따라 국토교통부장관 또는 시 · 도지사의 임시운행허가(이하 "임시운행허가"라 한다)를 받아야 한다. 다만, 자율주행자동차를 시험 · 연구 목적으로 운행하려는 자는 허가대상, 고장감지 및 경고장치, 기능해제장치, 운행구역, 운전자 준수사항 등과 관련하여 국토교통부령으로 정하는 안전운행요건을 갖추어 국토교통부장관의 임시운행허가를 받아야 한다. 〈개정 2013. 3. 23., 2015. 8. 11.〉로 명시되어 있는데 아직 실험차량에 대한 임시운행 허가만 있을 뿐 일반차량이 자율주행으로 도로를 다닐 수 없다. 다르게 말하면 아직 자율주행차량은 불법이라는 것이 된다.

1.1.1 커넥티드 카

1) 사물인터넷

사물인터넷이란 표현을 많이 들어 보았을 것이다. 사물인터넷이라 하면 'Internet of Things'로 이를 줄여 'IoT'로 부르고 있다. 우리 주위의 각종 사물이 인터넷에 연결된다는 것으로 사물들이 센서와 통신기능으로 무장하여 와이파이와 같은 무선 통신기술로 인터넷에 연결하는 것인데 사물이 단순히 인터넷에 연결되는 것이 아니라 이러한 사물이 가지는 정보를 공유하고 또 이러한 사물을 제어하는 것을 사물 인터넷이라고 한다.

사물이란 가정의 냉장고나 가스레인지 등의 가전제품들을 비롯해 스마트폰과 태블릿 PC와 같은 모바일 장비들 또 스마트워치와 같은 웨어러블 디바이스 등의 다양한 임베디드 시스템으로 다양한 사물들이 연결되어 인터넷을 통해 방대한 데이터가 모이게 되는데, 이렇게 모인 데이터는 일반적인 기술로 분석하기 힘들어 빅데이터 분석기술을 통해 효율적인 알고리즘을 개발하는 기술의 필요하게 된다.

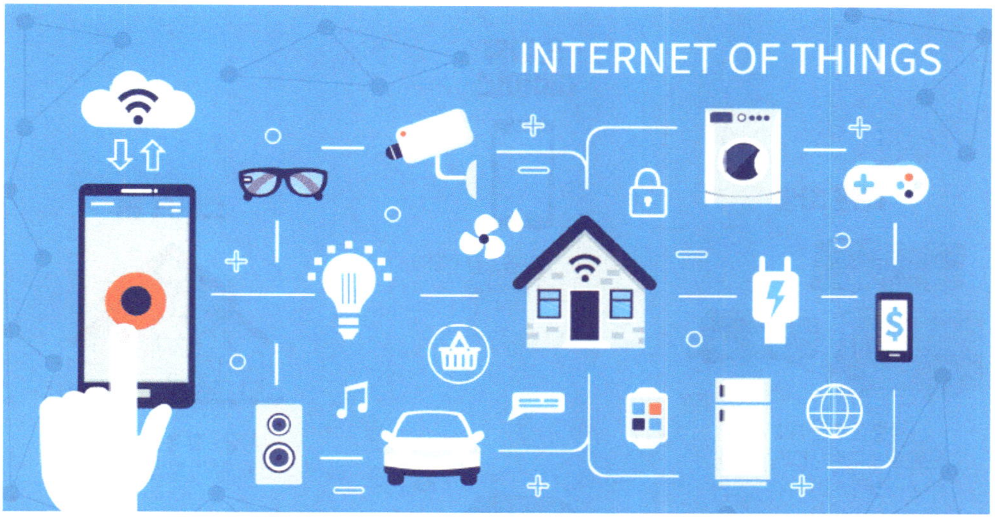

그림 1-1 IOT의 개념 (출처: https://mmkorea.net/)

2) 커넥티드 카

커넥티드 카(connected car)는 자동차가 무선네트워크 장비로 인터넷에 접속할 수 있다. 즉 자동차가 마치 스마트폰과 같이 본연의 기능 이외에 인터넷에 접속하여 다양한 기능을 할 수 있다는 의미가 된다. 차량 밖에서는 물론 차량 내에서도 다른 장비나 스마트폰과 연계되어 자동차의 기능을 공유할 수 있고 자동차에서 다른 장치를 통제할 수도 있다. 또 인터넷과 무선랜 접속으로 통제할 수 있는 장치만이 아니라 교통시설들과 정보를 교류하여 교통정체나 전방 사고위험에 대한 경보, 과속 및 안전 경보 알림 등을 이용할 수 있다.

커넥티드 카의 시작은 텔레매틱스(Telematics)라고 볼 수 있는데, 1996년 미국 제너럴 모터스(GM)에서 최초로 도입해 상용화하였다. 'Telematics'는 'Telecommunication'과 'Informatics'의 합성어로 자동차에 무선통신 기능을 추가하여 인터넷에 연결하고 실시간으로 차량의 위치 파악해 차량을 원격시동이나 도어열림과 닫힘을 제어하고 위험경고를 통해 사고를 방지하는 교통정보 등을 제공하고 전화와 메시지를 전송하며, 긴급구난 등의 서비스를 제공하는 것이 목적으로 적용되었다.

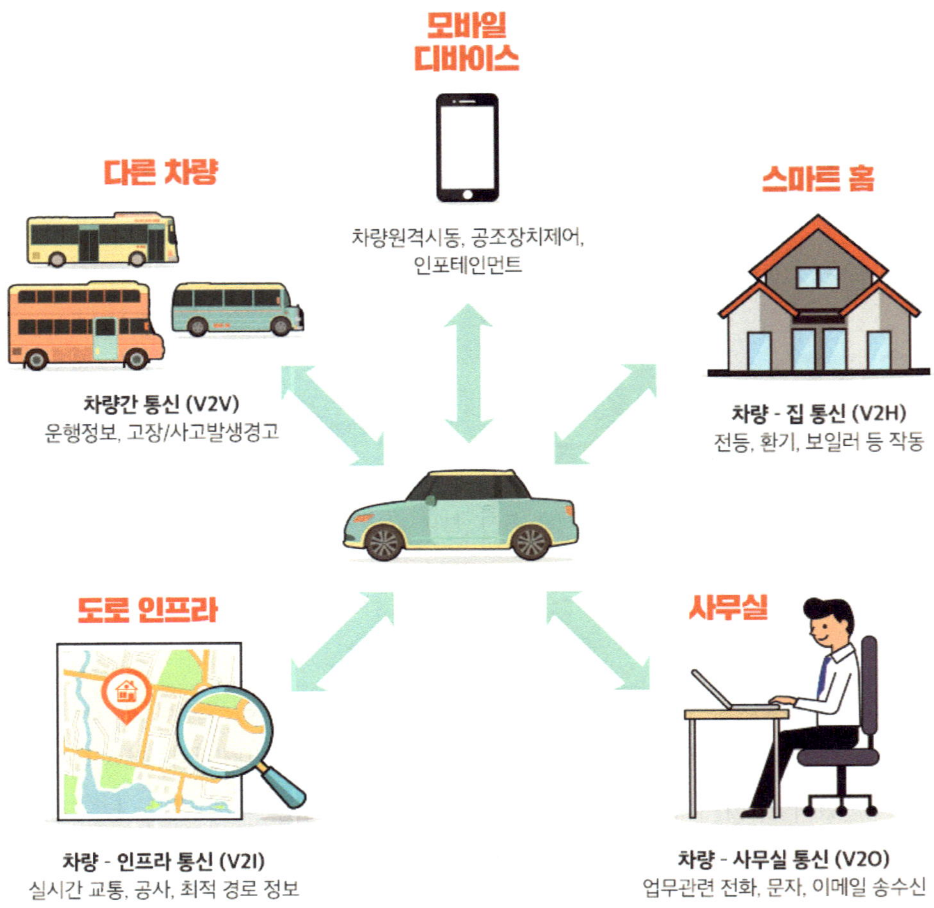

그림 1-2 커넥티드 카의 기능과 개념

(출처: https://news.samsungdisplay.com/15944/)

지금은 초기의 텔레매틱스 기능보다 많은 정보를 차량과 공유하고 많은 장치가 연결되는데 이는 앞서 살펴본 사물인터넷으로 사물인터넷의 영역에 커넥티드 카를 포함할 수도 있지만, 각각의 범위가 커 다르게 구분해 보는데 자동차는 단순한 사물이라기보다 사람이 머무는 공간이라는 개념이 더 크다. 그래서 커넥티드 카의 궁극적인 목적으로 인포테인먼트(Infotainment)를 적용하고 있는데, 인포메이션(Information)과 엔터테인먼트(Entertainment)의 합해 정보의 전달과 오락성을 제공하는 의미로 인포테인먼트가 되는 것이다. 이러한 자동차와 어떠한 장치를 연결하느냐의 의미로 'V2X'로 표현되는데 'V2X'는 'Vehicle to X'로 자동차와 자동차가 연결되는 것을 'V2V' 자동차와 교통인프라와 연결된 것을 'V2I'라고 한다.

3) ITS

ITS는 'Intelligent Transport Systems'의 약자로 지능형 교통시스템이다. ITS는 자동차 내비게이션과 같은 기본적인 부분에서 교통신호제어 시스템과 보안 CCTV와 자동사고 감지 또는 정지차량감지 시스템 등을 모니터링하기 위해 자동차의 번호판 인식과 과속 카메라와 주차안내 정보 시스템과 같은 여러 도로의 정보를 실시간으로 데이터를 수집하고 피드백하며 날씨정보에 따라 제설 또는 제빙시스템을 활용하여 운영 및 관리를 과학화하고 자동화하여, 교통사고의 예방과 원활한 교통효율성과 안정성을 향상시키는 교통체계이다

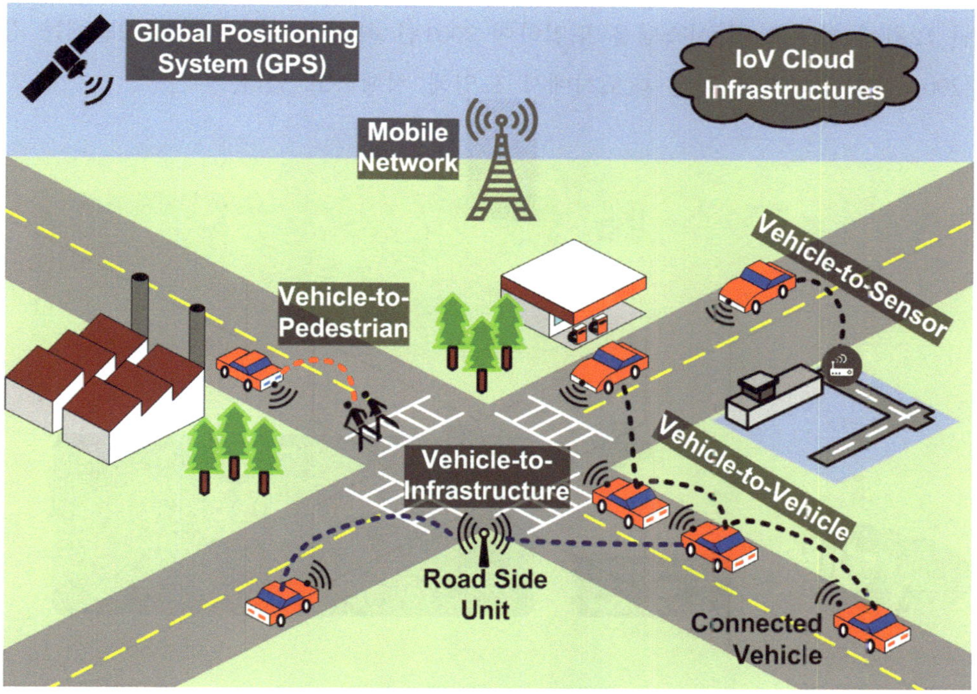

그림 1-3 ITS의 개념 (출처: https://www.mdpi.com/)

4) BIS

BIS는 'Bus Information System'으로 우리 주변에서 흔히 볼 수 있는데, 버스정류장의 버스 도착시스템이다. 이러한 버스에 운행에 대한 정보를 버스정류장에서 확인 가능한 것은 버스정보시스템(BIS)에서 버스의 운행정보를 실시간으로 전하는 첨단교통 시스템 덕분에 많은 사람이 버스를 편리하게 이용할 수 있게 되었다.

BIS의 개념을 살펴보면 GPS를 탑재한 각 버스가 무선 네트워크를 통해 교통정보센터에 차량의 위치 데이터를 서버에 전송하면 서버에서 인터넷 홈페이지나 버스정류장에 설치된 전광판 같은 버스정보 단말기인 BIT(Bus Information Terminal)와 스마트폰 어플 등으로 전송하여 버스의 운행정보를 제공한다. 우리나라에서는 경기도 부천시가 2000년 12월에 최초로 이 시스템을 도입하여 2001년 최초로 시행하고 2002년에는 강릉에서 2003년에는 대전과 같은 대도시에서 도입해 시행하고 있다.

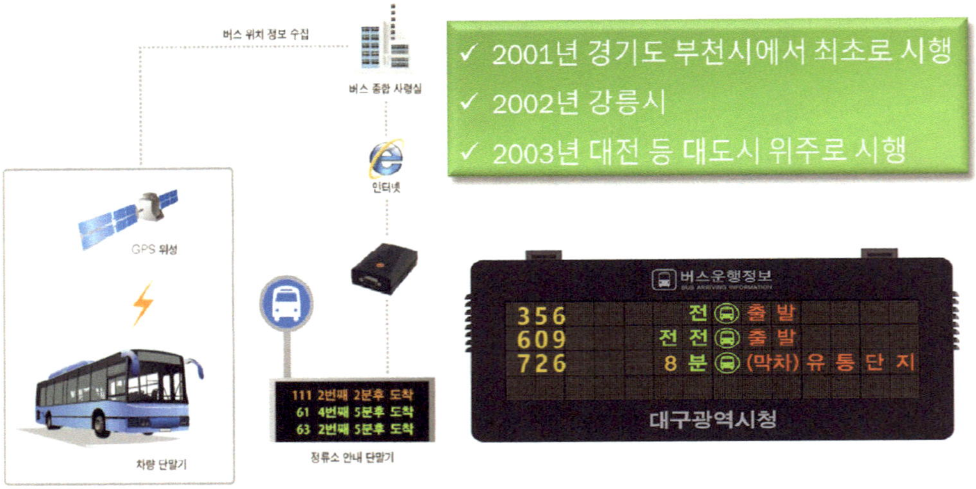

그림 1-4 BIS의 개념

(출처: https://www.sollae.co.kr/ko/applications/bus-system)

BIS는 버스의 도착정보 뿐만 아니라 노선검색, 실시간 버스정보, 버스 운행 계획표 등을 안내할 수 있어 버스 이용자의 편의를 증진시키면서 버스의 운행이력과 버스 운행관리와 배차관리 정보를 버스 내에 설치된 차량단말기로 정보를 제공하여 앞차와 뒤차 간의 운행 간격과 운행노선의 교통상황 정보를 실시간으로 확인할 수 있다. 이러한 버스 운 운행정보는 버스 운영사에 체계적이고 효율적인 운행관리를 제공하게 된다.

5) 모바일 네트워크

가) 1G

1세대 모바일 네트워크로 1970년대 일본에서 먼저 등장하였고 이후 전 세계적으로 보급되었는데 AM/FM의 라디오와 같은 아날로그 데이터를 전송하여 접근이 쉬웠지만 안정성이 떨어졌다. 최대속도는 초당 2kbps 정도로 이는 텍스트 몇 줄 정도의 수준이었다.

나) 2G

2세대 모바일 네트워크로 1990년대 초반에 출시되어 디지털 음성전송과 메시지 전송이 가능하다. SMS(Short Message Service)는 짧은 단문 메시지 서비스와 MMS(Multimedia Message Service)는 멀티미디어 메시지 서비스가 있다. SMS는 40자 내외 짧은 문장의 메시지로 국제 SMS 규격은 140Byte 지만 국내에서는 80Byte(완성형 한글 40자)로 제한되고 있다. 영문은 글자당 1바이트(byte)를 차지하고 한글은 글자당 2Byte를 차지하기 때문에 기준이 달라진다.

MMS는 영상, 음악, 사진 등 데이터와 40자 이상 문자를 보낼 수 있는데, 문자 메시지 작성 중 40자 넘는 글을 쓰거나 파일을 첨부하면 자동으로 MMS로 바뀌게 된다. 요금은 SMS보다 MMS가 더 비싸며, 카카오톡 등과 같은 메신저의 등장으로 무료로 파일을 전송하는 메신저의 사용 빈도가 높아지고 있다. 2G의 최대속도는 초당 200kbps라고 한다.

다) 3G

3세대 모바일 네트워크인 3G는 2000년대 중반에 출시되어 모바일 인터넷을 선사하였고 이로 인하여 전 세계적으로 스마트폰이 확산하는데 큰 영향을 미치게 되었다. 이때 데이터의 전송속도는 초당 40Mbps로 기존의 2G에 비해 대폭 향상되어 많은 스마트디바이스가 만들어지도록 하였고 사람들은 언제든 편리하게 인터넷에 접속하는 계기가 되었다.

라) 4G

4세대 모바일 네트워크인 4G는 2010년에 출시되어 현재까지도 가장 널리 사용되고 있는 모바일 기술이다. 다운로드 속도가 최대 100Mbps로 고화질의 영상파일을 빠르게 다운받을 수 있고 3D 액션게임을 플레이하는 등이 가능해졌다.

마) 5G

5G는 5세대 모바일 네트워크로 5G의 네트워크 데이터 전송속도는 4G보다 훨씬 빠른 전송속도로 최대 20Gbps에 이른다. 많은 사람이 3G 시절부터 스마트폰을 이용한 다양한 애플리케이션을 사용하고 인터넷에 접속하면서 빠른 속도에 대한 갈망이 커지고 스마트폰만이 모바일 네트워크에 접속하는 것이 아니라 자동차가 연결되고 냉장고와 세탁기 등의 가전제품들 또 교통안전에 관련된 시설 등이 연결되면서 더욱더 빠른 정보의 교환이 필요하게 되었다.

교통분야의 5G 연결은 교통안전시스템인 ITS의 효율성이 높아지고 자율주행차량에 많은 정보를 제공할 수 있게 되었다. 또 의료체계와 농업부분 그리고 경찰과 구급차 소방서 등의 공공서비스에도 적용되어 재난과 같은 긴급상황에서 더 빠르고 폭넓은 지원할 수 있게 되었다.

결국 자동차는 커넥티드 카와 자율주행을 완성하기 위해서는 반드시 모바일 네트워크와 연결되어야 한다.

1.1.2 자동차의 발명품

자동차가 발명된 후 자동차에는 다양한 발명품이 적용되었는데 독특한 발명품으로 여겨지는 것들과 획기적인 발명으로 기록된 발명품에 대해 알아보자.

1) 황당한 발명품

Hot cars에서 역대급으로 황당한 발명품을 선정했는데 그 순서대로 살펴보자

(출처:https://www.hotcars.com/10-crazy-car-inventions-that-failed/)

가. 핵융합엔진 자동차

19050년대 후반에 포드자동차에서 'Ford Nucleon'이라는 핵융합 엔진이 탑재된 자동차를 추리하였다. 냉전의 시절 핵무기와 원자력 시대라는 영감으로 판매하려고 하였으나 이 발명품은 너무 위험하고 비싸다는 이유로 상용화되지 못하였는데 현재는 미국의 디어본 박물관에 전시되어 있다고 한다.

나. 차량 탑재형 축음기

자동차에서 음악을 듣는다는 것은 당연한 일이기는 하나 최초에는 라디오만이 탑재가 되었는데 자신만의 음악을 듣고 싶은 것은 과거나 지금이나 동일한 것 같다. 지금은 스마트폰을 이용한 블루투스 기능으로 자신만의 음악을 들을 수 있지만, 최초에는 레코드판만이 자신만의 음악을 들을 수 있는 유일한 방법이라고 할 수 있었는데 그로 인해 레코드판을 재생해줄 축음기를 자동차에 탑재하게 된 것인데 운전 중 조작이 쉽지 않고 노면상태에 따라 음악이 제대로 실행되지 않는 문제로 운전 중에는 음악을 듣기가 쉽지 않았다고 한다.

다. 주차용 보조바퀴

자동차의 운전 중 가장 힘든 것은 주차라고 모두가 손꼽는데 그 주차 중에서도 평행주차가 가장 힘들다고 할 수 있는데 이를 편리하게 해주는 것 중 하가 바로 주차용 보조바퀴이다. 캐딜락에서 보조바퀴 'Fifth wheel'을 트렁크에 직각방향으로 장착해 차량의 뒷부분을 측 방향으로 움직일 수 있도록 만들었으나 효율이 많이 떨어졌는데, 1951년의 주차상황을 염두해 본다면 당시 대부분 지역에서는 과분한 장치가 아니었나 생각된다.

라. 보트 자동차

1960년대에는 나는 자동차에 대한 발명이 시도되었고 1970년대 보트와 자동차로 동시에 사용이 가능한 자동차를 만들었는데 포르쉐와 랜드로버와 같은 회사에서 출시하였으나 보트로 사용하기에 자동차의 크기가 너무 작아 판매로 이루어지지는 못했다.

마. 자동차 실내 화장실

1947년 캐딜락은 화장실이 있는 자동차를 개발하였는데 장거리 운전을 해야 하는 경우 아주 유용하다고 생각할 수 있으나 이 화장실을 관리하는 문제가 발생하는데 이 화장실의 위치가 승용차량의 뒷좌석이기에 차량의 실내에 그 냄새가 가득하고 위생적인 문제 등으로 실제로 사용에는 어려움이 있었으며 주유소와 같은 휴게시설이 많아짐에 따라, 보다 청결한 곳에서 용변을 해결하는 방향을 선호하게 된다.

2) 획기적인 발명품

자동차에는 무수히 많은 발명품이 적용돼있지만 본서의 주제에 걸맞는 발명품에 대해서만 살펴보도록 하겠다.

가. 자동변속기

자동변속기는 운전자의 운전에 대한 피로를 많이 덜어주는 장치로 손꼽을 수 있는데 자동변속기를 운전자의 편의를 위하지만, 연비를 나쁘게 하는 원인으로 최악의 발명품으로 지목하기도 한다. 먼저 교통체증이 심한 시내 주행 시 잦은 변속에 대한 운전자의 피로를 덜 수 있지만, 수동변속기에 비해 무게가 무겁고 동력전달 효율이 떨어짐에 따라 연비가 저하되는데 이는 결국 지구온난화 물질의 발생과 연결되며, 다른 부분으로는 운전의 재미를 빼앗았다는 부분도 있다. 이러한 자동변속기는 유압식 자동변속기와 무단변속기, 자동화 수동변속기로 다양한 종류로 발명되어 적용되어 있다.

나. 내비게이션

불과 20여 년 전만 해도 길을 찾기가 쉽지 않았다. 대부분 지도를 사용하거나 사람들에게 물어가면서 여행을 할 수 있었다. 하지만 1990년에 Mazda 사에서 최초로 자동차에 GPS(Global Positioning System)를 장착하면서 시작되어 미국에서는 군용 GPS를 개발하고 민간영역으로 확대되면서 이제는 대부분 자동차에 내비게이션이 장착되면서 GPS가 폭넓게 사용되고 자동차에서 내비게이션을 사용하는 것은 당연해졌다.

자동변속기와 내비게이션을 먼저 획기적인 발명품으로 꼽은 것은 운전자의 편리함을 제공하고 이러한 기능으로 인해 자율주행에 가까워졌기 때문으로 자동변속기는 운전자의 손을 자유롭게 하고 내비게이션은 운전에 집중하고 교통정보를 제공하기 때문이다.

1.1.3 자율주행 자동차

앞에서 살펴본 발명품들로 인해 운전자에게 편리함을 제공하는 것을 넘어 자유를 부여하고, 최상의 안전을 제공하는 첨단 자율주행 기술이 최근 자동차산업에서의 핫 이슈로 떠오르고 있다. 전통적인 자동차 메이커들 뿐만 아니라, 글러벌 IT 전문기업들 조차 미래산업의 블루칩이 될 수 있는 자율주행 기술 개발에 뛰어들고 있다. 드라마나 영화에서나 보았던 시계로 자동차를 주차하고, 핸들을 조작하지 않아도 자동으로 주행하는 자동차를 도로에서 볼 날이 얼마 남지 않았다고 볼 수 있다

1) 자율주행 자동차의 필요성

자동차가 자율주행을 함으로써 가지는 장점에 대해 먼저 살펴보겠다.

가. 운전으로 인한 교통사고 감소

대부분 교통사고 원인의 90%가 운전자의 과실로 자율주행 자동차가 본격 상용화된다면 이러한 운전자에 의한 교통사고는 대폭 감소하고 그에 따르는 사회적 비용을 절감할 수 있다.

그림 1-5 운전자 과실에 의한 교통사고

나. 연비개선 및 에너지 절감

교통정보에 따라 자동차가 자율주행을 함으로써 과속과 금가 감속을 하지 않음에 따라 자동차의 연비를 향상시킬 수 있고 그에 따라 에너지까지 절감할 수 있다. 자율주행을 하게 되면 자동차가 순항하도록 속도 조절하기에 불필요한 가속이나 감속이 줄어 이산화탄소의 배출 등의 대기오염도 감소시킬 수 있다.

다. 교통혼잡 비용감소

차량 정체 현상은 제동을 위해 브레이크를 밟는 운전자들이 많을 때 주로 발생하는데 이는 차량들이 동시에 속도를 줄이는 것이 아니기 때문이다. 운전자의 인식 속도에 따라 제동에 걸리는 시간과 방식이 달라짐에 급제동을 하는 차량이 많을수록 많은 정체가 발생하고 심해질 수밖에 없다. 여러 차선이 합쳐지는 교차로에서 주행하는 차량의 10%만 자율주행 차로 바뀌어도 평균속도가 2배 빨라지고 신호등이 많은 도심에서는 더 큰 효과가 나타나는 것이 연구결과로 나타나기도 했다.

라. 여가시간 증대

완전자율주행이 확대되면 자동차를 운전할 필요가 없게 되고 그에 따라서 운전자가 필요없어 이동하는 시간은 자연스럽게 여가시간이 된다. 운전자는 더 이상 운전할 필요가 없으니 이동하는 차안에서 영화를 감상하거나 잠을 자는 등의 휴식을 취할 수도 있고, 메일을 보내는 등의 회사업무를 수행할 수도 있다.

마. 교통약자의 이동성 개선

자동차의 운전에서 이동이라는 개념으로 변화하면서 운전할 수 없거나 어려운 어린이, 노년층, 장애인 등 교통약자들의 이동이 더욱 편리해질 수 있다. 또 휠체어를 자율주행으로 이동함으로써 교통약자들이 가장 어려워하는 이동 수단간 환승의 불편함을 해결할 수도 있게 된다.

바. 교통인프라의 활용범위 확대

자동차 대부분이 차가 실제로 운행되는 시간의 비율은 4.2% 정도로 자동차 대부분은 주차장에 잠들어 있는 것이다. 이는 편리하게 생활을 위해 자동차를 사용하지만, 실제적인 사용시간은 얼마 되지 않는다는 것이다. 자율주행이 본격화되면 자동차의 소유주는 출근하고 난 뒤 근무시간 동안은 자동차가 주차장에 잠들어 있게 되는데 차량의 소유주가 퇴근하기 전까지 자동차 혼자서 자율주행 기능으로 턱시 운형을 한다면 자동차 한 대가 여러 대의 역할을 하고 주차장에 멈춰 서있음으로 써 발생하는 주차공간 부족을 걱정하지 않을 수 있다.

2) 자율주행의 단계

운전자 또는 승객의 조작없이 자동차 스스로 달리는 자율주행을 최종적인 단계로는 로봇자동차라고 말할 수 있다. 자동차를 로봇이라고 하는 것은 자동차가 스스로 움직이는 정도를 벗어나 혼자서 기능을 수행할 수 있다는 것으로 앞에서 언급한 것과 같이 자동차가 스스로 택시영업을 하는 것을 의미한다. 하지만 한 번에 로봇자동차가 되는 것이 힘들고 그 중간단계의 다양한 기능들이 존재하므로 국제자동차 기술인협회 SAE International (구 미국자동차공학회 Society of Automotive Engineers)에서는 자율주행을 5개의 단계로 구분하고 있다.

단계	구분	내용
0	비자동화 (No Automation)	운전자가 차량운행을 항시 수행(조작 및 제어)
1	운전자 보조 (Driver Assistance)	특정 주행모드에서 시스템이 조향 및 가/감속 중 한가지 수행
2	부분 자동화 (Partial Automation)	특정 주행모드에서 시스템이 조향 및 가/감속 모두 수행
3	조건부 자동화 (Conditional Automation)	특정 주행모드에서 시스템이 차량운행을 전부 수행 운전자는 시스템 개방 요청 시에만 대체 수행
4	고등 자동화 (High Automation)	특정 주행모드에서 시스템이 차량운행을 전부 수행 운전자는 해당 모드에서 개입 필요없음
5	완전 자동화 (Full Automation)	모든 주행상황에서 시스템이 차량운행을 전부 수행

표 1-1 자율주행 단계

가. 0단계

자동차의 운전을 운전자가 모두 조작 또는 제어하는 단계로 자동화가 전혀 되지 않은 상태이다.

나. 1단계

자동차의 운전조건 중 특정한 주행모드에서 차량의 시스템이 조향 및 가·감속 중 한 가지를 대신해주는 것으로 가장 오래된 장치로는 CC(Cruise Control) 즉 항속 주행 장치가 있다.

다. 2단계

자동차를 주행할 때 특정 주행모드에서 시스템이 조향 및 가·감속 기능을 모두 수행하는 것으로 최근 출시된 주행보조 시스템들이 해당하는데 먼저 조향을 보조하는 LKA(Lane Keeping Assist)와 차량이 항속 운행을 하면서도 전방의 차량과의 거리를 유지하는 SCC(Smart Cruise Control), 그리고 긴급한 상황에서 운전자를 대신해 전방 추돌 상황이 감지되면 자동으로 제동해주는 AEB(Autonomous Emergency Braking)가 동시에 작동하는 형태이다. 좀 더 쉽게 설명하면 직진만 자율주행이 가능하다고 할 수 있다.

라. 3단계

자동차가 특정 주행모드에서 차량이 스스로 운행을 전부 수행하고 운전자는 시스템에서 요청하면 운전자가 운전을 전달받는 형태로 T사의 FSD(Full Self Driving Capability)가 이에 해당한다고 볼 수 있다.

마. 4단계

자동차가 특정 주행모드에서 차량이 스스로 운행을 전부 수행하지만 3단계처럼 시스템이 운전자에게 요청하는 일이 없어 해당 주행모드에서는 운전자의 개입이 전혀 필요가 없는 것이 특징이다.

바. 5단계

자동차가 모든 주행상황에서 스스로 차량의 운행을 전부 수행하는 것으로 택시영업과 같은 행위를 스스로 행할 수 있는 로봇자동차가 된다. 마치 공상과학 영화 'Knight Rider' 국내에서는 '전격 Z작전'에 나오는 키트라는 자동차와 같이 되는 것이다.

자율주행은 SAE에서 구분한 것과 같이 그 단계가 나뉘어 있지만 이미 우리 주변에 와있다는 것은 현실이 되었다. 다만 자율주행은 기술적인 문제를 해결하는 것이 아니라 윤리적인 문제를 해결해야 하는 큰 문제가 남아있다. 이는 불가피하게 사고가 발생하는 상황에서 보행자를 먼저 보호할 것인지 아니면 탑승자를 보호해야 할 것인지에 관한 결정과 많은 수의 사람들 보호해야 할 것인지 아니면 소수의 사람을 보호해야 할 것인지 또 아이를 먼저 보호해야 할 것인지 아니면 노인을 먼저 보호해야 할 것인지 등으로 사실 맞다 그르다 할 수 없는 판단의 길에서 자동차가 어떤 윤리를 가지고 있느냐가 문제가 될 수 있다는 것으로 또 사고 시 책임을 누가 져야 하는지가 문제가 된다.

3) 토론해보기

가. 다음 상황에서 한 가지를 선택해야 한다면 여러분은 몇 번을 선택하겠는가?

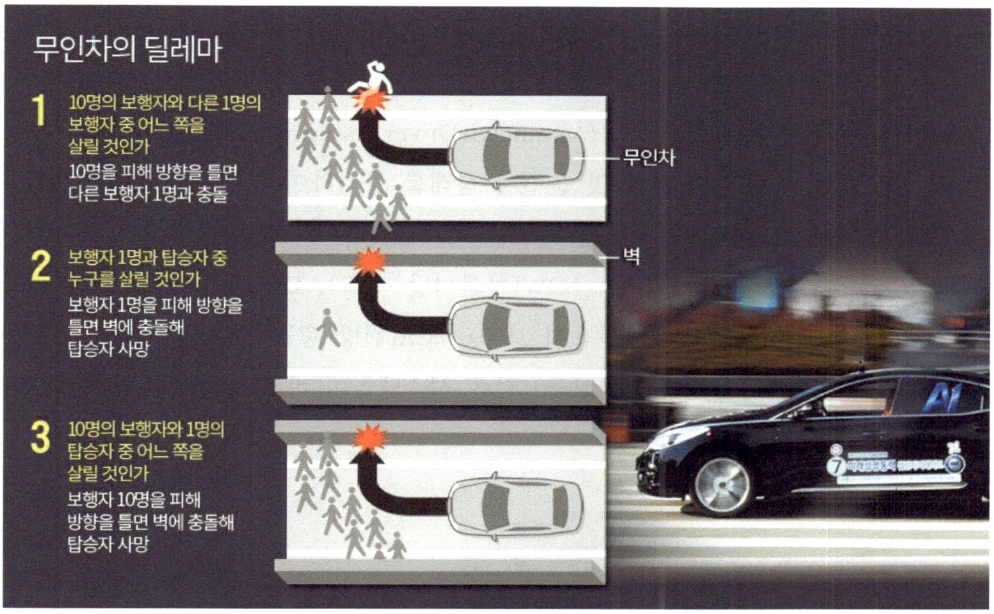

그림 1-6 무인자동차의 딜레마(출처: https://www.chosun.com/)

나. 자율주행 자동차가 가져야 하는 기본적인 가치는 무엇일까?

다. 위급한 상황에서 자율주행 자동차가 행동해야 할 원칙은 무엇일까?

1.2 ADAS 이해

자율주행차량의 출현에 앞서 여러 핵심기술이 개발되어야 하는데, 차량의 주행과 관련한 편의/안전 시스템인 ADAS 시스템이 자율주행을 위한 가장 기본이 되는 시스템이라고 할 수 있다.

1.2.1 ADAS 개요

ADAS란, 첨단 운전자 보조 시스템(Advanced Driver Assistance System)을 말한다. 구체적으로 정의하면, 차량 외부환경 및 운전자 상태를 분석하여 주행 및 주차에 대한 시야확보/화면표시/가이드/ 경고/ 제어를 해주는 시스템이다. 최근 들어 주요 많은 차량에 적용되고 있는 SCC(차간거리 유지), LDW(차선이탈 경고), LKA(차선이탈 방지 보조), HDA(고속도로 주행 지원), LFA(차선유지 보조), FCA(전방 충돌방지 보조), BCA(후측방 추돌 방지), RSPA(원격 스마트 주차 보조) 같은 시스템들이 바로 ADAS의 범위 내에 들어간다.

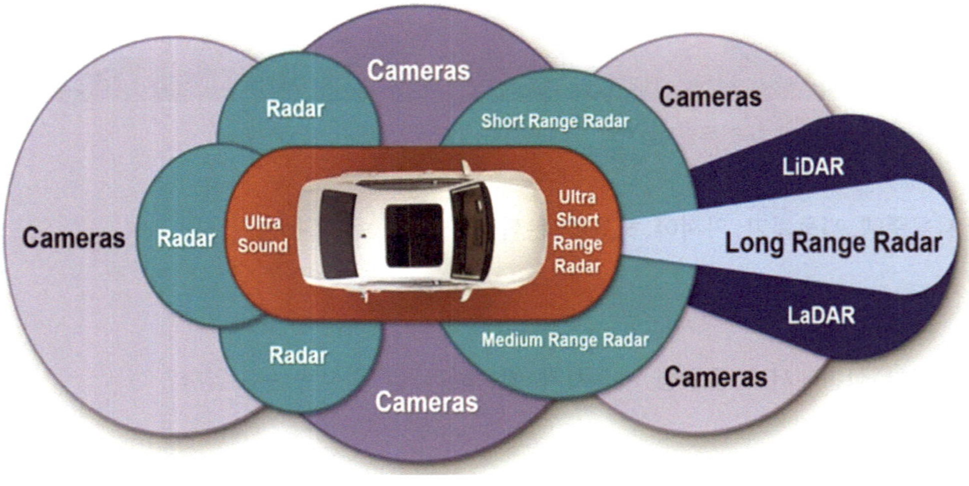

그림 1-7 자율주행 ADAS 센서 (출처: https:www.maxisysadas.com)

각 ADAS 시스템들은 기본적으로 아래와 같은 구조로 구성되어 있다. 센서를 통해 외부의 환경과 운전자의 의지를 인지하고, 필요한 정보를 추출하여 최적의 주행 상황을 결정한 후, 차량의 각 액추에이터를 통해 차량이 주행, 정지 또는 조향이 될 수 있도록 제어한다.

1.2.2 ADAS 분류

1) ADAS 구분

자동차의 안전과 관련한 기술 혁신이 안전벨트, ABS, 에어백, ESC의 순으로 개발되어 많은 차량에 적용되고 의무화가 되었다. 이제는 ADAS 기술이 바로 그 뒤를 이어가게 되는데 센서와 레이더 기술의 발전으로 인해 AI 산업 트렌드와 자동차 운전자와 사용자의 요구에 의해 지속적으로 기술개발이 이루어지고 있다.

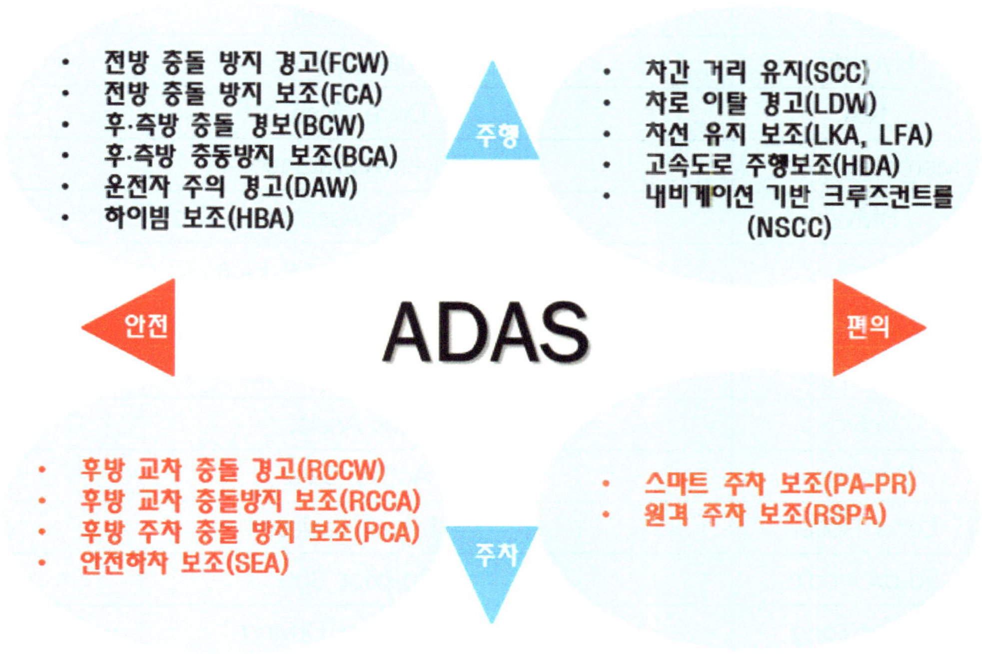

그림 1-8 ADAS 구분

ADAS 기술이 추구하는 방향은 안전부분에서 자동차가 위험한 상황을 미리 예견하여 교통사고를 미연에 방지하는 것이고, 그로 인해 교통사고로 죽거나 다칠뻔한 생명을 구하고, 사고발생에 따른 불가피하게 손실되는 비용을 감소시킬 수 있다. 편의의 관점에서는 자동차의 주행과 주차 같은 반복적인 조작을 운전자 의지에 따라 대신 수행함으로써 운전자의 피로도를 최소화하고 나아가 운전자의 조작이 없도록 하는 것이다.

ADAS 기술은 기존의 주행안전과 관련된 ABS, ESC와 같은 시스템과는 크게 차이가 있으며, 주행과 주차 그리고 편의와 안전의 면에서 크게 그림 1-8과 같이 구분을 할 수 있다.

최초에 이러한 ADAS 시스템이 자동차에 장착되면서 자동차 제작사별로 서로 다른 이름을 사용함으로써 일반 오너운전자를 비롯해 자동차정비 엔지니어들 조차도 명칭에 혼란이 발생하였다.

자동차 제작사 별로 다소 차이가 있지만, 차량에 장착된 센서들이 하나 이상의 기능을 가지고 있는데 대표적인 것이 라이더 또는 레이더와 카메라가 된다.

제작사	ADAS 명칭
Hyundai	Smart Sense
KIA	Drive Wise
Mercedes-benz	Driver Assistance
BMW	Active Driving Assistance Pro
Audi	Driver Assistance Plus
Tesla	Auto Pilot
Volkswagen	Driver Assistance
Volvo	Pilot Assist
Porsche	Active Safe
Land Rover	Driver Assist
Ford/Lincoln	Co-pilot 360
SSangYong	Automated Driving

표 1-2 제작사별 ADAS 상품 명칭

구분	기존명칭	변경명칭	설 명
전방 레이더	SCC	SCC W/S.G	Smart Cruise Control With Stop/Go 스마트 크루즈 컨트롤 (스탑 & 고)
	AEB	FCA	Forward Collision-avoidance Assist 전방 충돌방지 보조
	NSCC	NSCC	Navigation-based Smart Cruise Control 내비게이션 기반 스마트 크루즈 컨트롤
전방 카메라	FCWS	FCW	Forward Collision-avoidance Warning 전방 충돌방지 경고
	HDA	HDA	Highway Driving Assist 고속도로 주행 보조
	LKAS	LKA	Lane Keeping Assist 차로 이탈방지 보조
	LFA	LFA	Lane Following Assist 차로 유지 보조
	LDWS	LDW	Lane Departure Warning 차로이탈 경고
	DAA	DAW	Driver Attention Warning 운전자 주의 경고
	HBA	HBA	High Beam Assist 하이빔 보조
후측방 레이더	BSD	BSW	Blind-spot Collision Warning 후측방 충돌 경고
	SBSD	BCA	Blind-spot Collision-avoidance Assist(rear) 후측방 충돌방지 보조
	RCTA	RCCW	Rear Cross Traffic Collision Warning 후방 교차 충돌방지 경고
	RCCA	RCCA	Rear Cross Traffic Collision-avoidance Assist 후방 교차 충돌방지 보조
		SEW	Safe Exit Warning 안전하차 경고
		SEA	Safe Exit Assist 안전 하차 보조
초음파 센서 외		RSPA	Remote Smart Parking Assist
		PCA	Parking Colision-Avoidance Assist

표 1-3 ADAS 명칭

2) ADAS 센서

레이더와 라이다는 박쥐가 사용하는 방식과 유사하다.

가. 레이더

전자파 기반의 센서로 'Radio Detection and Ranging' 전자파를 발사해 되돌아오는 신호를 기반으로 차량과 사물과의 거리와 속도 그리고 방향등의 정보를 추출하는 방식이다. 레이더만 가지고는 물체의 형상을 정확히 구분하거나 인식할 수 없어 다른 장치와 함께 상호 보완하여 사용하고 있다. 장점으로는 날씨나 시간과 관계없이 높은 성능과 신뢰도를 자랑하고 있으며, 주파수에 따라 단거리에서 중거리, 장거리용으로 사용하고 있다.

① 중장거리 레이더

장거리용 레이더는 주로 차량의 전방에 장착되어 앞차와의 거리와 전방의 물체 등의 정보를 얻을 수 있는데 일반적으로 중장거리 레이더는 150~200m 이상을 감지할 수 있지만 물체를 감지할 수 있는 각도는 보통 45° 정도로 좁지만, 단거리 레이더의 경우 100m 이내의 거리를 감지하지만 상대적으로 넓은 130° 정도의 각도로 감지할 수 있다.

② 단거리 레이더

단거리 레이더는 주로 후·측방 충돌을 경보하거나 보조하는 장치에 적용이 되고 있는데 단거리의 경우 일반적으로 130°의 시야각으로 중장거리에 비하여 비교적 넓은 시야각을 가지지만 전방으로 70m 정도로 감지거리가 짧은 것이 특징인데 장거리 레이더와 병행해 사용하기도 하며 레이더 자체가 하나의 제어기로 사용하거나 레이더를 센서로 사용해 자율주행과 관련된 데이터를 별도의 제어기로 통합제어 방식을 사용하고 있다.

나. 라이다

레이더와 유사하지만, 라이다의 경우 Lidar는 빛을 의미하는 'Light'와 'Radar'를 합한 것으로 레이저 기반의 센서로 신호를 보내고 반사되는 신호를 다시 받는 것은 레이더와 같은 부분이지만 전파가 아닌 레이저를 발산하는 것이 다른데 레이저의 경우 직진성이 강한 고출력 펄스 레이저를 사용해 레이더에 비해 고정밀의 데이터를 확보한다.

라이다는 레이더와 달리 카메라와 유사하다고 할 수 있는데 근본적으로 플래시 라이다(flash Lidar)와 스캐닝 라이다(Scaning Lidar)로 구분할 수 있는데 카메라와 같은 형상으로 정보를 얻을 수 있어 고해상도의 3차원 공간정보를 얻을 수 있는 점이 특징인데 그 정밀도는 몇 cm 정도 단위의 오차범위를 가지므로 그 정확도가 엄청 높은 장점을 가지지만 가격이 매우 비싸 쉽게 보편화되지 않는데 이 라이다로 인해 차량의 가격보다 라이다와 같은 센서의 가격이 더욱 높아질 수 있는 데다 수집된 방대한 데이터를 처리할 수 있는 제어기의 가격 또한 문제가 될 수 있다.

그림 1-9 자율주행차량의 레이더와 라이다

다. 카메라 센서

카메라 센서를 이용하는 기술은 라이다보다 저렴하지만, 카메라 센서보다 비싼 레이더에 비해 가장 저렴하게 사용할 수 있는 기술로 미국의 'T'사의 경우 카메라만 가지고 자율주행을 완성하겠다고 발표하면서 사람이 운전할 때 눈으로 사물과 상황을 판단하는 것과 같이 라이다나 레이더가 없이 카메라 센서만으로 자율주행을 완성할 수 있다고 하여 큰 파장을 일으키기도 하였다.

대부분의 자동차 회사에서는 카메라 센서와 레이더를 병행하여 사용함으로써 안정성을 높이고 있는데, 카메라 센서는 기존의 후방 카메라나 AVM(Around View Monitor)와 같이 단순히 영상화면만을 보여주는 것과 비교되는데 기존에는 '카메라'라고 불렀지만 자율주행을 다루는 입장에서 구분을 위해 '센서'라는 이름을 추가로 덧붙이고 있다.

카메라 센서는 기본적으로 다기능 전방 카메라와 AVM 카메라, 스테레오 카메라, 야간 감시용 및 운전자 모니터링 카메라까지 다양한 종류와 기능을 가진 카메라가 있다. 자율주행을 위해서 T사의 오토파일럿 시스템에는 8대의 카메라를 장착한 것을 볼 수 있는데 이는 전방 카메라 3개와 후방 카메라 1개, 전 · 측방 카메라 2개, 후 · 측방 카메라 2개로 총 8개이다. 원거리 전방과 360° 주위 환경을 카메라와 센서만으로 인지하는데 그림 1-9에서 보는 것과 같이 각 카메라에서 검출하는 거리와 화각이 카메라의 장착위치에 따라 담당하는 위치를 알 수 있는데 이는 카메라의 기능으로 완성하는 것이 아니라 이 카메라의 정보를 모두 취합해 판단하는 제어기의 판단에 따라 차량을 제어하게 된다.

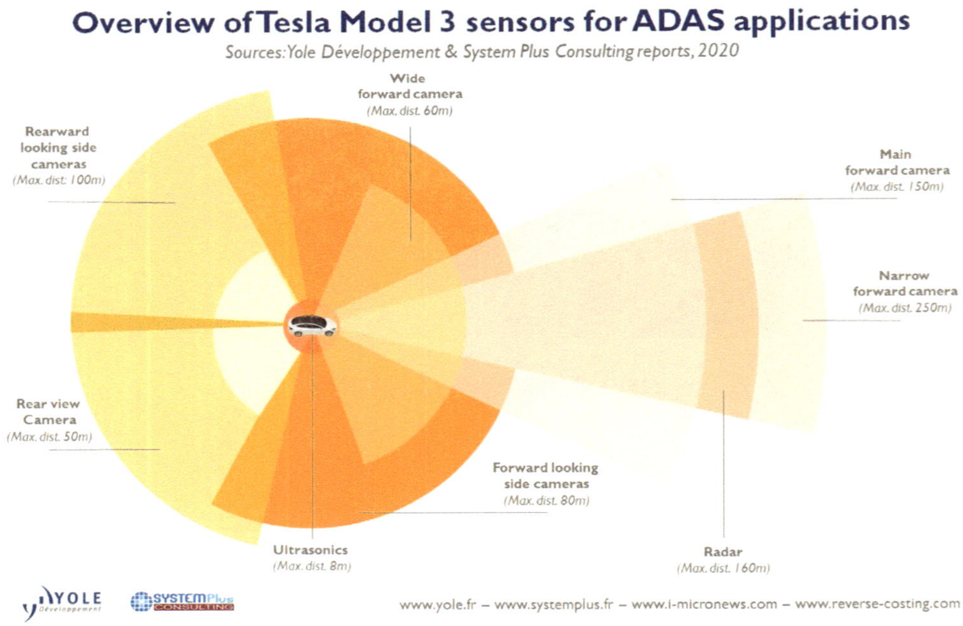

그림 1-10 오토파일럿 센서 감지영역

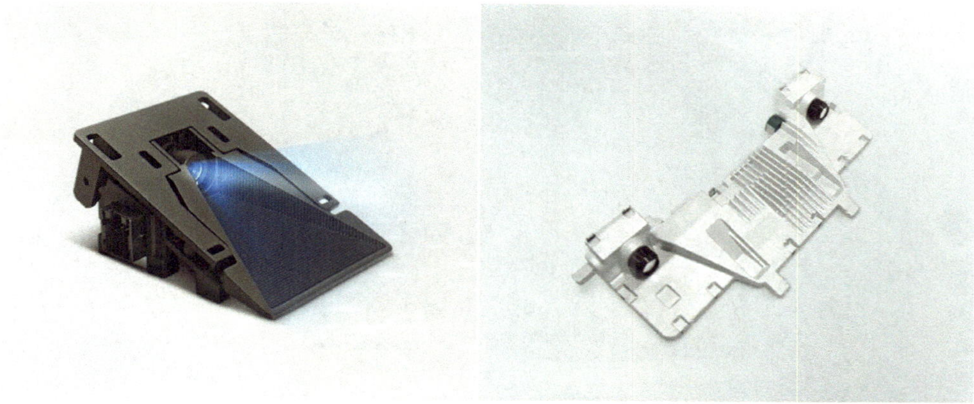

그림 1-11 모노 카메라 센서와 스테레오 카메라 센서

(출처: LG전자 https://live.lge.co.kr/adas02/)

라. 초음파 센서

흔히 음파라고 하면 소리의 파장으로 일반적인 초음파 센서의 경우 후방 경보기를 대표적으로 생각해 볼 수 있는데 초음파는 사람의 귀에 들리지 않는 영역의 음역으로 음파의 파장은 라이다의 전자파장에 비해 낮은 주파수영역의 음파이다.

초음파 센서의 원리는 센서에서 발생한 초음파는 물체에 부딪혀 다시 센서로 돌아오게 되는데 이때 걸린 시간으로 거리를 계산한다. 이러한 원리로 주차감지센서로 보편적으로 사용되는 초음파 센서는 일반적으로 20~500mm이고 측정각도는 약 15° 정도이지만 최근 그 이상의 측정범위를 가지고 있는 센서들이 출시되고 있다.

마. 제어기

자율주행을 위해 필요한 레이더와 라이더 그리고 카메라와 초음파 센서 등에서 수집된 정보를 처리해 인지하고 판단해 차량의 제어를 담당하는 것이 제어기인데 이 제어기에는 딥러닝 소프트웨어가 탑재되어 있다.

ADAS 시스템에 따라서는 각각의 센서들이 제어기 기능을 함께하는 경우가 있으나 ADAS 기능이 더욱 강화되면서 많은 센서가 차량에 장착되었고 그에 따라 방대한 양의 정보를 정리해 주변상황을 인지하고 판단할 수 있는 별도의 제어기가 필요하게 된다.

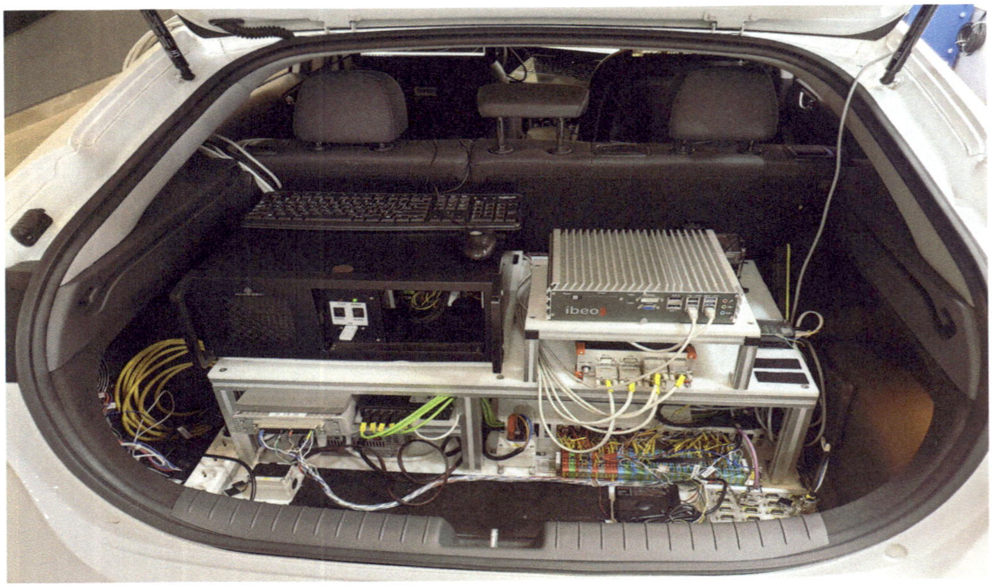

그림 1-12 자율주행차량의 제어기(KAIST 개발)

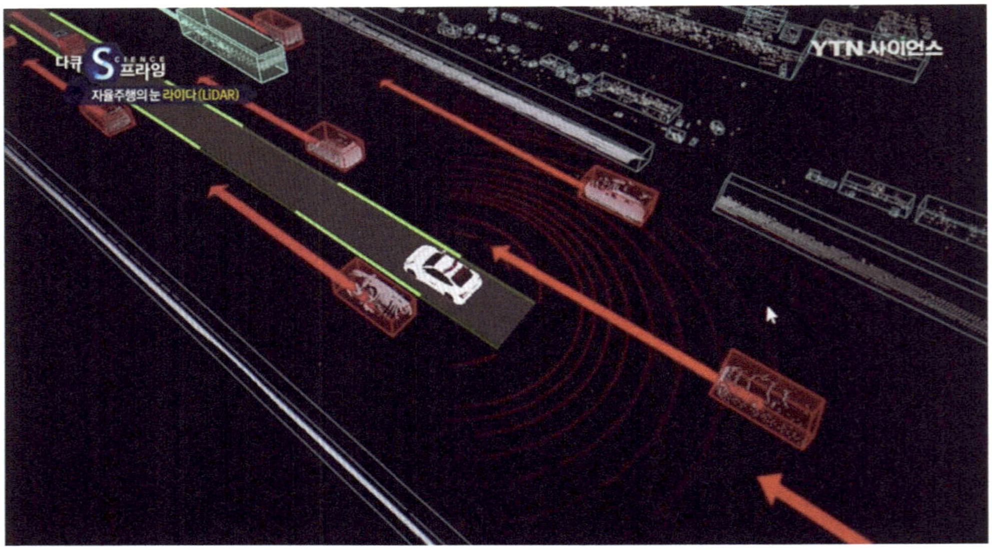

그림 1-13 자율주행 소프트웨어

(출처: YTN 사이언스 https://youtu.be/oy4UrfQ0vnY)

자율주행을 한 발짝 더 가깝게 다가가는 것이 라이다와 레이더 같은 센서의 역할도 크지만, 소프트웨어의 역할도 크게 되는데 이는 센서의 기술이 어느 정도 향상되면서 하드웨어의 가격이 저렴해지면 소프트웨어의 기술이 중요해지게 되는데 상호 간의 적절한 비율이 되는 시점이 오게 된다. 이러한 소프트웨어는 하드웨어가 수집한 데이터를 적용하여 차량의 주변 공간에 존재하는 사물들을 인식하게 되고 이를 차량과 차선 그리고 보행자 등으로 분류를 하게 되는데 이때 센서들의 정확도가 높으면 쉽게 인지할 수 있고 소프트웨어의 판단기술이 높으면 다소 낮은 정확도의 센서데이터로도 쉽게 인지할 수 있게 된다.

결국 고가 부품인 센서들의 가격이 적절해지는 시점과 소프트웨어 기술의 향상이 상호보완적인 관계로 형성되면 완전한 자율주행에 더욱 다가갈 수 있는 것이다.

※ ISO26262

자동차 기능 안전성 국제 표준으로 자동차에 탑재되는 자율주행과 관련한 부품 E/E(Electrical and/or Electronic) 시스템의 오작동에 따른 사고를 방지하기 위해 ISO에서 제정한 자동차 부품기능 안전 국제 규격이다. ISO 26262 기능안전 표준 IEC 61508을 자동차 전기/전자 시스템에 적용한 것으로 ISO 26262는 모든 자동차용 전기/전자 안전 관련 시스템의 제품 수명 전 주기에 걸쳐 적용 가능한 자동차용 장비의 기능안전을 규정한다.

최초의 표준인 IEC 61508를 거쳐 강화된 ISO 26262는 ADAS 장치의 사고위험에 대한 안전 표준으로, 위험한 작동상황을 정량적으로 계산하고 체계적인 규격이다. 자동차 전자제어장치의 오작동으로 인한 사고 및 인명손실을 최소화하기 위해 제정한 기능 안전성 규격으로 전 세계의 10개국 27개 자동차 제조사 및 부품 공급사 참여하 만든 규격으로 자동차에 적용된 전체 시스템이 대상이며, 부품의 개발 초기부터 생산과 폐기에 이르는 전체 생명주기에서의 안전 관련 요구사항을 수립하였다.

자동차 전자제어장치(ECU)의 급속한 증가 및 네트워크화로 인해 기능 안전성의 중요성 증대되고 다양한 전자장치에 의한 ECU 개발 및 자동차 전자 제어 시스템이 복잡해지고 증가함에 따라 개발 프로세스의 효율 제고 및 비용 절감을 위한 표준화 필요성 증가하여 표준규격이 필요하게 되었다.

우리나라 대구 구지에 이러한 ISO26262 규격을 시험할 수 있는 주행시험장이 있다.

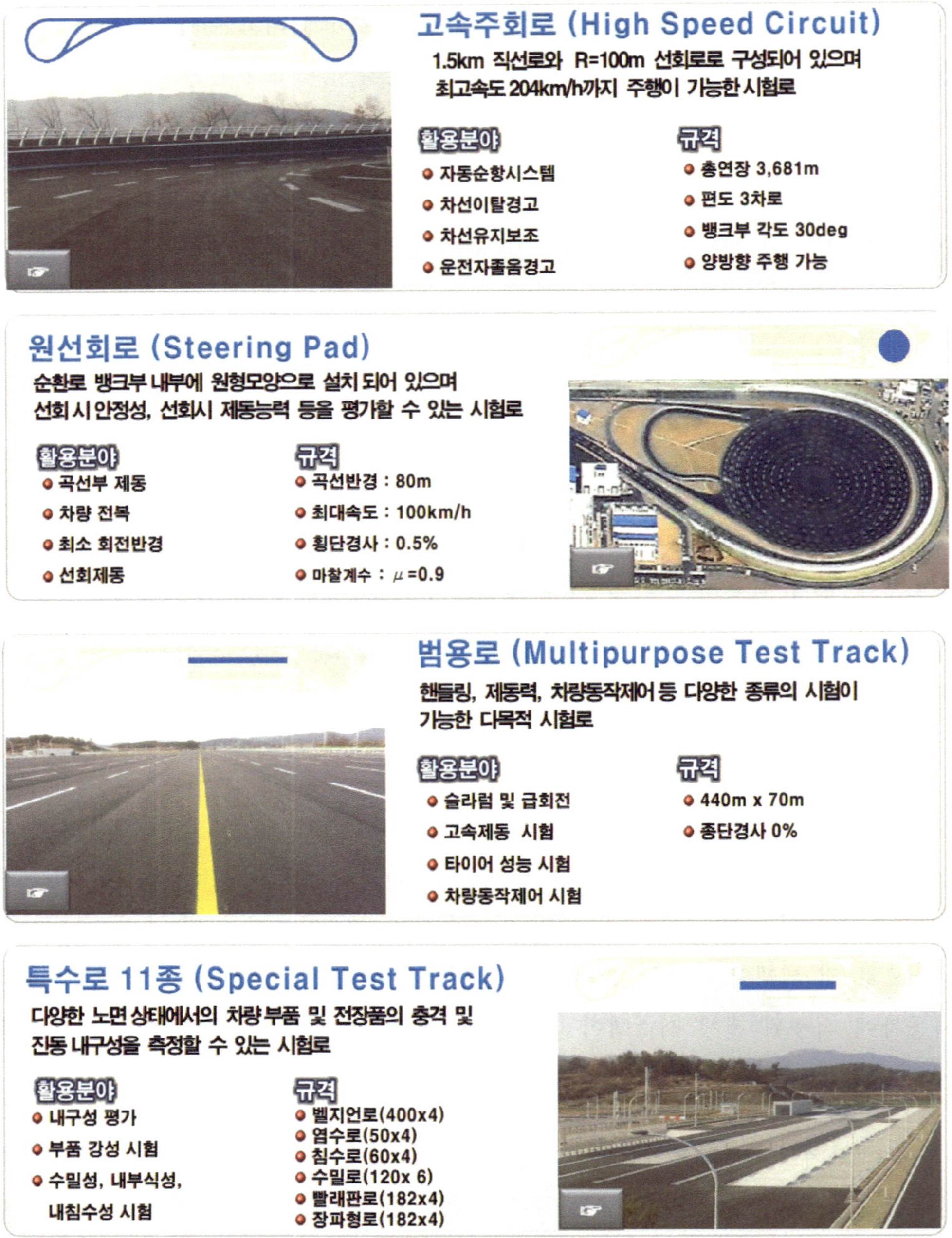

그림 1-14 자동차 주행시험장 1 (출처: 지능형자동차부품진흥원 홍보자료)

차량-도로연계 시험교차로
(Cooperative Vehicle-Infra Test Intersections)

2개의 교차로와 1개의 주차로로 구성되어 있으며 교차로의 상황을 모의 시험할 수 있는 시험로

활용분야
- 보행자 보호 시험
- 능동 제동 시험
- 충돌회피 능동안전 시스템 평가시험

규격
- 4지 2개, 3지 2개
- 4차로 382 x 16.5
- ITS 융합도로
- 신호시설 등 설치

등판로 (Test Hills)

자동차의 등판능력, 주차 제동 상태 유지시험, 트레일러 제동 장치 등을 시험할 수 있는 시험로

활용분야
- 등판능력 시험
- 클러치 성능 시험

규격
- Slope : 12%, 20%, 30%

하이드로플레이닝 (Hydroplaning)

자동차가 물에 젖은 노면을 고속으로 달릴 때 타이어의 조정안전성, 제동력을 시험할 수 있는 시험로

활용분야
- 타이어 특성
- 타이어 수막현상
- 조향 특성 평가
- 조향 응답성

규격
- 물깊이 : 8mm
- 직선:150x3.5
- 곡선: 25x6(R100)

젖은 노면 제동력 시험로 (Wet Grip)

빗길, 젖은 노면을 재현하여 타이어의 특성이나 ABS 등의 미끄럼 방지 시스템을 평가할 수 있는 시험로

활용분야
- 제동성능시험
- ABS 개발 시험
- 타이어 μ 측정

규격
- 물깊이 : 1mm
- 150m x 4m

그림 1-15 자동차 주행시험장 2

(출처: 지능형자동차부품진흥원 홍보자료)

그림 1-16 자동차 주행시험장 3

(출처: 지능형자동차부품진흥원 홍보자료)

CHAPTER 1 생각해 보기

Exercise

1. IOT(Internet of Things'에 대하여 설명하시오.

2. 커넥티드 카(Connected Car)에 대하여 설명하시오.

3. ITS(Intelligent Transport Systems)에 대하여 설명하시오.

4. 버스정보시스템(Bus Information System)에 대하여 설명하시오.

5. 차량자세제어장치(Electronic Stability Control)에 대하여 설명하시오.

6. GPS 내비게이션에 대하여 설명하시오.

7. 자동차 자율주행의 이점 5가지에 대하여 설명하시오.

8. SAE에서 규정한 자율주행 5단계에 대하여 설명하시오.

9. ADAS 구분에서 주행과 안전에 해당하는 기능에 대하여 설명하시오.

10. ADAS에 적용된 센서를 간략히 설명하시오.

Chapter 02

전방 레이더와 차체수리

자동차의 주행방향은 주로 전진을 하는데 그에 따라 자동차를 운전할 때 전방주시는 매우 중요한 부분이 된다. ADAS를 구분하면 주행에 관련된 안전보조장치와 주행에 관련된 안전보조장치 그리고 편의와 주차에 관련된 안전보조장치로 구분할 수 있는데, 차량의 전방 주행안전과 안전을 담당하는 것이 전방 레이더가 된다.

2.1 전방 레이더

2.1.1 전방 레이더의 특징

레이더는 ADAS의 핵심기술로 레이더와의 거리와 각도 그리고 속도를 신속하게 측정하고 주변 환경의 이미지를 생성한다. 제조업체에 따라 다르지만 초기형의 경우 내부에 드럼과 모터도관과 캐리어 등으로 복잡한 구조를 가지기도 했지만 라돔과 프론트 엔드와 백 엔드로 구조가 간단하지만 성능은 훨씬 좋은 제품들이 출시되고 있으며 가격적인 부분에서 많이 줄어들고 있다.

전방 레이더는 ADAS 기능 중 전방 충돌방지 보조(FCA: Forward Collision-avoidance Assist)기능을 시작으로 스마트 크루즈 컨트롤(SCC: Smart Cruise Control with stop/go) 기능 또 내비게이션을 기반한 스마트 크루즈 컨트롤(NSCC: Navigation-based Smart Cruise Control)기능의 핵심부품으로 사용되는데, 최근 ADAS 제어기가 별도로 장착되기 전에는 전방 레이더가 센서와 제어기의 역할을 동시에 수행함으로써 선행차량과 보행자 사물 등을 인식해 차량과의 목표속도를 계산하고 목표 차간거리를 계산하 차량의 가속과 감속도를 계산하여 CAN(Controller Network Area)를 통해 엔진이 탑재된 차량의 경우 엔진 ECU에게 가속을 협조요청하고 VDC(Vehicle Dynamic Control)와 같은 제동에 대한 제어기에게 감속 협조요청을 취하고 엔진이 없는 전기차의 경우 구동모터제어기와 i-EB(Integrated Electronic Brake)등의 제동력 제어기에 감속 협조요청을 하게 된다.

결국 자동차의 네트워크인 CAN이 중요한 부분으로 자율주행기능이 더욱 확대됨에 따라 더욱 복잡해지고 있다.

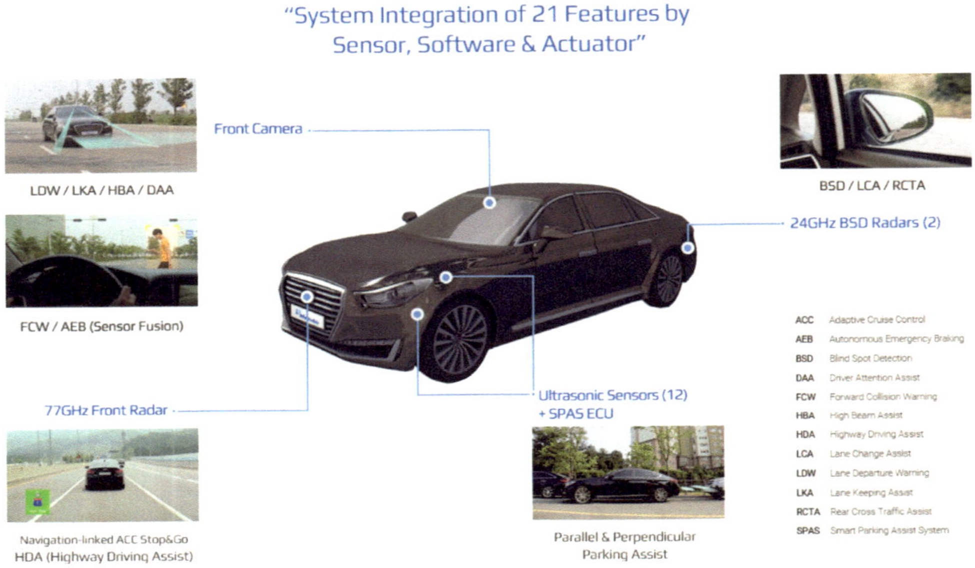

그림 2-1 ADAS 센서의 구성 (출처: https://www.mando.com/)

2.1.2 전방 레이더의 성능

전방 레이더는 차량에 따라서 단독으로 사용하기도 하지만 대부분의 차량들은 카메라 센서와 함께 사용하면서 상호보완적인 관계를 가지고 있다. 이러한 센서들은 비상제동과 같이 자칫 오작동시 교통사고로 이어지기에 칩셋에서 센서 그리고 모듈의 성능이 중요하고 불량이 있어서는 절대로 않된다. 전방 레이더는 비가 오는 등의 악천후 상황에서도 내구성이 확보되어야 한다.

전방 레이더는 보통 77GHz 주파수를 가지며 좌우 각도로는 45°의 폭으로 다소 좁다고 생각할 수 있지만 롱레인지 영역을 감지하는 레이더를 장착하고 있다. 일반적으로 24GHz와 77GHZ 영역을 사용하고 있는데 단거리 레이더의 경우 24GHz를 사용하고 중장거리 레이더에는 77GHZ의 주파수를 사용하고 있는데 이는 각 나라별로 사용하는 주파수가 특정한 용도로 사용함에 따라 유사한 영역의 주파수대의 사용을 금지하고 있는데 이는 쉽게 라디오 채널의 주파수를 생각하면 이해가 쉽다.

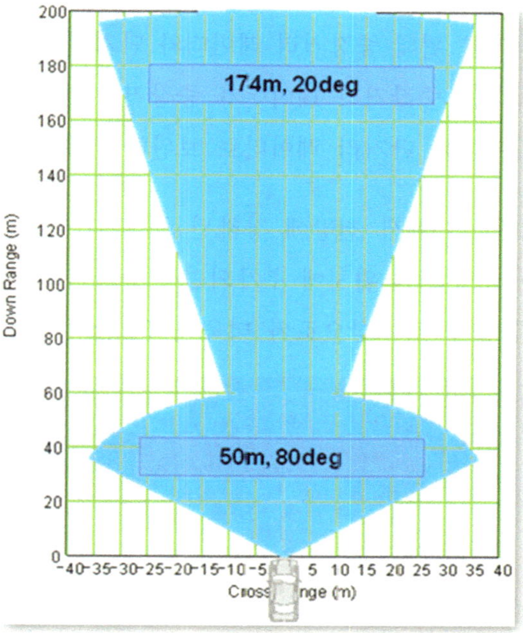

그림 2-2 전방 레이더의 센싱범위

우리나라에서 사용하는 라디오 주파수와 가까운 나라인 일본의 라디오 주파수 범위가 맞지 않아 일본에서 구입한 라디오가 우리나라의 라디오 주파수를 잡지 못하는 것과 같이 각 나라별로 주파수 권역에 따라 사용하는 용도가 다르기 때문인데 자동차에는 리모컨의 주파수 영역 침범함에 따라 'V'사의 리모컨을 국내에서 사용하기 어려웠던 적이 있으며 TPMS(Tire Pressure Monitoring System)의 경우에도 나라별로 사용하는 주파수 영역이 다른데 보통 유럽과 우리나라의 경우 433MHz의 주파수를 사용하고 미주지역을 비롯한 그 외 지역에서는 315MHz의 주파수를 사용하고 있다.

전방 레이더에 사용하는 주파수인 77GHz는 전 세계적으로 사용이 중복되는 분야가 없어 공통으로 사용하고 있다. 77GHz의 경우 높은 허용 EIRP(Equivalent Isotropic Radiated power)을 가지고 있어 전방 레이더로 적용이 용이하고 그 외에도 교통량을 측정하여 교통체증과 교통사고 감지 또 차량의 속도를 측정하는 등으로 교통인프라용 레이더 시스템에도 적용되고 있다. 또 24GHz 레이더에 비해 레인지 해상도 및 정밀도가 20배 이상 높다. 이러한 레인지 해상도는 정밀성 높은 데이터를 제공함에 따라 물체의 감지 성능이 향상된다.

전방 레이더는 차량에 따라 중장거리 레이더 하나의 단품으로 구성된 차량과 전·측방감지를 위해 중장거리 레이더와 단거리 레이더 두 개가 추가된 차량이 있는데 단거리 레이더는 중장거리 레이더가 중장거리 영역을 좁은 폭의 각도로 감지하므로 발생하는 사각지대를 단거리 레이더로 보완하기 위해 적용되었다.

그림 2-3에서 전방에 장착된 중장거리 레이더의 경우 ①번 위치에 장착되고 단거리 레이더가 ②번 위치에 추가되면서 중장거리 레이더에서 감지하기 어려운 전방의 사각지대를 모두 감지함으로써 더욱 높은 안정성을 확보할 수 있다.

그림 2-3 전방 레이더 장착위치

자동차에 적용되는 레이더는 중장거리 레이더와 단거리 레이더로 구분을 하고 있지만 전방에 사용하는 레이더만 주로 중장거리 레이더를 사용하고 있으나 완전 자율주행으로 가기위해 후방에도 중장거리 레이더를 적용하면 추돌에 대한 안정성도 확보할 수 있다.

또 측면에도 라이다가 적용되면 도로의 상황이 좋지 못한 교통환경에서도 차가 스스로 안전을 확보하기 쉬워지지만 센서의 수량을 줄이면서 차량의 전체 범위를 감지할 수 있도록 하는 것이 가장 이상적이라 하겠다.

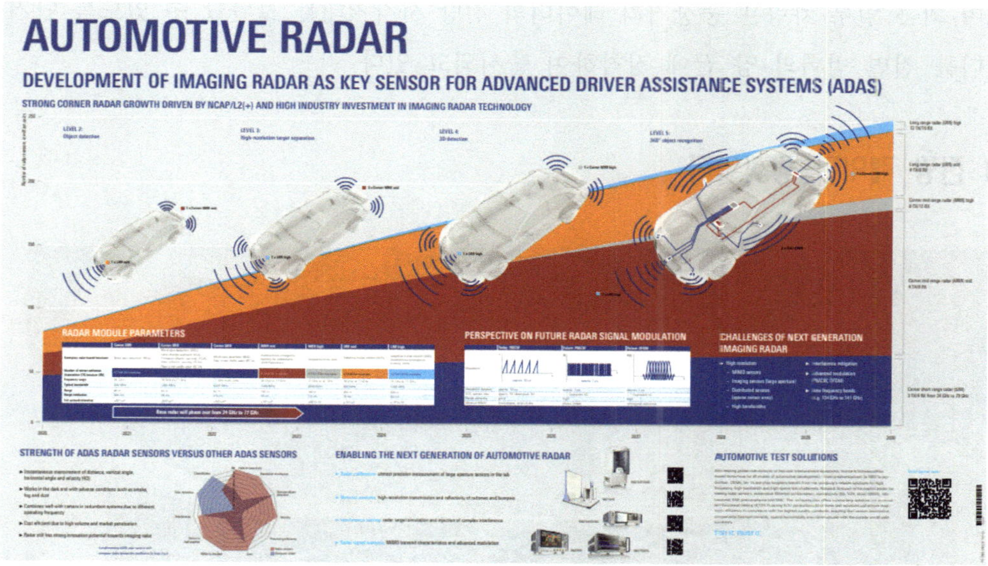

그림 2-4 주행레벨에 따른 레이더의 장착

(출처: https://www.rohde-schwarz.com/)

2.2 차량별 특징

자동차 제작사에 따라서 전방 레이더는 크게 두 종류로 구분할 수 있는데 먼저 중장거리의 레이더의 수량이다. 중장거리 레이더의 경우 대부분의 자동차회사에서는 한 개만을 장착하고 있지만 일부 자동차회사의 경우 두 개의 레이더를 장착하고 있으며 또 최근 출시된 일부 차량에서는 중장거리 레이더 하나와 단거리 레이더 두 개를 차량의 전면에 장착하고 있다.

2.2.1 국산 자동차

우리나라 자동차의 경우 현대자동차와 기아자동차로 대부분의 차량은 중장거리 레이더를 차량의 전면 라디에이터 그릴 중앙부에 장착하거나 범퍼 중앙 하단쿠에 장착되어 있으며 최근 일부 차량은 중장거리 레이더의 전방 사각지대를 보완할 수 있도록 단거리 레이더를 전면 범퍼의 양 끝에 장착하여 출시되고 있다.

1) 전방 레이더 장착위치

그림 2-5 라디에이터 그릴 중앙부 장착 차량

그림 2-5에서 보는 것과 같이 차량의 라디에이터 그릴 중앙에 사각형의 형상을 볼 수 있는데 전방 레이더가 장착되었음을 쉽게 알 수 있는 부분으로 레이더의 특성에 의해 눈에는 보이지 않지만 레이더는 전파(Electromagnetic wave)를 발생하는데, 레이더의 방사면에서 RF(Radio Frequency)영역의 주파수로 방출한다.

레이더에서 방출되는 전자파는 사물에 의해 반사되어 돌아와야 하는데 차량의 범퍼 내부에 장착된 레이더의 위치로 인하여 범퍼 또는 라디에이터 그릴이 무시되어 방출될 수 있어야 한다. 그래서 그림 2-5에서 보는 것과 같이 레이더의 전파가 외부로 방출될 수 있도록 특수한 재질의 부품으로 만들어지고 그에 따라 외부 형상에서도 차이가 있게 되어 쉽게 육안으로 확인할 수 있는 것이다.

차량에 따라서는 레이더의 장착위치가 범퍼의 하단에 위치하는 경우도 있는데 이는 차량의 디자인에 따라 라디에이터 그릴에 위치하거나 범퍼하단에 위치하는 것으로 일부 차량의 경우 차량의 중심에 한쪽으로 치우쳐져있는 경우도 있다.

그림 2-6 라디에이터 그릴 중앙부 장착 차량의 전방 레이더

그림 2-7 범퍼 하단 중앙 부 장착 차량

그림 2-8 범퍼 하단 중앙 부 장착 차량의 전방 레이더

그림 2-6과 2-8에서 보는 것과 같이 라디에이터 그릴 중앙에 전방 레이더가 장착되는 차량의 경우 전 범퍼레일의 상단에 고정되어 있고 범퍼 하단에 장착되는 차량은 범퍼레일의 하단에 고정되어있는 것을 알 수 있다. 이는 결국 범퍼레일의 손상에 따라 전방 레이더의 각도에 오류가 발생할 수 있다.

2) 전방 레이더의 특징

국산 자동차에 적용된 전방 레이더는 현대모비스(社)와 만도(社)에서 생산한 제품이 주로 장착되고 있다. 이러한 레이더는 MIMO(Multiple-Input Multiple-Output) 여러입력과 여러출력의 레이더로 조리개 전체에 분산된 디지털 전파 발생기와 수신기를 사용하는 고급형의 위상 배열 레이더이다.

가. 현대모비스

현대모비스(社)에서 생산하는 레이더는 MAR320, MAR110, MAR120으로 3가지의 레이더가 있다 각각의 작동영역과 특징이 달라 그 특징을 살펴보면 다음과 같다.

① 중거리 레이더(MRR)

중거리 레이더는 주로 전방에 사용하는 레이더로 현대모비스(社)에서는 CMOS RF 칩과 고속 FMCW가 장착되어 뛰어난 각도를 자랑한다. 높은 해상도로 물체를 감지하고 높이를 측정할 수 있으며 안전을 위해 NCAP 규정을 준수한다.

중거리 레이더는 MRR(Mid Range Radar)로 부르기도 하는데 77GHz의 주파수 영역을 사용하고 최대감지 범위는 근거리 40m, 원거리는 170m이며, 최대 감지각은 근거리 90°와 원거리 8°의 각을 가지고 있다.

중거리 레이더는 차간 거리유지 및 정속주행을 위한 SCC(Smart Cruise Control)기능과 전방 추돌 안전에 대한 FCA (Forward Collision-Avoidance Assist)기능을 위해 적용하고 차량의 가속과 감속을 자동으로 제공하여 차량과의 일정거리와 차속을 유지해 준다.

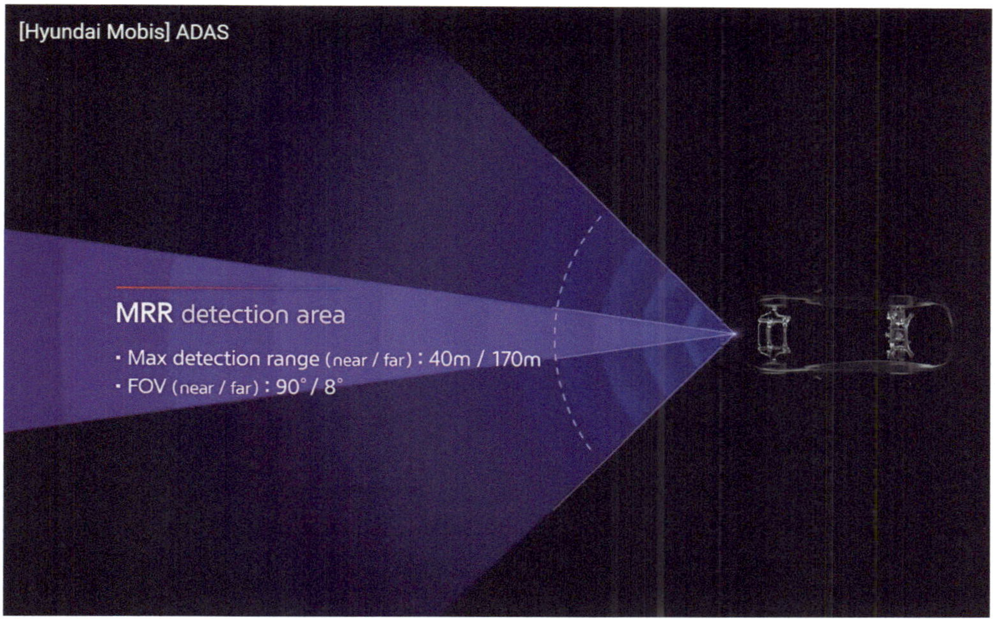

그림 2-9 현대모비스(社) MRR

※ **신차안전도 평가**(NCAP: New Car Assesment program)

신차안전도 평가 NCAP는 유럽과 미국 등의 자동차 선진국에서 교통사고 사상자 감속를 저감하기 위해 여러 가지 자동차의 안전성을 높이기 위한 평가항으로 가혹한 시험조건이다. 충돌시험 등을 통해 자동차를 시험 평가하여 그 결과를 소비자에게 제공하여 자동차 제작사가 보다 안전한 자동차를 제작하도록 유도하여 교통사로 인한 인명피해를 감소기기키 위해 시행하고 있다.

NCAP는 나라별로 각 나라의 자동차 운행환경에 따라 세부 시험조건을 달리하지만 크게 유럽과 미국의 시험방법으로 나뉘어진다.

- Euro NCAP

유럽의 자동차 안전도평가제도는 유럽 NCAP 위원회가 유럽 내 국가와 자동차클럽 등의 지원을 받아 1995년부터 시작되었으며, 차량이 충돌시 운전자와 탑승자 성인과 탑승자 어린이에 대한 안전성을 구분하고 보행자와 안전보조장치 등 4개의 카테고리로 구분하여 점수를 부여하며, 각각의 구분 점수를 합산해 전체 점수를 산출하고 이를 별표 등급으로 표시한다.

- US NCAP

미국의 자동차 안전도평가제도는 미국의 도로교통안전청(NHTSA: National Highway Traffic Safety Administration)에서 주관하하며 유럽와 유사한 형태로 정면충돌과 측면 충돌 등 충돌각도와 속도가 다소 차이가 있지만 각각의 평가점수를 별 등급으로 환산하여 표시하는 것은 동일하다.

② 단거리 레이더(SRR)

단거리 레이더는 중거리 레이더와 마찬가지로 전방에 사용하는 레이더와 후방에 사용하는 레이더로 약간의 차이가 있지만 높은 해상도로 물체를 감지하고 높이를 측정하며 안전을 위해 NCAP의 규정을 준수하는 것은 동일하다.

단거리 레이더는 SRR(Short Range Radar)로 부르기도 하는데 현대모비스(社)의 경우 모델별로 약간의 차이가 있다. 먼저 MAR110은 79GHz의 주파수 영역을 사용하고 최대 감지 범위는 70m이며, 최대 감지각은 130°의 각을 가지고 있으며 주로 전·측방의 사물을 감지하기 위해 적용해 회피조향 보조기능이나 측방 접근차량과 교차 차량에 대한 안전을 확보하기 위해 장착되고 있다.

또 MAR120은 77GHz의 주파수 영역을 사용하고 최대감지 범위는 70m로 MAR110과 유사하지만 최대 감지각은 150°의 각을 가지고 있어 MAR110보다 범위가 조금 크다. 주로 후·측방의 사물을 감지하기 위해 적용해 BSD(Blind Spot Detection) 또는 BSW(Blind Spot Warning)시스템에 적용되어 차량의 후방영역 감시에 사용되고 있다.

이러한 단거리 레이더가 차량의 전면에 추가되면서 추가적인 ADAS 기능들이 적용되었는데 전방 충돌에 대한 회피 조향인 FCA w/ESA(Forward Collision-Avoidance with Evasive Steering Assist)기능과 전측방에서 접근하는 차량과의 충돌을 방지하는 FCA-LS(Forward Collision-Avoidance - Lane-Change Side), 전방의 교차차량과의 충돌을 방지하는 FCA-JC(Forward Collision-Avoidance - Junction Crossing), 가변중앙선을 넘어 추월하는 경우 마주오는 차량과의 추돌을 방지하는 FCA-LO(Forward Collision-Avoidance - Lane-Change Oncoming), 교차로에서 좌회전시 직진하여 마주오는 차량과의 추돌을 방지하는 FCA-JT(Forward Collision-Avoidance - Junction Turning), 전방의 교통정체 등으로 추돌이 예상되지만 회피가 불가능할 때 충돌방지를 위한 FCA-Car(Forward Collision-Avoidance - Car), 차량이 주차된 상태서 본선으로 진입시 차량의 전면과 주행중인 차량과 충돌을 방지하기 위한 BCA(Blind-Spot Collision-Avoidance Assist) 등의 ADAS 기능이 적용됐다.

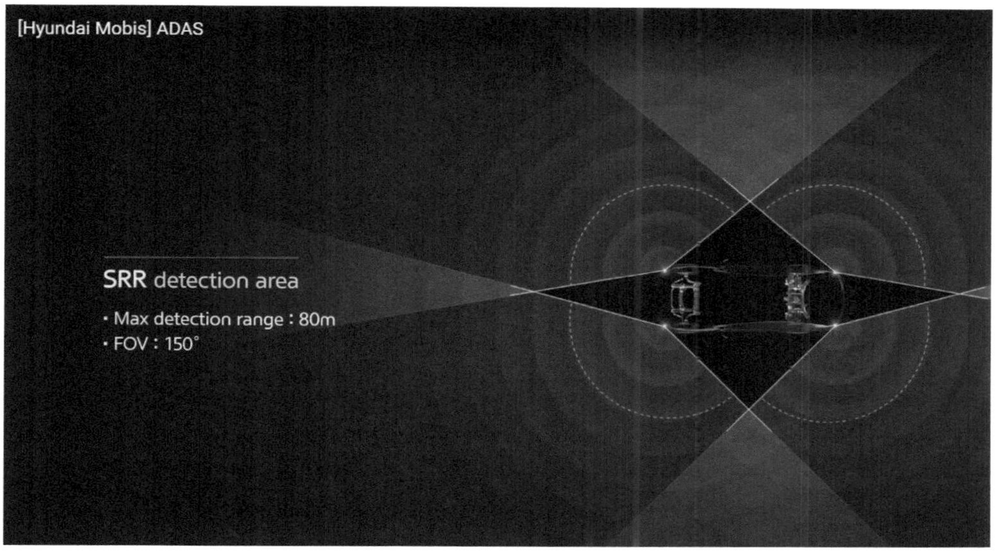

그림 2-10 현대모비스(社) SRR

나. 만도

현대자동차와 기아자동차에 적용된 레이더는 주로 만도(社)와 현대모비스(社)사의 제품으로 만도(社)의 레이더의 경우 현대모비스(社)와 동일한 주파수인 77GHz의 레이더를 사용하고 있다.

① 중거리 레이더(MRR)

만도(社)의 중거리 레이더 MRR-20은 2세대 제품으로 77GHz의 전파를 발생한다. 구조는 최 외곽에 Radome, 내부에 RF Shield와 RF PCB, 케이스 인 Housing 으로 구성되어 있다. 최대감지 범위는 근거리 60m, 원거리는 200m이며, 최대 감지각은 근거리 45°와 원거리 10°의 각을 가지고 있다. 현대모비스(社) 제품과 비교하면 제원상으로는 감지거리가 다소 길지만 감지각이 조금 협소함을 알수 있다.

만도(社)에서는 장거리 레이더(LRR: Long Range Radar)도 출시하고 있는데 최대감지 범위는 근거리 60m로 중거리 레이더와 같지만 원거리는 250m로 좀더 멀리까지 감지하며, 최대 감지각은 근거리 45°와 원거리 10°의 각으로 중거리 레이더와 동일하다

중거리 레이더는 차간 거리유지 및 정속주행을 위한 SCC(Smart Cruise Control)기능과 전방 추돌 안전에 대한 FCA (Forward Collision-Avoidance Assist)기능을 위해 적용하고 차량의 가속과 감속을 자동으로 제공하여 차량과의 일정거리와 차속을 유지해 준다.

제품명	LRR-10	LRR-20	MRR-20
외관	장거리 · 1세대 제품	장거리 · 2세대 제품	중거리 · 2세대 제품

대표차종	2014년 쏘나타 하이브리드 外	2017년 제네시스 G70 外	2018년 싼타페 外
감지 성능	180m / 180kph	200m / 200kph	160m / 160kph
감지 범위	장거리 : ±10° 근거리 : ±45°	장거리 : ±10° 근거리 : ±45°	장거리 : ±10° 근거리 : ±30°
자동 보정	기계식 자동 보정	전자식 자동 보정	전자식 자동 보정
사이즈(mm3)	121.5x89.2x39 (493g)	101.5x77x24.4 (217g)	83.6x75.6x24 (162g)

표 2-1 만도(社) 레이더 제원 (출처: 만도 https://youtu.be/_Rh_HTrV2pM)

② **단거리 레이더(SRR)**

만도(社)의 경우 현대모비스(社)와 달리 중거리와 장거리 레이더만을 생산하고 있다. 만도(社)의 레이더는 LRR-10, LRR20, LRR-25, MRR-20, MRR-30 5가지 모델로 LRR-25와 MRR-30의 성능을 비교하면 다음과 같다.

구분	LRR-25	MRR-30
좌우 각	원거리: 0° ± 10° 근거리: 0° ± 40°	원거리: 0° ± 10° 근거리: 0° ± 45°
상하 각	원거리: 0° ± 10° 근거리: 0° ± 40°	원거리 / 근거리 0° ± 6°
인식가능거리	원거리: 1~200m 근거리: 1~60m	원거리: 1~200m 근거리: 1~60m
거리 정확도	± 0.5m : 10m 이내	± 0.5m : 10m 이내

표 2-2 만도(社) LRR & MRR 레이더 성능비교

(출처: HK Klemove https://www.hlklemove.com/)

2.2.2 수입 자동차

수입 자동차의 경우에도 국산 자동차와 크게 다르지 않는데 이는 자동차 ADAS 기술이 대부분 유사하기 때문이다. 수입자동차의 경우 레이더의 제작사가 다양하게 적용되어 있는데 레이더를 제작하는 회사는 보쉬(社)사와 델파이(社), 콘티넨탈(社)), 이래(社) 그리고 국산 자동차에서 언급한 만도(社)와 현대모비스(社) 등으로 다양하게 적용되어 있다.

자동차 제조사에 따라 차이가 있기도 하지만 근본적인 것은 레이더의 제작사에 따라 시스템이 달라지는데 이는 레이더를 정비시 자동차의 제조사가 아닌 레이더의 제작사에 따라 어댑테이션이나 코딩 등의 작업방법이 달라지기 때문이다.

1) 전방 레이더 장착위치

가. 메르스데스 벤츠

벤츠(社)는 다임러(社)의 자회사로 모빌아이(社), NVIDA(社), 보쉬(社)와 협력해 자율주행에 노력을 취하고 있으며 자체 자율주행에 관련된 디자인 프로세서와 소프트 웨어를 이용해 새로운 기능을 빠르게 개발하고 OTA(Over The air Programming)업데이트 등으로 기능의 지속적인 향상을 노리고 있다. 이는 마치 테슬라(社)와 흡사하다.

※ OTA(Over The Air programming)

OTA는 얼핏 생소하지만 이미 우리 주변에서 경험하고 있는 것으로 대표적인 것이 스마트 폰의 업데이트이다. 자동차도 스마트 폰 업데이트와 같이 소프트웨어의 업데이트가 진행된다는 것인데 이는 기존의 자동차의 소프트웨어 업데이트와는 사뭇 다른 방식으로 기존에는 자동차의 소프트웨어를 업데이트 하기 위해서는 반드시 서비스센터를 방문하여 자동차 진단기를 이용해 업데이트 가능하였다.

자동차에서 OTA가 가능한 것은 인포테인먼트 시스템을 이용해 무선으로 업데이트를 하게 되는데 여기서 인포테인먼트란 길 안내 등 정보를 말하는 인포메이션(Information)과 영화, 음악, 게임, SNS 같은 엔터테인먼트(Entertainment)의 합성어로 'infotainment'라고 부른다.

인포테인먼트 시장에서는 제품과 사용자의 접점인 UX(User Experience), UI(User Interface)가 얼마나 쉽고, 빠르고, 직관적인지도 중요하다. 그에 따라 다양한 회사들이 차량의 탑승자가 자동차 실내에서 만족할 수 있는 인포테인먼트 기술을 개발하고 있는데 단순히 스마트 폰이 차량과 연결되어 음악이 재생되는 수준과는 차원이 다르게 된다.

자동차가 인터넷에 연결된 상태 즉 커넥티드 카가 되면서 이러한 다양하고 새로운 기술들이 적용되는데 이 때 주의해야 하는 것이 바로 보안이다. 한때 드라마나 영화에서 가끔 볼 수 있는 자동차가 해킹되어 좀비 카가 되는 것과 같이 자동차가 해킹되면 엄청난 문제가 아닐 수 없다. 그래서 인포테인먼트 기술에서 보안분야는 더욱 더 강조되고 있다.

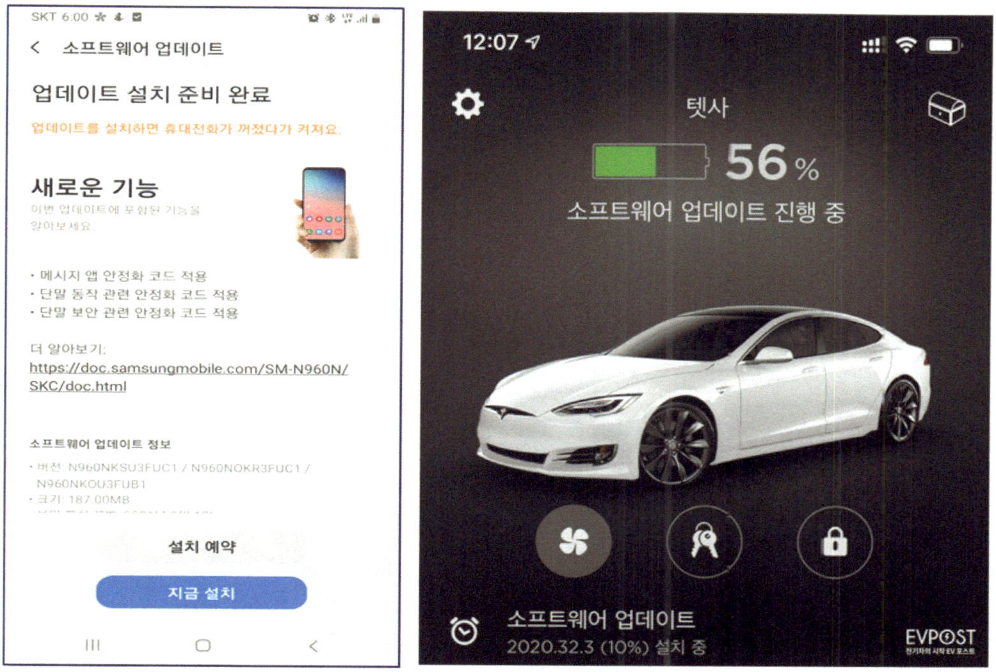

그림 2-11 OTA(스마트 폰 & 자동차)

(출처: https://www.evpost.co.kr/)

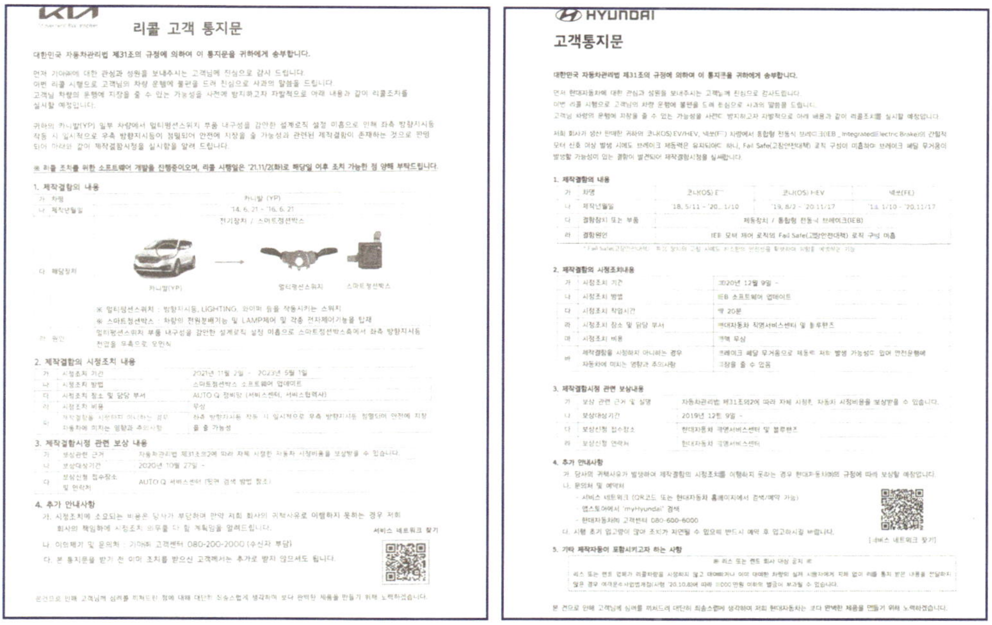

그림 2-12 자동차 제작사의 소프트웨어 업데이트 통지서

벤츠(社) 차량의 전방 레이더 장착위치는 주로 라디에이터 그릴에 위치하고 있는데 벤츠(社)의 로고가 라디에이터 그릴로 들어오면서 로고 뒤에 레이더가 장착되는데 장착 위치는 변화가 없고 라디에이터 그릴의 디자인의 변화가 있었다.

그림 2-13 벤츠(社) 차량의 전방 레이더 (출처: https://brunch.co.kr/)

나. BMW

BMW(社)는 인텔(社)와 모빌아이(社)와 연계해 자율주행 기술개발을 진행하고 있다. BMW(社) 차량의 전방 레이더는 범퍼의 하단에 장착되어 있는데 이는 차량의 디자인 즉 패밀리룩 디자인으로 인해 BMS(社)의 상징인 라디에이터 그릴의 디자인이 중앙에 레이더를 삽입하기 어려운 것으로 판단된다.

그림 2-14 BMW(社) 차량의 전방 레이더

그림 2-14에서 보는 것과 같이 전방 레이더의 기본적인 장착위치는 범퍼 하단 부위로

차량의 디자인에 따라 정중앙에 장착되거나 한쪽으로 치우쳐 있기도 하다.

다. 아우디 & 폭스바겐

아우디(社)는 높은 인지도와 투자로 자율주행 분야에서 다양한 상을 수상하고 상당히 진보적인 형태를 나타내고 있다. 또 NVIDA(社)와의 협력으로 자율주행 분야에 많은 투자를 하고 있다.

최근 A6 모델 전방에 라이다를 장착하여 출시하였으나 우리나라에 출시된 모델에는 라이다가 삭제된 상태로 출시되어 논란을 일으키기도 하였다. 실제 차량에는 장착되어 있지 않지만 라디에이터 그릴부에 더미형태로 되어 있어 자칫 라이다가 장착된 것으로 착각을 일으킬 수 도 있다. 그로 인해 19년 10월 말 출시되면서 출시전에는 라이다를 이용해 레이저 스캐닝을 하고 전방 80m, 145° 각도로 근거리 주변환경을 인식해 ACC 기능과 TJA(Traffic Jam Assist)기능을 구현하였다고 발표하였으나 라이다의 누락으로 인해 일부 기능이 누락된 것이다.

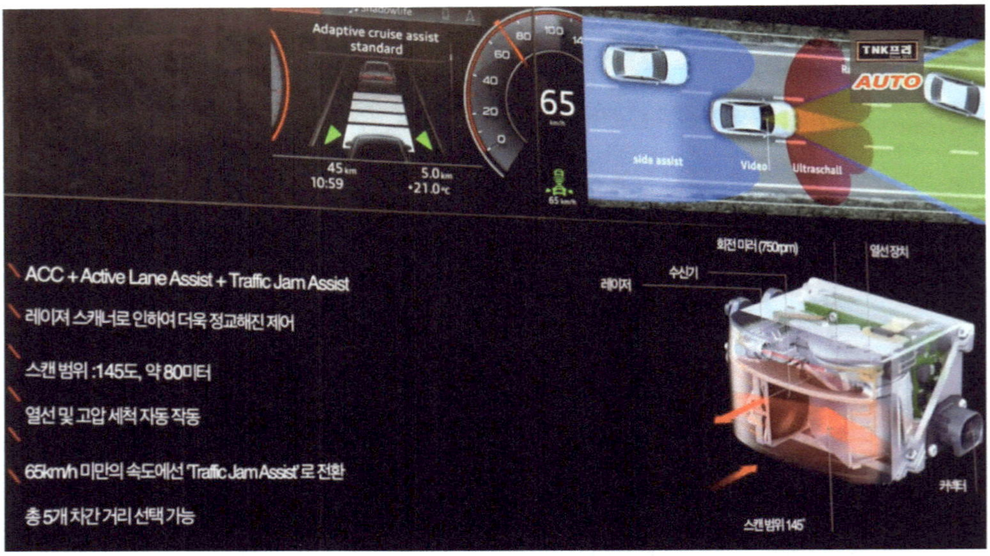

그림 2-15 아우디(社) 라이다 (출처: https://youtu.be/mX3yFMgpezk)

그림 2-16 아우디(社) 라이다 와 레이더

아우디(社) & 폭스바겐(社)은 Lane Assist와 ACC를 기반으로 TJA를 개발하였는데 주로 자동 변속기가 장착된 모델에서 사용할 수 있다. 이 시스템은 교통체증이나 정지 및 이동 조건에서 운전을 훨씬 더 편리하게 도와주며, 차량은 부분 자동화 모드(L2)에서 최대 59km/h까지 주행하는데 자동으로 스티어링 휠과 브레이크가 작동되며 이 시스템의 기반으로 Lane Assist는 Active Lane Guidance 기능이 작동된다. 따라서 TJA는 조향에 개입하여 보조 측면 및 종 방향 주행을 유도한다.

그림 2-17에서 보는 것과 같이 교통 체증 또는 도로 공사구간에서 차량이 차선이 정확히 구분되지 않는 상태에서도 전방의 차량을 따라갈 수 있다. 교통흐름에 따라 차량이 정지하고 일정시간 내 선두 차량이 출발하면 선두 차량을 따라 자동으로 다시 출발하는 기능이다.

앞에서 ADAS와 관련된 용어를 설명하고 통합된 명칭을 사용하지만 자동차 제작사에서 자사의 제품 홍보를 위해 추가되는 기능에 대하여 이렇게 별도의 명칭을 생성하고 차별화하는 것으로 앞으로 이와 관련되어 추가적인 용어가 많이 발생될 것이다.

그림 2-17 아우디(社) & 폭스바겐(社) Traffic Jam Assist
(출처: https://www.volkswagen-newsroom.com/)

아우디(社)의 경우 차량 고급 모델인 A8에는 라이다를 적용하고 있는데 발레오(社)의 제품을 적용하고 있다. 라이다는 레이져 스캐너이기에 외부오염에 대한 세척기능이 탑재되어있는데 워셔액을 이용한 워싱기능과 눈과 비로 인해 렌즈부에 빙결이 발생하게 되면 열선을 이용해 녹여낼 수 있도록 되어있다.

라이다의 경우 아직까지는 가격이 매우 높은 것이 최대 걸림돌로 연구용으로 사용되는 차량의 경우 차량의 가격에 준하거나 차랴의 가격을 뛰어넘는 가격의 라이다를 적용할 수 있지만 양산되는 차량에서 차량의 가격을 상회하는 라이다를 적용하기에는 어렵다. 그래서 고급모델인 A8 모델에만 라이다를 적용하고 그 외 모델에는 라이다를 제외한 레이더만을 적용하였다.

A6 모델의 경우 라이다의 적용을 염두해 두었기에 라디에이터 그릴 내에 라이다 와 레이더를 장착해 두었으나 A4 모델의 경우 전 범퍼의 하단 양 끝에 두 개의 레이더를 장착하고 Q2 모델의 경우 일반적으로 볼 수 있는 차량과 같이 범퍼 하단의 중앙 부에

한 개의 레이더를 장착한 것을 볼 수 있다.

그림 2-18 아우디(社) 전방 레이더

2) 전방 레이더의 특징

가. 보쉬(社)

보쉬(社)의 전방 레이더는 chirp-sequence modulation 기능이 추가되어 보다 정확한 반사를 통해 센서의 인식을 향상시킬 수 있다고 한다. 이를 통해 물체의 위치, 상대 속도 및 움직임 방향을 매우 정밀하게 감지할 수 있고, 긴급제동 기능이 작동 전에 여러 물체와 사람을 동시에 감지하고 구별 및 추적할 수 있다.

전방 레이더 플러스는 센서의 긴 감지 범위를 가지며 최대 210km/h의 속도에서도 정밀한 감지가 가능하다. 전방 레이더 센서 프리미엄 버전은 단 한 번의 레이더 측정으로 더 높은 속도에서 멀리 있는 다른 차량 및 물체의 위치와 상대 속도 및 이동 방향을 매우 안정적으로 감지할 수 있다.

특히 개선된 수직 및 수평 분리성으로 작은 물체와 오토바이가 트럭을 추월하는 등의 일반적인 레이더가 감지하기 힘든 부분을 감지하고 짧은 거리에서도 빠르게 식별할 수 있고 레이더 기술의 핵심이라 할 수 있는 차량이 터널 진입시 뛰어난 수평 분리성으로 마주오는 오토바이를 명확하게 식별할 수 있다.

또 오토바이와 터널 천장 사이의 공간을 감지할 수 있는데 이를 통해 직접 높이를 측정하고 차량, 보행자, 자전거 등과 차선의 타이어 또는 팔레트와 같은 노상의 장애물을 더 빠르게 감지할 수 있는 특징을 가진다.

보쉬(社)의 레이더는 돔형과 플랫형으로 외관적인 형상으로도 구분할 수 있으나 기능적인 부분도 다양하다. 보쉬(社) 라이더 중 장거리 레이더인 LRR-1 모델은 2000년에 출시하고 장거리용으로 개발되었는데 감지 거리는 150m이고 감지 각은 8°이지만 이후 2004년 개량 모델인 LRR-2 모델의 경우 감지 거리가 200m로 길어지고 감지각도 16°로 넓어지고, 2009년 출시된 LRR-3 모델의 경우 감지 거리가 250m로 LRR-1, LRR-2 보다 더 길어지고 각도 또한 30°로 더욱 넓어지게 되었다.

중거리 레이더인 MRR front와 MRR은 플랫 형태의 레이더로 돔형의 LRR과 외형적으로 쉽게 구분된다.

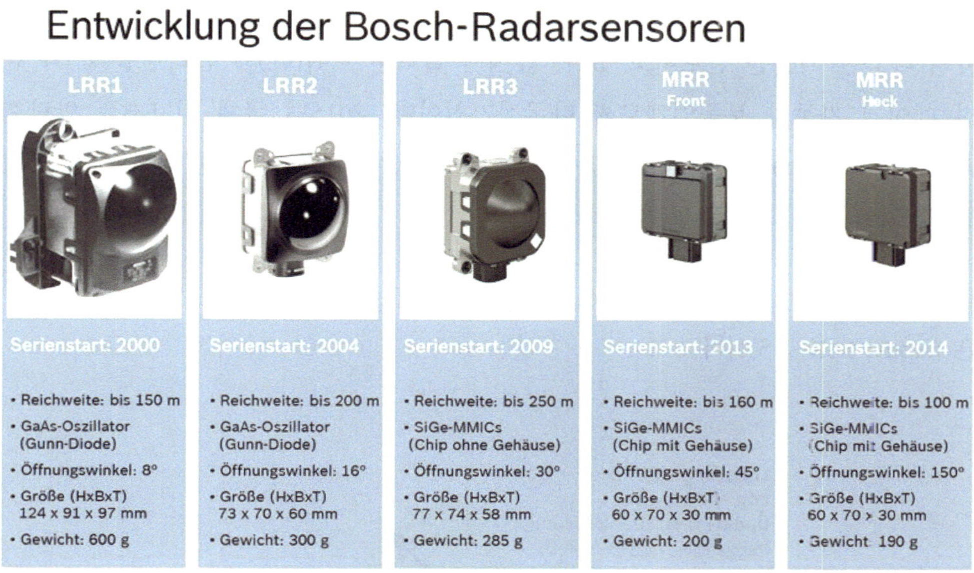

표 2-3 보쉬(社) 레이더 제원

구분	전방 레이더	프리미엄 전방 레이더
주파수 영역	76~77 GHz	76~77 GHz
인식가능거리	210 m	302 m
상하 각	수평: ± 60° 수직: ± 15°	수평: ± 60° 수직: ± 12°
거리 정확도	0.1 m	0.11~0.22 m
소비전력	4 W	15 W
데이터 통신	CAN-FD / Flexray	CAN-FD / Ethernet

표 2-4 보쉬(社) 전방 레이더 성능비교

보쉬(社)의 전방 레이더는 두 가지로 기본제품과 프리미엄 제품으로 구분된다. 표 2-4는 현재 출시되고 있는 보쉬(社)의 전방 레이더의 성능을 비교한 것이다.

나. 델파이(社)

델파이(社)는 세계 최초로 크루즈 컨트롤 시스템을 개발하였는데 1959년 출시이 후 자동차의 다양한 기술을 선보이고 있다. 앞에서 살펴본 보쉬(社)와 콘티넨탈(社)와 같이 글러벌 메이저 자동차 부품업체로써 다국적기업이다. 2015년 국제 전자제품 박람회인 CES(The International Consumer Electronics Show)에자율주행 자동차 기능을 구현해 출시할 정도로 높은 기술력을 자랑하였다.

델파이(社)의 전방 레이더는 앞에서 살펴본 현대모비스(社)와 같은 다중 레이더로 모델명은 'Aptiv ESR 2.5'이다.

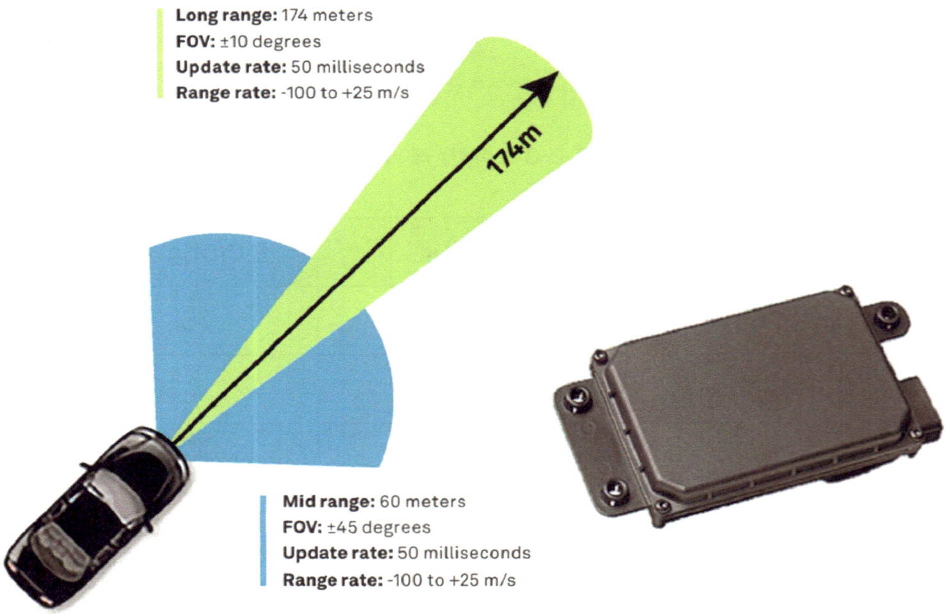

그림 2-19 델파이(社) 전방 레이더
(출처: https://autonomoustuff.com/)

※ CES 국제 전자제품 박람회

CES는 본질적으로는 전자제품 위주의 전시회로 시작되었는데 전자제품이라고 하면 훨씬 폭넓은 범위이지만 이 전시회가 처음 개최된 60년대의 전자제품은 대부분 집에서 사용하는 가전제품이 주를 이루었다. 그래서 가전제품 박람회라고 불리었는데 지금은 전세계의 ICT 제품과 기술이 총 집결하는 국제 전자제품 박람회라고 부르고 있다.

2000년대 초반까지만 해도 CES의 위상은 그다지 높지 않았는데 출시되는 제품들이 TV, 오디오 같은 백색가전 위주로 60년대에는 TV가 70년대에는 워크맨과 VCR, 80년대에는 CD 플레이어, 90년대에는 DVD 등을 거치면서 전시회가 흥행하였지만 2000년대에 들어서면서 사람들의 관심이 없어지기 시작했다.

2010년대 들어서 발생한 IT산업의 변화로 TV를 비롯한 전자제품들이 급격하게 발달하기 시작하였는데 그 이면에 ICT(정보통신)기술이 있었다. 이에 전시회가 제품에서 기술로 변화면서 대형화 및 국제화가 되었고, 매년 1월 초에 개최되는 시기적 특성에 따라 미래를 선도하는 전시회가 되면서 CES는 더 이상 가전제품만이 아니라 전기자동차 및 자율주행차 등 미래자동차와 드론, 인공지능, 로봇 등 ICT 분야의 최신 기술을 보유한 기업 및 기관들이 자신들의 기술적 성과를 매년 초 공개하는 기술 전시회로 변모하였고, 그 해의 최첨단 기술의 트랜드를 파악할 수 있는 장이 되었다.

CES로 인해 자동차 전시회의 타격이 크게 되었는데 이는 모터쇼라는 국한된 영역이 아닌 최첨단의 기술을 뽐내기 위해 자동차 제조사와 관련 기업들이 CES로 옮겨가면서 자동차 없는 모터쇼가 되어가고 있다고 해도 과언이 아닐정도가 되었다.

다. 콘티넨탈(社)

콘티넨탈(社)는 타이어와 엔진 부품등의 다양한 자동차 부품을 제작하는 회사로 보쉬(社)와 델파이(社)와 마찬가지로 세계적으로 손꼽히는 자동차 부품회사이다. 자동차 타이어로 시작한 이 회사는 2007년 독일 지멘스(社)로부터 자동차사업분야를 인수하면서 엔진부품 및 차체 등의 자동차 주요 부품을 생산하면서 자율주행관련 부품들까지 생산하고 있다.

콘티넨탈(社)에서는 장거리 레이더와 단거리 레이더로 구분해 제품을 생산하는데 장거리 레이더는 ARS-441, ARS-510, ARS-540으로 주로 전방 레이더로 사용되고 각 레이더 별로 특징은 표 2-4에서 보는 것과 같다. 단거리 레이더는 SRR-520 단일 제품만 확인되는데 감지거리는 100m이고, 감지각도는 90°이며, 측정각은 75°로 작동 주파수는 76~77GHz로 이다.

구분	ARS-441	ARS-510	ARS-540
주파수 영역	76~77 GHz	76~77 GHz	76~77 GHz
인식거리 및 각도	± 9° 205m ± 45° 70m ± 75° 20m	± 4° 200m(220m) ± 9° 120m ± 45° 40~70m	± 60° 300m
데이터 속도	60ms	55ms	60ms
작동온도	-40~85℃	-40~85℃	-40~85℃
소비전력	8 W	4.5 W	-

표 2-5 콘티넨탈(社) 전방 레이더 성능비교

2.3 차량별 차체수리 및 코딩

자동차 운행을 하는 중에 교통사고는 당연히 발생할 수 있는데 전방 레이더가 장착된 차량은 ADAS SCC와 같은 추돌방지 기능이 있어 추돌에 대한 사고가 흔치 않을 거라 생각되지만 실제로 다양한 형태의 사고가 발생하고 또 SCC 기능 또는 긴급제동장치가 있는 경우에도 이러한 기능을 전적으로 신뢰할 수는 없는데 모 자동차가 시승 중 시승자에게 전방에 차량과 추돌이 예상됨을 시스템이 감지하고도 멈추지 못하고 추돌사고가 발생하였는데 당시 자동차 판매사원이 '브레이크를 밟지 말아보세요'라고 발언해 문제가 되었는데 해당 자동차회사는 교통사고 발생시 피해를 경감해주는 장치라고 해명하였다.

전방 레이더가 장착된 차량에서 다양한 이유로 인해 전 범퍼와 라디에이터 패널 등의 손상으로 인해 차대에 손상이 발생하고 그에 따라 전방 레이더 또는 전·측방 레이더의 보정과 어댑테이션 등의 코딩 작업이 필요하게 된다. 자동차 제작사 또는 레이더의 제작사에 따라 코딩에 필요한 장비는 다양하지만 기본적으로 스캔툴이 반드시 필요하다.

2.3.1 국산 자동차

국산 자동차 제작사인 현대·기아자동차에는 주로 현대모비스(社)와 만도(社)에서 생산된 레이더가 적용되어 있는데, 동일한 제조사의 레이더가 장착되어있어도 레이더 버전에 따라 사양이 다르다. 국산 자동차의 경우 근거리 레이더와 원거리 레이더가 하나의 제품으로 구성되어 있다.

전방 레이더의 경우 이제는 많은 차량에 적용되어있어 장착되지 않은 차량을 찾기가 힘들어지고, 최근 출시된 차량 중 제네시스 GV80(JX)와 G80(RG3) 이 후에 생산된 차량에는 추가로 전·측방 레이더가 선택사항으로 적용되었는데 이 레이더는 APTV(社)의 제품이 적용되어 있다.

APTV(社)는 'Core'와 'Plus' 그리고 'Pro' 3가지 제품을 생산하는데 'Core'는 ADAS 기본적인 기능을 제공하고, 'Plus'는 자율주행 Level 2 수준의 코너 레이더 센서이고, 'Pro'는 자율주행 Level 3과 4 수준의 기능을 지원해 주는 레이더로 국산 차량에 적용돼 전·측방 레이더는 'Plus' 제품이 되겠다.

1) 차체수리

전방 레이더가 장착된 차량은 기본적으로 차량의 차체수리브분은 크게 다르지 않지만 레이더의 정렬과 코딩을 위해서는 레이더가 장착된 부분의 차체수리에 더욱 신경써야 하므로 차량의 타입에 따라 살펴보겠다.

가. 앰블럼 타입(라디에이터 그릴)

라디에이터 그릴 중앙부에 전방 레이더가 장착된 차량은 전방 레이더의 장착위치가 전면 범퍼 내 범퍼레일에 고정되어 있다. 그래서 범퍼레일이 손상되었는지 또 범퍼레일을 고정하는 차체의 손상이 발생하였는지 함께 확인해야 한다.

전방 레이더가 사고로 손상된 경우 전방 레이더를 교환하면 되지만 레이더 자체가 외관상으로 문제가 없다고 쉽게 판단하면 않되는데 이는 전방 레이더를 고정하는 브라켓의 손상을 놓칠 수 있어 브라켓의 손상여부를 함께 면밀히 잘 살펴야한다.

그림 2-20 라디에이터 중앙 전방 레이더

그림 2-21 손상된 전방 레이더

그림 2-21에서 보는 것과 같이 전방 레이더의 브라켓 손상이 발생하면 전방 레이더를 교환하거나 전방 레이더가 재사용이 가능한 경우 브라켓을 판금하여 사용할 수 있고 범퍼 레일의 경우 손상정도가 크면 교환하고 손상정도가 미세한 경우 전방 레이더를 기준으로 장착각도를 조정해 재사용할 수 있다.

차량의 파손정도가 커 차대에 손상이 발생한 경우 자동차 제작사 매뉴얼에 따라 차체의 변형을 수리하고 전방 레이더의 장착위치를 확인한다.

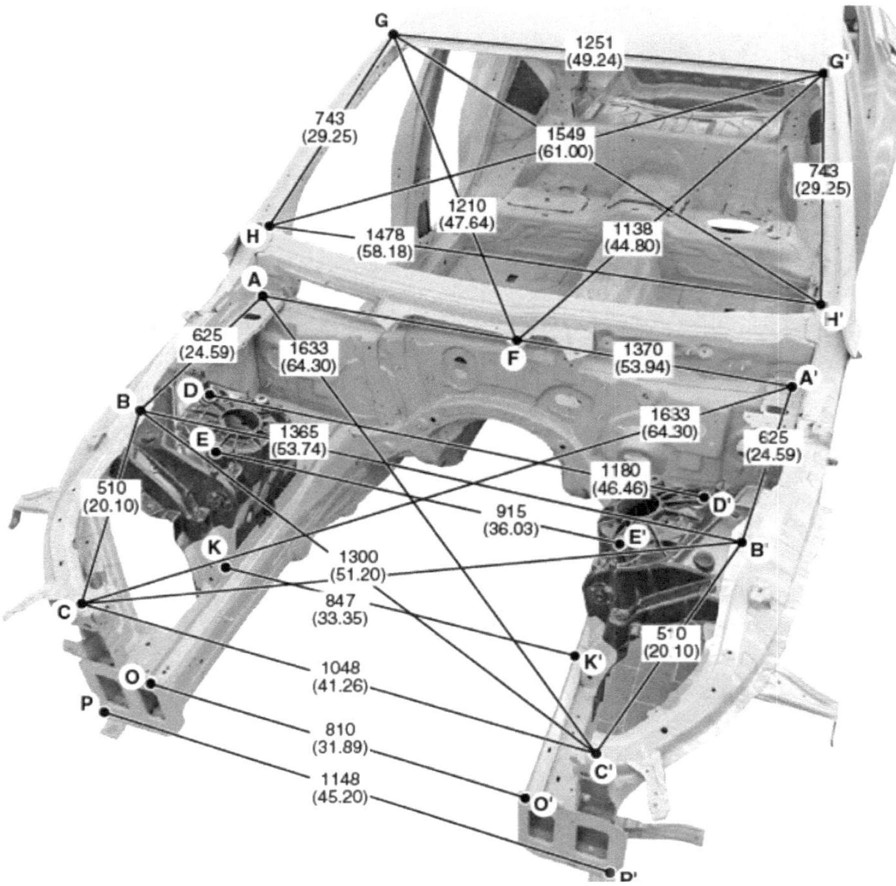

그림 2-22 차체 치수
(출처: 현대자동차 GSW https://gsw.hyundai.com/)

나. 범퍼 하단 타입

범퍼 하단 타입의 경우 라디에이터 그릴에 부착된 차량과 동일한 방법으로 차체수리를 진행하는데 주안점은 라디에이터 그릴에 위치한 앰블럼 타입과 마찬가지로 범퍼 레일에 전방 레이더가 장착되고 전방 레이더가 범퍼 레일을 기준으로 상단에 부착된 앰블럼 타입과 하단에 부착된 범퍼 하단 타입이 결국 범퍼 레일이 정상적으로 잘 고정돼있는 상태가 되어야 한다는 것은 동일하다. 범퍼 레일이 장착되는 차체의 치수가 정확해야 하고 범퍼 레일 또한 변형으로 레이더의 브라켓이 정상적으로 장착되어 있어야 레이더의 작동 오류를 줄이고 레이더의 보정과 어댑테이션 등의 코딩이 정상적으로 이루어 질 수 있다.

그림 2-23 범퍼 하단 타입의 전방 레이더

2) 코딩

전방 레이더의 코딩을 위해서는 제조사별로 특징이 다르기 때문에 해당차량에 적용되어 있는 레이더의 제조사를 확인해야 한다.

가. 모비스 타입

현대자동차를 기준으로 모비스(社) 전방 레이더가 적용된 차량은 아반떼AD, i30(PD), 벨로스터(JS), 코나와 같은 주로 소형차량에 적용되어 있는데, 최근에는 신형 아반떼

(CN7)의 경우 보쉬사 제품이 적용되기도 하였는데 차량의 정비지침서를 기준으로 보정을 하면 되겠다.

차량이 사고로 인해 전방 레이더를 탈착하고 재장착한 경우 또는 전방 레이더를 교환하거나 시스템에서 보정을 요구하는 경우와 스티어링 앵글센서를 교환하거나 조정한 경우 등 전방 레이더 보정 또는 센서정렬 다르게는 센서 얼라이컨트, 어댑테이션으로 표현하는 코딩을 실시해야 한다.

① 사전준비

전방 레이더의 보정을 위해서는 차량에 전방 레이더가 정상적인 각도로 장착되어 있어야 한다. 그래서 전방 레이더가 바로 장착됨을 가장 우선적으로 확인해야 한다. 차량이 사고로 인해 전방 레이더의 보정이 필요한 경우 앞 범퍼를 장착하기 전에 전방 레이더를 보정하고 앞 범퍼를 장착한다. 즉 보정을 위해서는 범퍼가 탈착된 상태에서 진행한다.

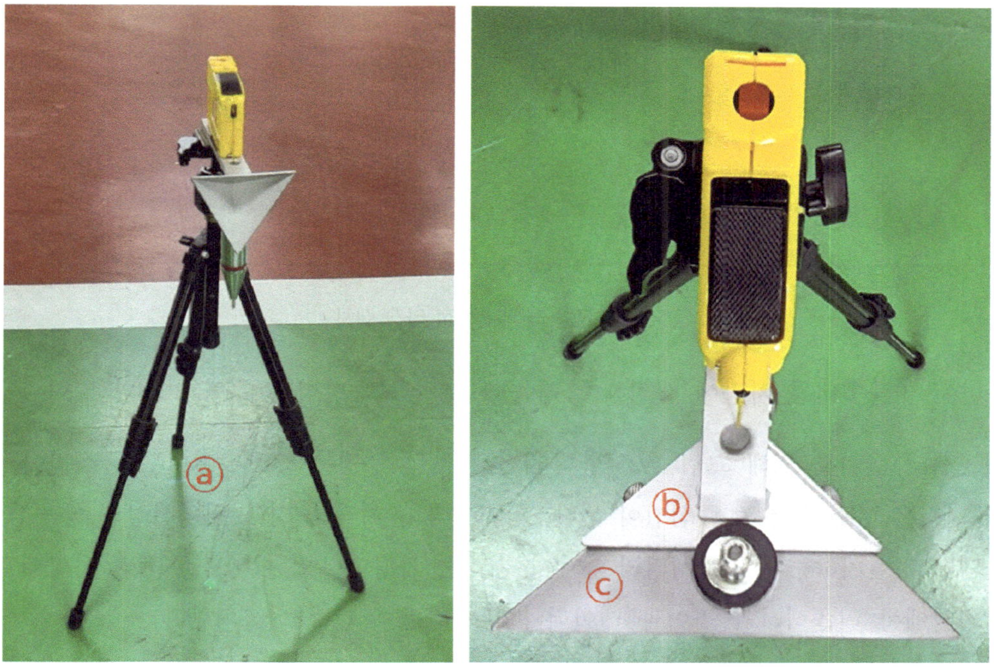

그림 2-24 현대 · 기아자동차용 전방 레이더 보정 타겟(리플렉터)

○ 차량 설정

진단기를 이용해 코딩을 실시하기 전 차량에 장착된 전방 레이더의 장착상태를 확인

후 레이더 보정을 위한 타겟을 준비하고 설치해야 한다.

그림 2-24의 ⓐ는 전방 레이더의 보정에 사용되는 리플렉터(보정 타겟)로 리플렉터의 높이와 수평을 확인해야 한다. 또 현대·기아차의 경우 적용된 레이더의 제작사에 따라 리플렉터를 변경해야 하는데 그림 2-24의 ⓑ는 현대 모비스(社)의 레이더가 장착된 차량에 사용하는 타겟으로 전방 레이더가 만도(社)의 레이더가 장착된 차량의 보정을 위해서는 ⓒ타겟을 추가로 장착해 보정해야 한다.

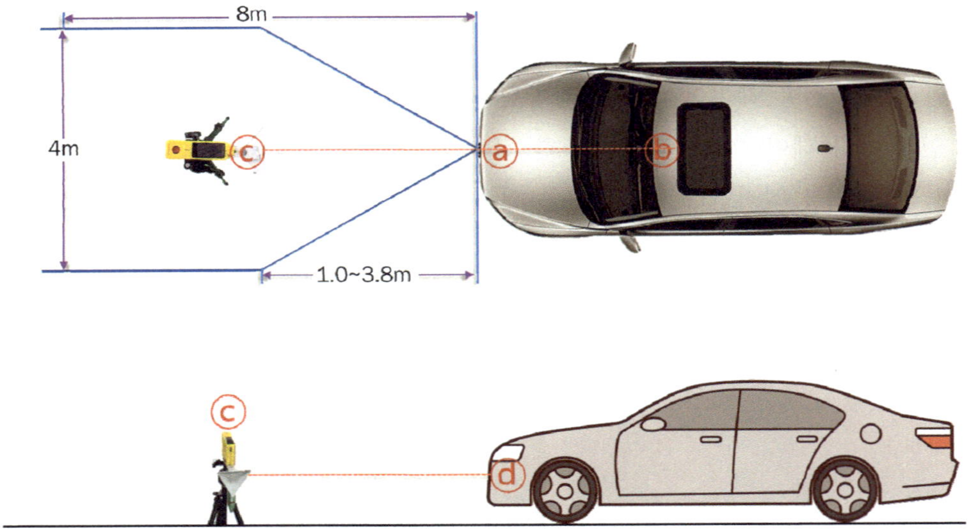

그림 2-25 전방 레이더 보정 타겟 설치

준비된 리플렉터를 차량에 설치해야 하는데 설치하는 방법은 그림 2-25와 같다.

- 리플렉터 설치를 위해 그림 2-25의 ⓐ지점은 차량의 엠블램으로 전면부 중심점이 되고 ⓑ지점은 차량의 루프 중심점이 된다. ⓐ지점과 ⓑ지점을 지나 일직선상의 ⓒ지점에 리플렉터를 설치하는데 리플렉터의 높이와 거리는 차량마다 상이하므로 해당 차량의 정비지침서에서 리플렉터의 높이과 레이더와의 거리를 확인하고 설치한다.

- 차량은 전방에 약 8m의 거리에 리플렉터를 제외한 장애물이 없는 상태로 수평상태의 공간에서 보정을 할 수 있다.

- 설치공간을 확보하면 차량에 장착된 전방 레이더의 장착이 잘되었는지 확인해야하는

데 ADAS 정렬 툴에서 각도계를 이용해 전방 레이더의 장착각도가 규정값 내에 있는지 확인해야 하는데 부득이하게 각도계를 사용할 수 없는 경우 스마트 폰 어플을 이용해 각도를 측정해도 무방하다.

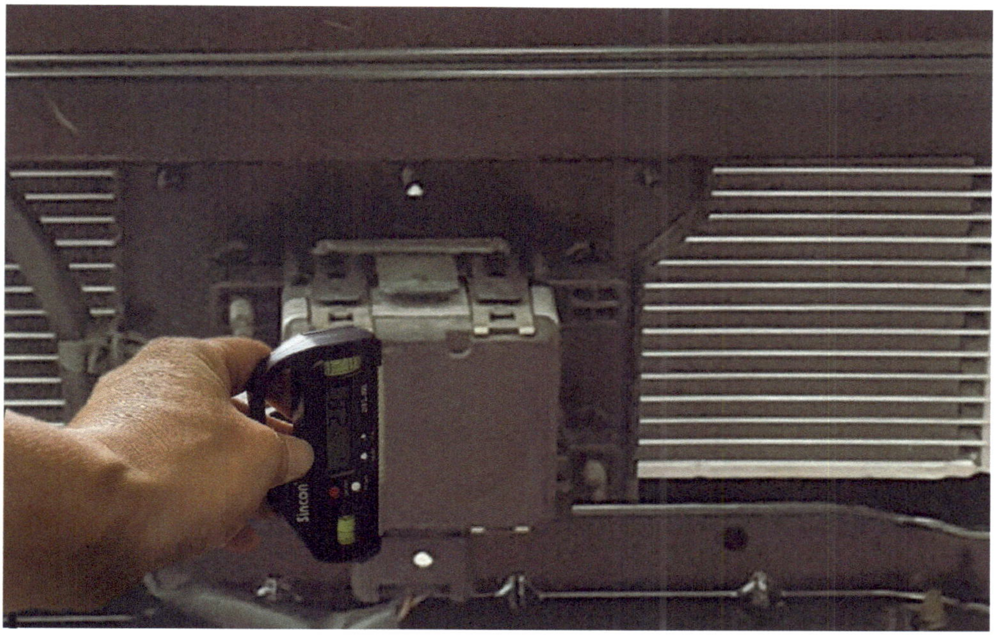

그림 2-26 전방 레이더 설치각도 측정

- 전방 레이더는 차량에 따라 차이가 있을 수 있지만 기본적으로 수평으로 설치된 상태에서 전방을 향하는 레이더의 각도가 직각에서 조금 아래쪽으로 향해있다. 이는 레이더의 소실점이 결국 지면에 닿을 수 있도록 한 것인데 이를 측정하기 위해서는 각도계나 수평계 등을 이용해 전방 레이더가 차량에 정상적으로 설치되었는지 확인하고 만일 정상적인 수직 설치각도가 아닌 경우 전방 레이더에 조절 가능한 스크류가 장착된 레이더는 스크류를 이용해 조절하고 조절 스크류가 없는 경우 레이더 브라켓이나 범퍼 레일의 상태 등을 점검해 조절한다.

- 최종적으로 차량의 타이어 공기압을 규정값으로 조정하고 차량 내 탑재된 하중이 큰 물건 등은 차량에서 내리고 사람이 탑승하지 않은 공차상태로 보정을 마칠 때까지 유지한다.

② 스캔툴 코딩

해당 차량의 코딩이 가능한 진단기를 선택하는데 가급적 차량 제작사의 전용진단기 선택해야 자칫 전방 레이더의 잘못된 코딩으로 사용이 불가능해지지 않도록 한다.

- 제작사 정비지침서에서 해당 차량의 보정 절차를 숙지 후 보정에 임해야 하는데 현대·기아자동차와 쌍용자동차는 해당 홈페이지에서 무료회원 가입 후 정비정보를 확인할 수 있고 진단기에 따라서는 진단기 내 정비정보 기능을 이용해 확인 가능하다.

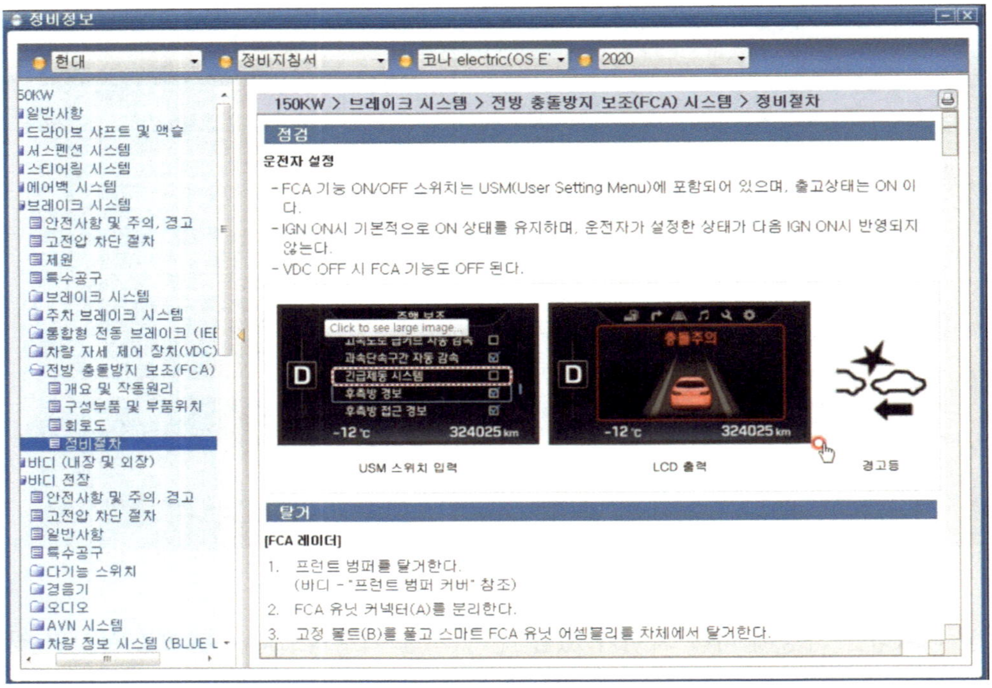

그림 2-27 진단기 내 정비정보

- 자동차 제작사와 차량의 출시 시기에 따라 전방 레이더 시스템의 명칭이 다를 수 있어 해당 시스템을 확인하고 스캔툴을 이용해 해당 시스템을 선택한다.(초기 적용차량의 경우 SCC/AEB, ASCC로 표시되는데, 이후 차량의 경우 FCA로 표현되어 있다.)

- 스캔툴로 SCC 또는 FCA의 부가기능에 들어가면 그림 2-28과 같은 메뉴창을 확인할 수 있는데 사양 정보는 전방 레이더의 소프트웨어 버전과 제작사 등을 확인할 수 있는데 소프트웨어 버전의 경우 차량에 적용된 레이더의 종류 등의 다양한 정보를 확인할 수 있지만 전방 레이더 보정에 있어서는 참고만 하되 소프트웨어 버전은 확인할 필요가 있다. 이는 연계되어 있는 ADAS 시스템들과의 통신에 영향을 줄 수 있어 적절한 버전으로 업데이트되어 있는지 확인해야 하기 때문이다.

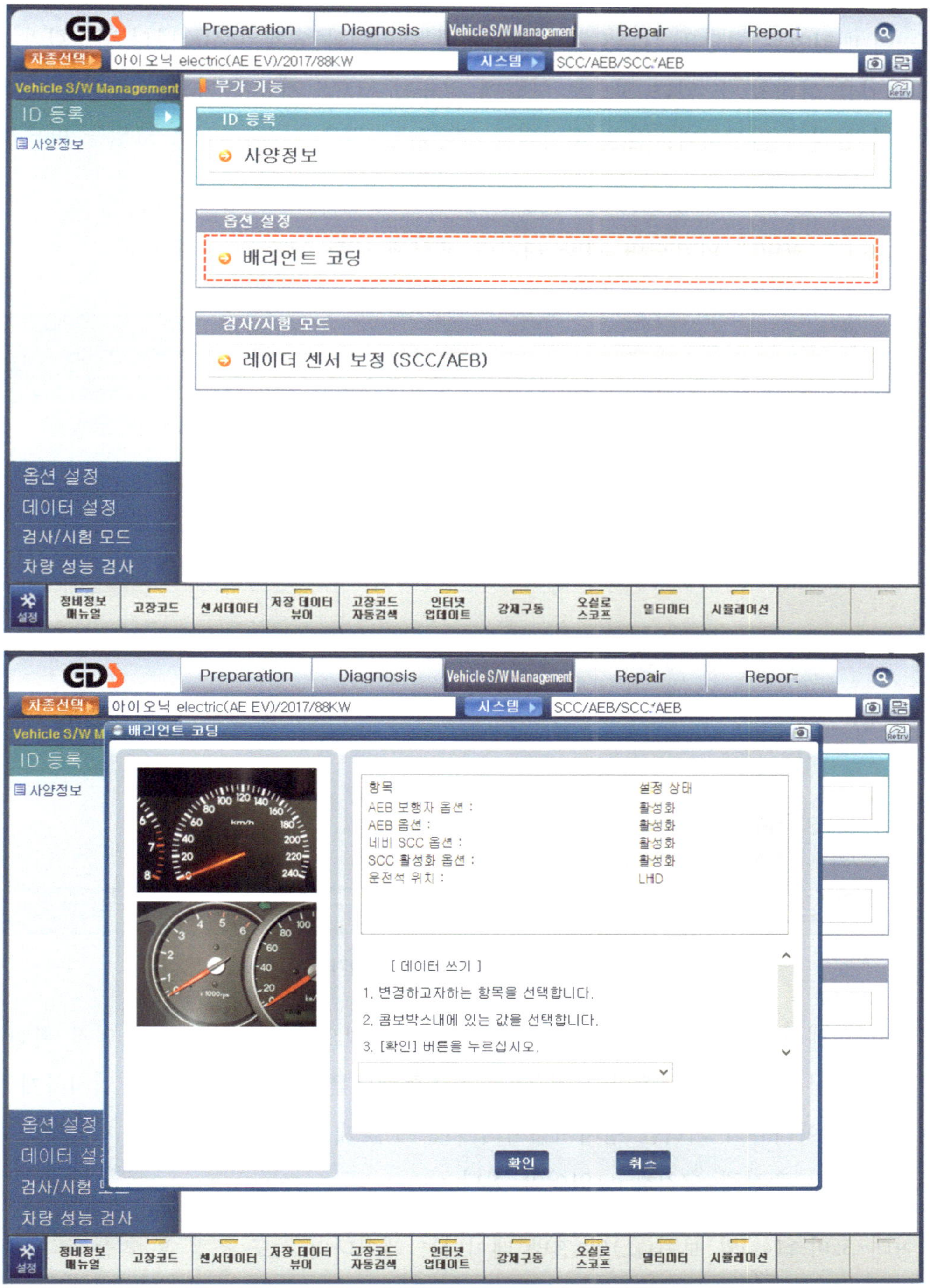

그림 2-28 SCC & FCA 배리언트 코딩

- SCC & FCA 부가기능에서 그림 2-28에서 보는 것과 같이 배리언트 코딩을 수행할 수 있는데 배리언트 코딩은 ADAS 기능에서 전방 레이더와 연계된 시스템의 활성화와 차량의 타입을 설정할 수 있는 것으로 차량에 적용된 ADAS 기능과 차량의 특징에 따라 다양하게 설정이 가능하다. 전방 레이더를 교환하는 경우 이 배리언트 코딩을 반드시 실시해야 한다.

- 배리언트 코딩이 완료되면 전방 레이더 센서에 대한 보정을 실시한다.

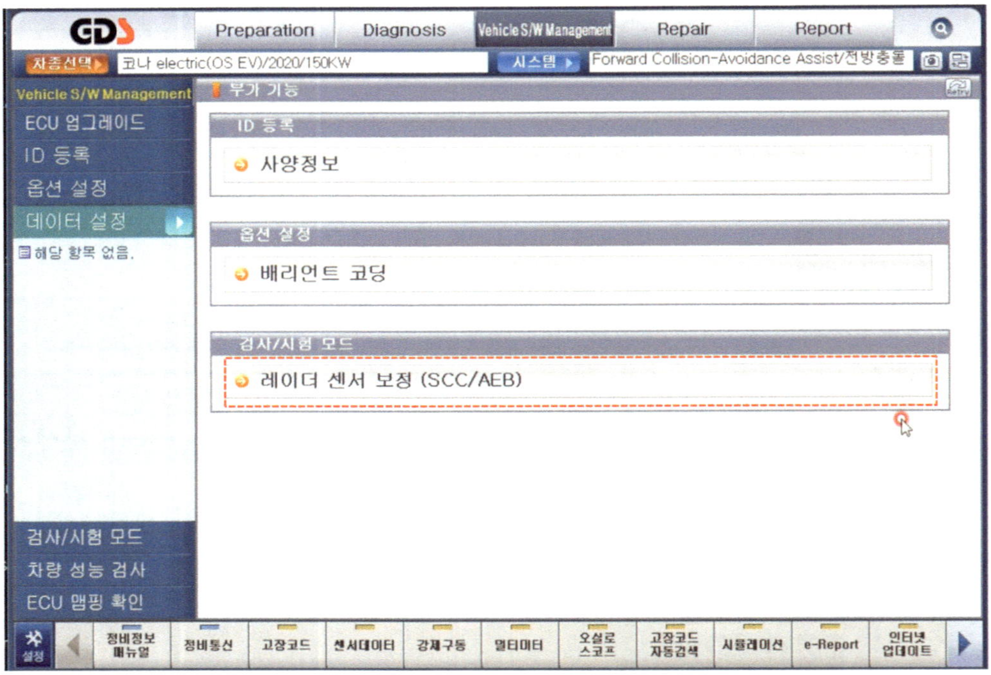

그림 2-29 SCC & FCA 부가기능

- 레이더 센서 보정은 차량의 전방 레이더가 정상적으로 설치되었는지 먼저 확인하고 차량의 중심선에 맞게 레이더 보정 타겟인 리플렉터를 레이더의 높이와 일치하게 설치하고 또 레이더와의 거리를 정비지침서의 기준에 맞게 설치 후 레이더와 리플렉터 간의 거리를 미리 측정해 숙지하고 있어야 한다.

- 현대 모비스(社)와 보쉬(社)의 전방 레이더는 레이더의 각도 조정 후 리플렉터를 이용해 차량이 정차된 상태의 정차보정만 실시하면 보정이 완료되는데 반해 만도(社) 전방 레이더는 적용된 전방 레이더에 따라 정차상태의 보정 후 주행보정이 필요하다.

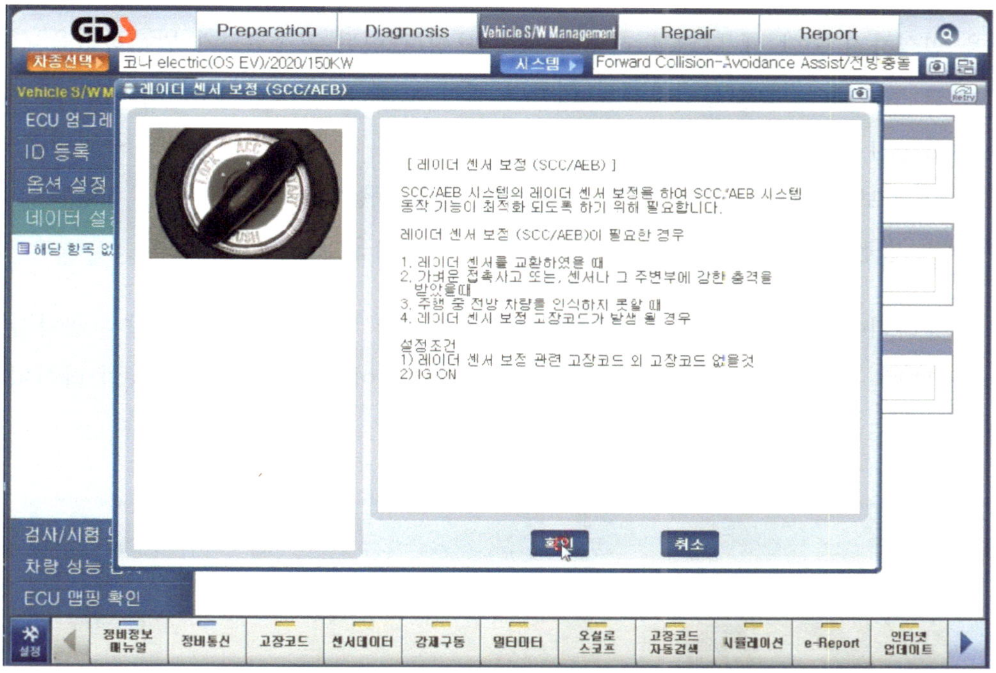

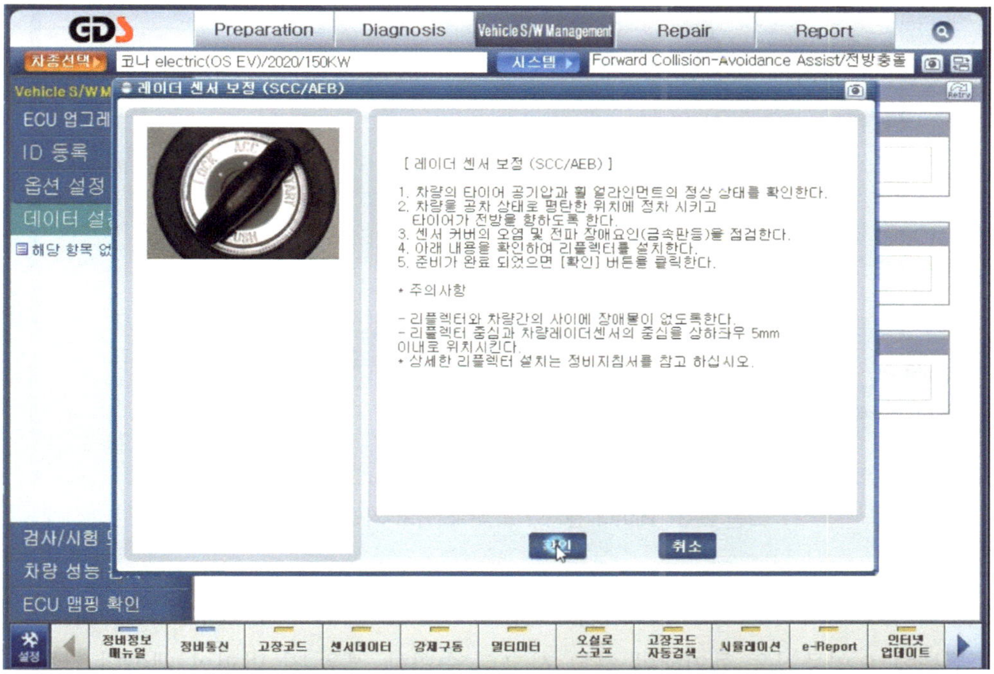

그림 2-30 SCC & FCA 레이더 센서 보정

- 전방 레이더의 보정기능에 진입하면 레이더 센서 보정이 필요한 경우가 나오는데 레

이더 센서를 교환하였을 때와 센서나 그 주변에 강한 충격을 받았을 때, ㅊ주행 중 전방 차량을 인식하지 못할 때 그리고 레이더 센서 보정 관련된 고장코드가 발생하였을 경우 이 기능을 실행해야 하며 설정조건은 레이더 센서 보정 관련 고장 코드 외 다른 고장코드가 발생하지 않은 상태로 전원이 켜인 IG/ON 상태로 시동이 걸려있어도 무방하다 차량에 따라서 보정 시간이 길어질 수 있어 보정 전에 차량의 배터리에 외부 전원을 인가해 배터리 방전을 방지하거나 시동이 걸린상태로 기능을 실행하면 되겠다.

- 차량의 타이어 공기압과 휠 얼라이먼트의 정상상태를 우선 확인하고 차량은 공차상태로 리플렉터를 비롯해 차량 모두 평탄한 위치에 정차되어 있어야 하고, 차량의 타이어는 전방을 향하도록 조향한다.

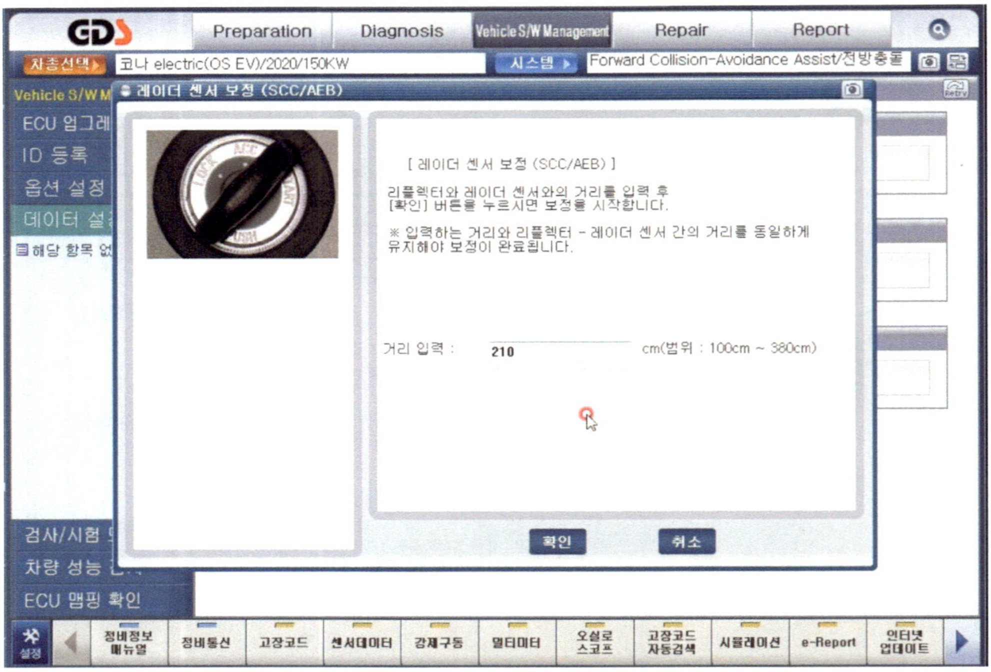

그림 2-31 레이더 센서와 리플렉터와의 거리값 입력

- 전방 레이더를 가리는 오염물질이 없어야 하는데 주행 중 오류의 경우 전 범퍼의 레이더 부분에 오염물질을 확인해야 하고 사고로 수리한 경우 전 범퍼의 레이더 감지부에 이물질을 확인해야 하는데 자주 발생하는 사례로 제작사 순정부품임을 표시하는 홀로그램 스티커나 도장용 마스킹 테잎 등이 범퍼의 안쪽에 부착되어 레이더의 전파를 방해해

레이더 보정이 되지 않거나 보정이 되더라도 차량 주행 중 오작동을 일으키게 되므로 반드시 오염물질 여부를 확인한다.

- 전방 레이더가 정면의 보정 타겟을 인식하게 되면 그림 2-31에서 보는 것과 같이 리플렉터와 레이더 센서와의 거리를 입력해야 하는데 리플렉터를 설치시 레이더와의 거리를 측정해 숙지하고 있으면 편리하다. 리플렉터와 레이더 간의 거리는 cm 단위로 입력해야 하는데 차량의 기준 내 리플렉터를 설치하고 설치된 위치의 값을 입력하면 된다.

- 리플렉스와 전방 레이더 간의 거리를 입력하고 확인 버튼을 누르면 전방 레이더의 보정이 자동으로 실시되고 정상적으로 보정이 완료되면 그림 2-32에서 보는 것과 같이 보정이 완료되었다는 문구와 함께 보정된 수직각도와 수평각도가 표시된다.

- 현대 모비스(社)와 보쉬(社) 전방 레이더는 이렇게 보정을 하면 완료되고 만도(社) 레이더처럼 차량의 주행은 불필요하다.

그림 2-32 레이더 센서 보정 완료

- 보정이 완료된 데이터는 SCC & FCA 센서데이터에서 확인이 가능한데 일반적으로 보정된 각도에 대해서 큰 기준을 두고 있지 않기에 센서 정렬이 완료되어 'Success'로 표시

되고 있는지 확인하면 되겠다.

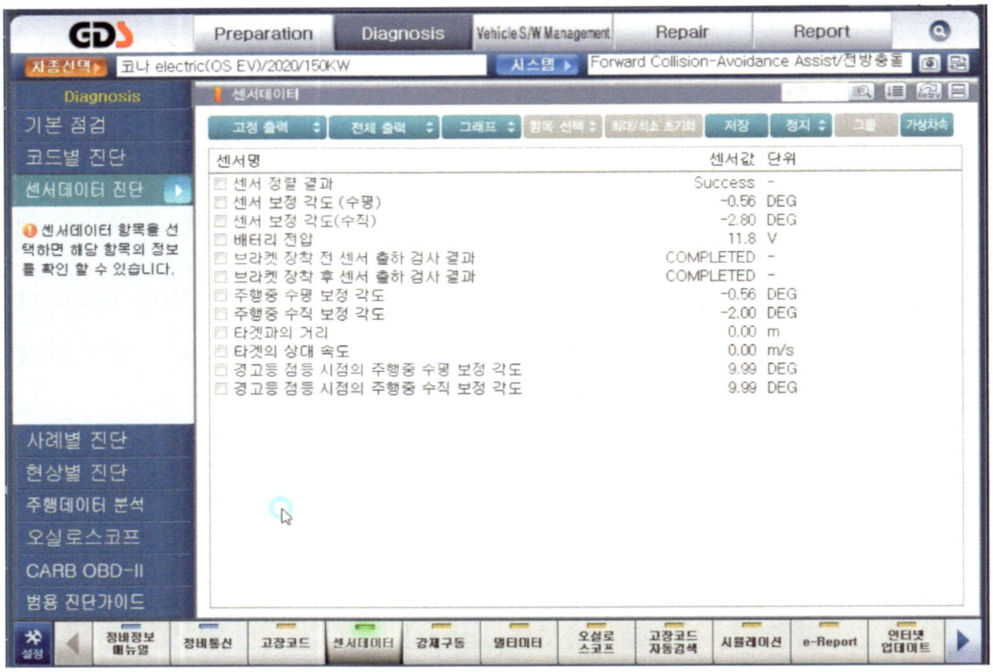

그림 2-33 전방 레이더 센서데이터

나. 만도 타입

현대자동차를 기준으로 만도(社) ESR, MRR, LRR 전방 레이더가 적용되어 있는데 ESR 전방 레이더가 장착된 차량은 아이오닉(AE), 그랜져IG, 투싼(TL), 싼타페(TM) 등으로 2015년경 출시된 차량에 적용되어 있고, 제네시스 브랜드의 G80(DH)과 G90(HI PE) 차량에 적용되어 있는데 초기형 차량 중 중대형 차량에 적용되어 있는 것을 알 수 있다.

만도(社) 중거리 레이더인 MRR는 현대자동차의 소나타(DN8), 펠리세이드, 싼타페(TM) 2018년 11월 이후 생산된 차량에 적용되어 있으며, 장거리 레이더인 LRR은 현대자동차의 싼타페(TM) 2018년 11월 이전에 생산된 차량과 넥쏘 차량에 적용되었다.

현대자동차의 고급브랜드인 제네시스는 G70, G80(RG3), GV80 등 2018년 이후 모델 변경된 차량에 만도(社) 장거리 레이더인 LRR을 적용하고 있다. 각각의 레이더 별로 보정하는 방법이 정차모드와 주행모드 둘다 진행해야하는 차량이 있는 반면 정차모드만 실행 하거나 주행모드만 진행하는 등 차량별로 상이하므로 반드시 정비지침서를 기준으로 보정을 하면 되겠다.

전방 레이더의 보정은 차량이 사고로 인해 전방 레이더를 탈착하고 재장착한 경우 또는 전방 레이더를 교환하거나 시스템에서 보정을 요구하는 경우와 스티어링 앵글센서를 교환하거나 조정한 경우 등 전방 레이더 보정 또는 센서정렬 다르게는 센서 얼라이먼트, 어댑테이션으로 표현하는 코딩을 실시해야 한다.

① 사전준비

전방 레이더의 보정을 위해서는 차량에 전방 레이더가 정상적인 각도로 장착되어 있어야 한다. 그래서 전방 레이더가 바로 장착됨을 가장 우선적으로 확인해야 한다. 차량이 사고로 인해 전방 레이더의 보정이 필요한 경우 앞 범퍼를 장착하기 전에 전방 레이더를 보정하고 앞 범퍼를 장착한다. 즉 보정을 위해서는 범퍼가 탈착된 상태에서 진행한다.

전방 레이더의 후면 제작라벨을 확인해 레이더의 방식을 구분해야하는데 MRR-20이 적용된 차량의 경우 앞에서 살펴본 현대 모비스(社) 전방 레이더와 같이 장착각도를 먼저 설정하고 리플렉터를 이용해 보정을 실시하면 된다.

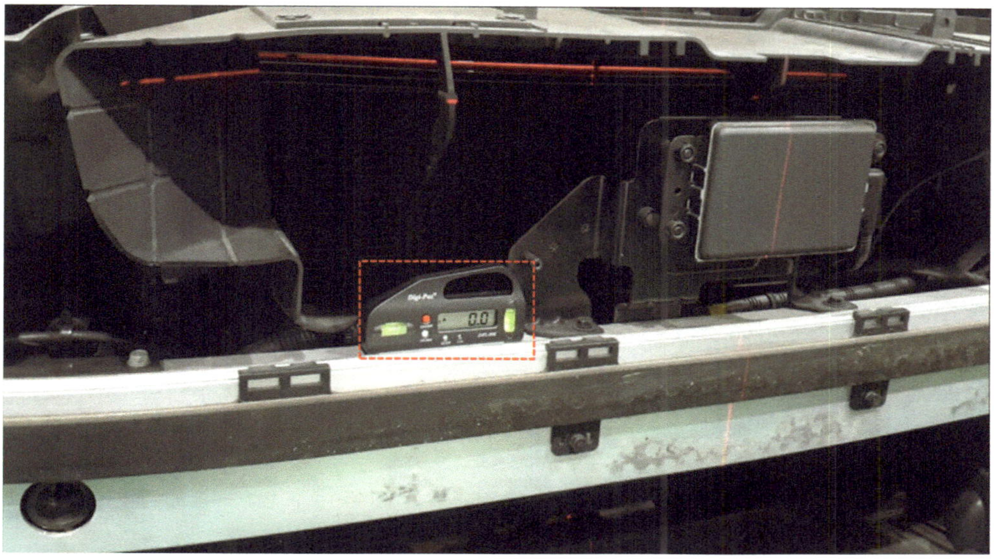

그림 2-34 앞 범퍼 레일 수평 확인

차량을 공차상태로 수평된 위치에서 앞범퍼레일의 수평상태를 확인 한다. 만일 수평 상태가 되지 않을 경우 차량의 타이어 공기압 상태와 타이어 또는 휠 사이즈 등을 확인하고 차량의 수평이 틀린 경우 차량의 수평을 우선적으로 조정하고 범퍼레일의 수평만 틀어진 경우 차대계측을 통해 차체의 비틀림을 확인하고 필요시 수정한다.

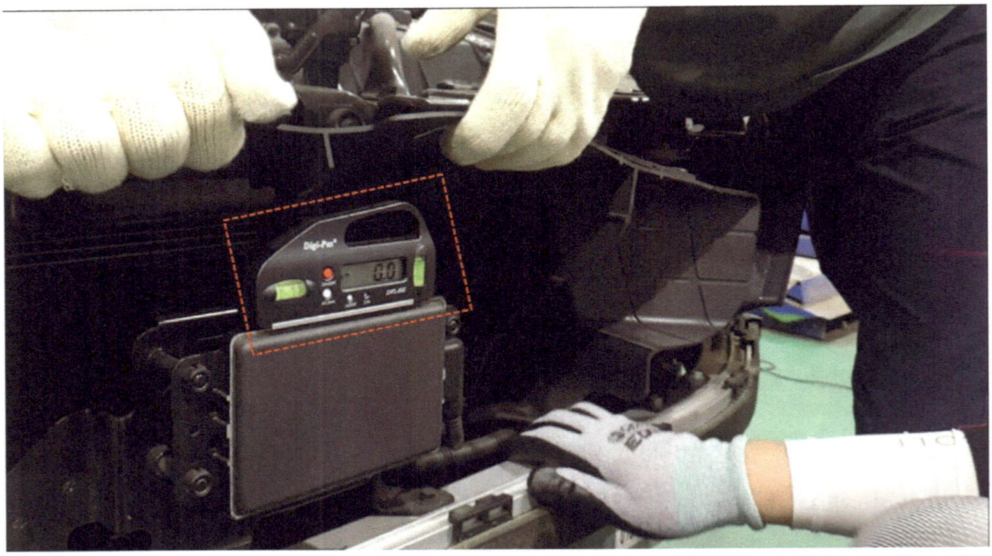

그림 2-35 전방 레이더 수직 수평 확인

리플렉터를 이용한 보정은 현대 모비스(社) 전방 레이더 보정과 같은 방식으로 그림 2-35와 같이 리플렉터를 설치하고 보정하면 되는데, 만도 MRR-20, MRR-30, LRR-10 전방 레이더는 모두 정차보정과 주행보정을 모두 지원하지만 ESR 전방 레이더는 주행보정만 지원하고 LRR-20 전방 레이더는 정차보정만을 지원한다. 모두 공통적으로 장착각도에 대한 조정 및 확인은 반드시 필요하다.

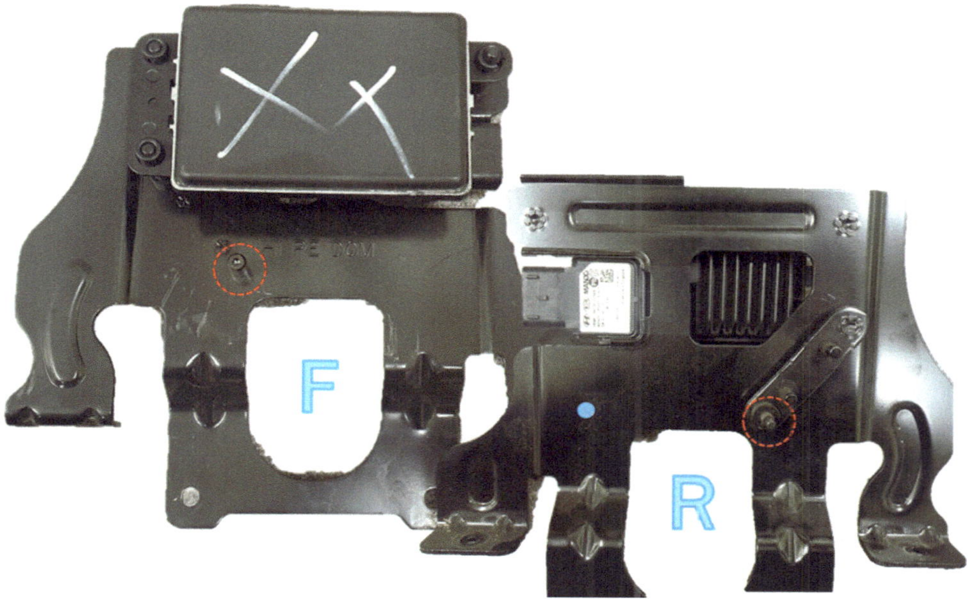

그림 2-36 전방 레이더 수직 수평 확인

차량에 따라 다소 차이가 있을 수 있으나 전방 레이더의 수평 각도가 맞지 않는 경우 전방 레이더의 브라켓 고정상태를 확인하고 필요시 수정하고 수직 각도가 맞지 않는 경우 그림 2-36에서 보는 것과 같이 특수공구를 이용해 전방 레이더의 수직각도를 조절할 수 있다.

② ESR 전방 레이더 코딩

해당 차량의 코딩이 가능한 진단기를 선택하는데 가급적 차량 제작사의 전용진단기 선택해야 자칫 전방 레이더의 잘못된 코딩으로 사용이 불가능해지지 않도록 한다.

- 제작사 정비지침서에서 해당 차량의 보정 절차를 숙지 후 보정에 임해야 하는데 현대·기아자동차와 쌍용자동차는 해당 홈페이지에서 무료회원 가입 후 정비정보를 확인할 수 있고 진단기에 따라서는 진단기 내 정비정보 기능을 이용해 확인 가능하다.

- 자동차 제작사와 차량의 출시 시기에 따라 전방 레이더 시스템의 명칭이 다를 수 있어 해당 시스템을 확인하고 스캔툴을 이용해 해당 시스템을 선택한다.(초기 적용차량의 경우 SCC/AEB, ASCC로 표시되는데, 이후 차량의 경우 FCA로 표현되어 있다.)

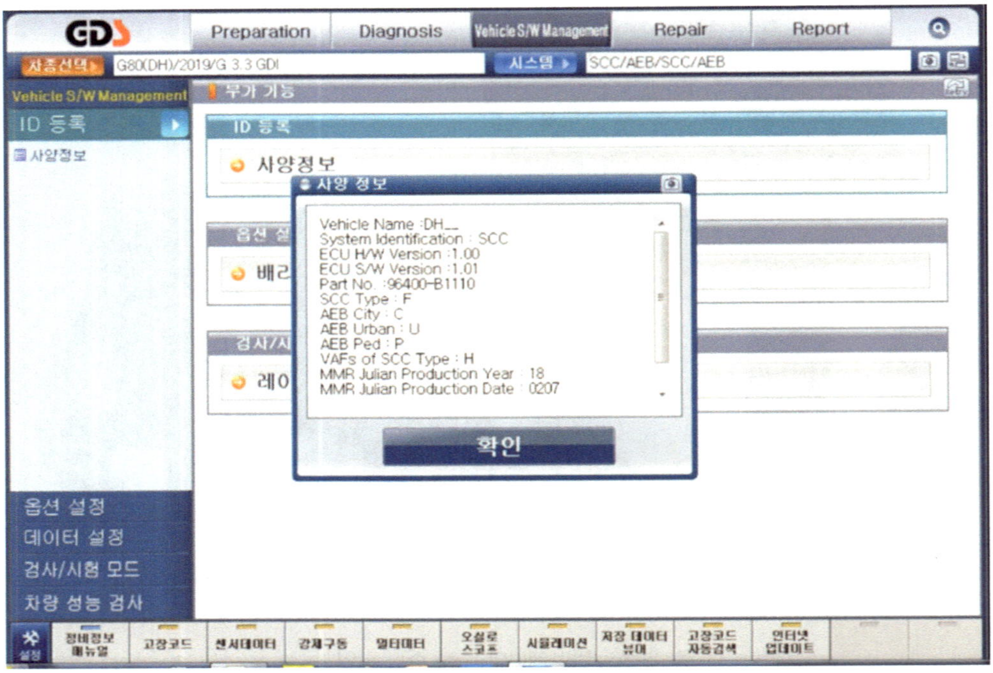

그림 2-37 전방 레이더 사양정보

- 스캔툴로 SCC 또는 FCA의 부가기능에 들어가면 그림 2-37와 같이 메뉴창을 확인할 수 있는데 사양 정보는 전방 레이더의 소프트웨어 버전과 제작사 등을 확인할 수 있는데 소프트웨어 버전의 경우 차량에 적용된 레이더의 종류 등의 다양한 정보를 확인할 수 있지만 전방 레이더 보정에 있어서는 참고만 하되 소프트웨어 버전은 확인할 필요가 있다. 이는 연계되어 있는 ADAS 시스템들과의 통신에 영향을 줄 수 있어 적절한 버전으로 업데이트되어 있는지 확인할 수 있다.

- SCC & FCA 부가기능에서 그림 2-37에서 보는 것과 같이 배리언트 코딩을 수행할 수 있는데 배리언트 코딩은 ADAS 기능에서 전방 레이더와 연계된 시스템의 활성화와 차량의 타입을 설정할 수 있는 것으로 차량에 적용된 ADAS 기능과 차량의 특징에 따라 다양하게 설정이 가능하다. 전방 레이더를 교환하는 경우 이 배리언트 코딩을 반드시 실

시해야 한다.

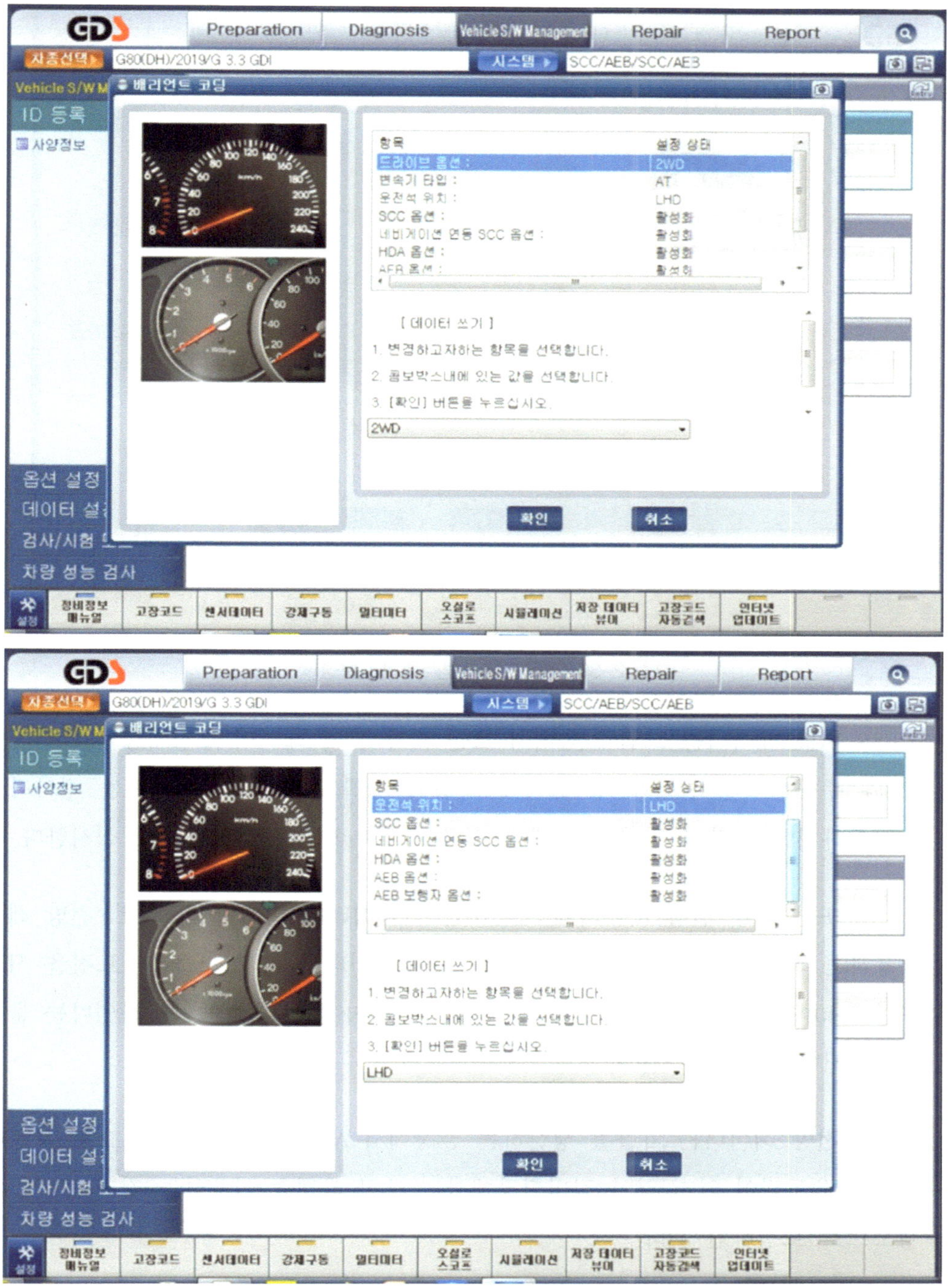

그림 2-38 만도 ESR 전방 레이더 배리언트 코딩

- 베리언트 코딩이 완료되면 전방 레이더 센서에 대한 보정을 실시한다.

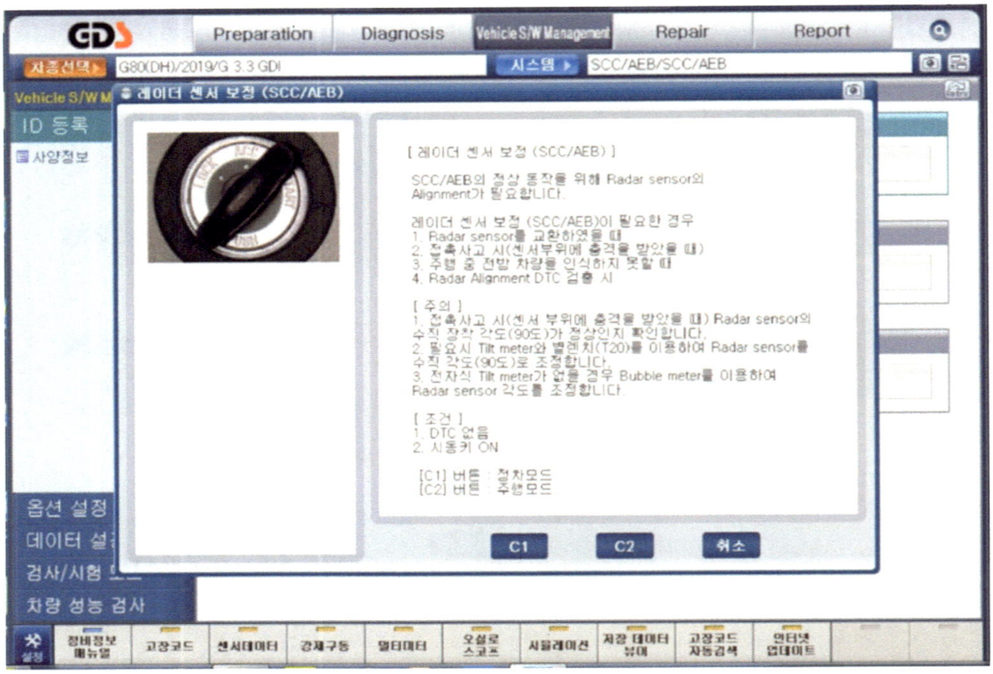

그림 2-39 만도 ESR 전방 레이더 보정

- 만도 ESR 전방 레이더는 그림 2-39에서 보는 것과 같이 레이더 보정기능에 들어가면 정차모드와 주행모드를 선택할 수 있는데 차량이 제작되는 생산라인에서는 정차라인 기능을 사용하지만 차량의 정비를 위해 보정하는 경우에는 주행모드만을 실시한다.

- 만도 LRR 또는 MRR 전방 레이더에 사용하는 리플렉터나 현대 모비스(社) 전방 레이더에 사용하는 리플렉터를 이용해 만도 ESR 전방 레이터를 정지모드에서 보정을 시도하면 그림 2-40에서 보는 것과 같이 전방 레이더가 반사체를 감지하지 못하였다는 문구가 표시되면서 검사실패가 된다.

- 만도 ESR 전방 레이더는 차량를 생산하는 공장에서 A/S 및 차량 정비용으로 보정타겟이 시중에 유포되어 있지 않아 정비현장에서는 보정 타겟을 이용하는 정지모드가 아닌 주행모드로 보정하면 된다.

- 주행보정의 경우 차량에 스캔툴 진단기를 연결하고 레이더를 수평 0° 수직방향으로 90°로 설정하고 스캔툴을 이용해 부가기능에서 주행모드 보정을 선택해 실행한다.

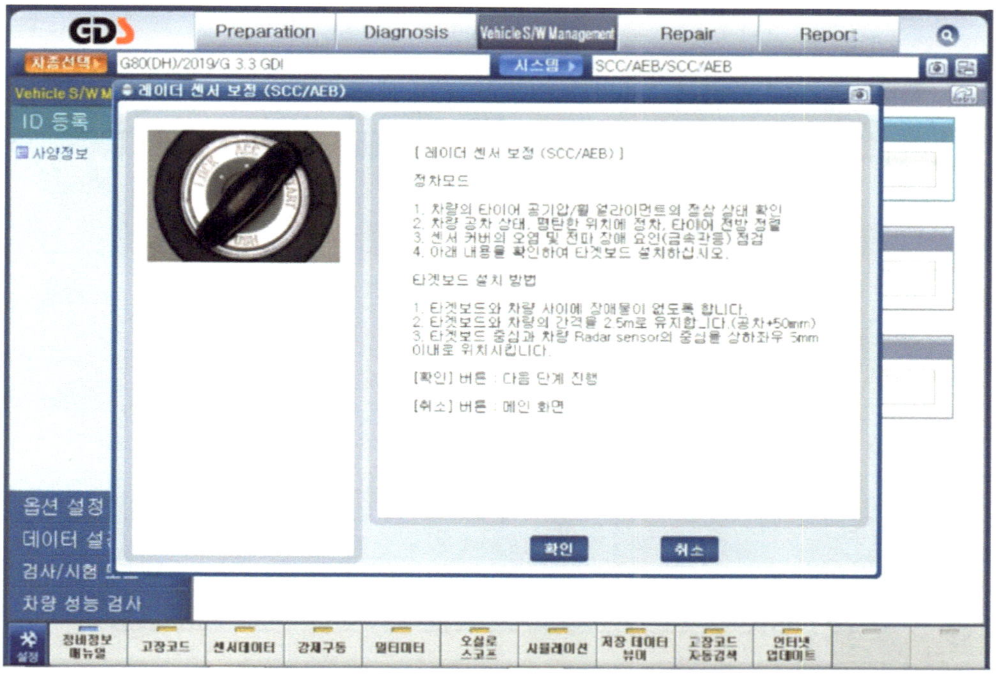

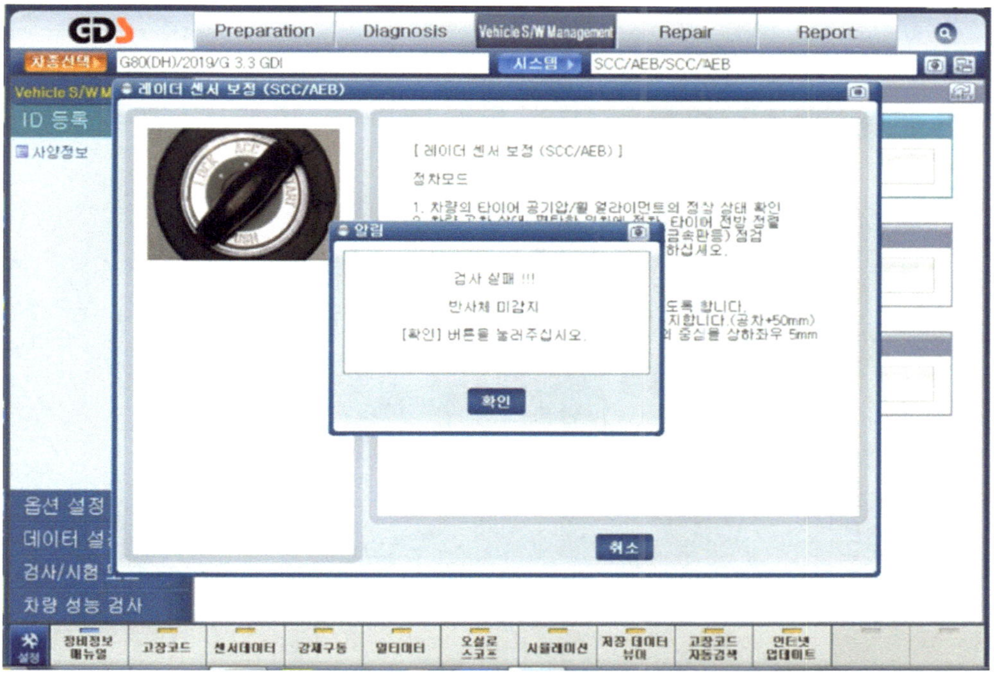

그림 2-40 만도 ESR 정지모드 보정

- 주행 모드에 진입하면 차량의 계기판에 SCC 시스템 오류 경고등이 점등되는데 보정

이 완료되면 이 경고등은 사라진다.

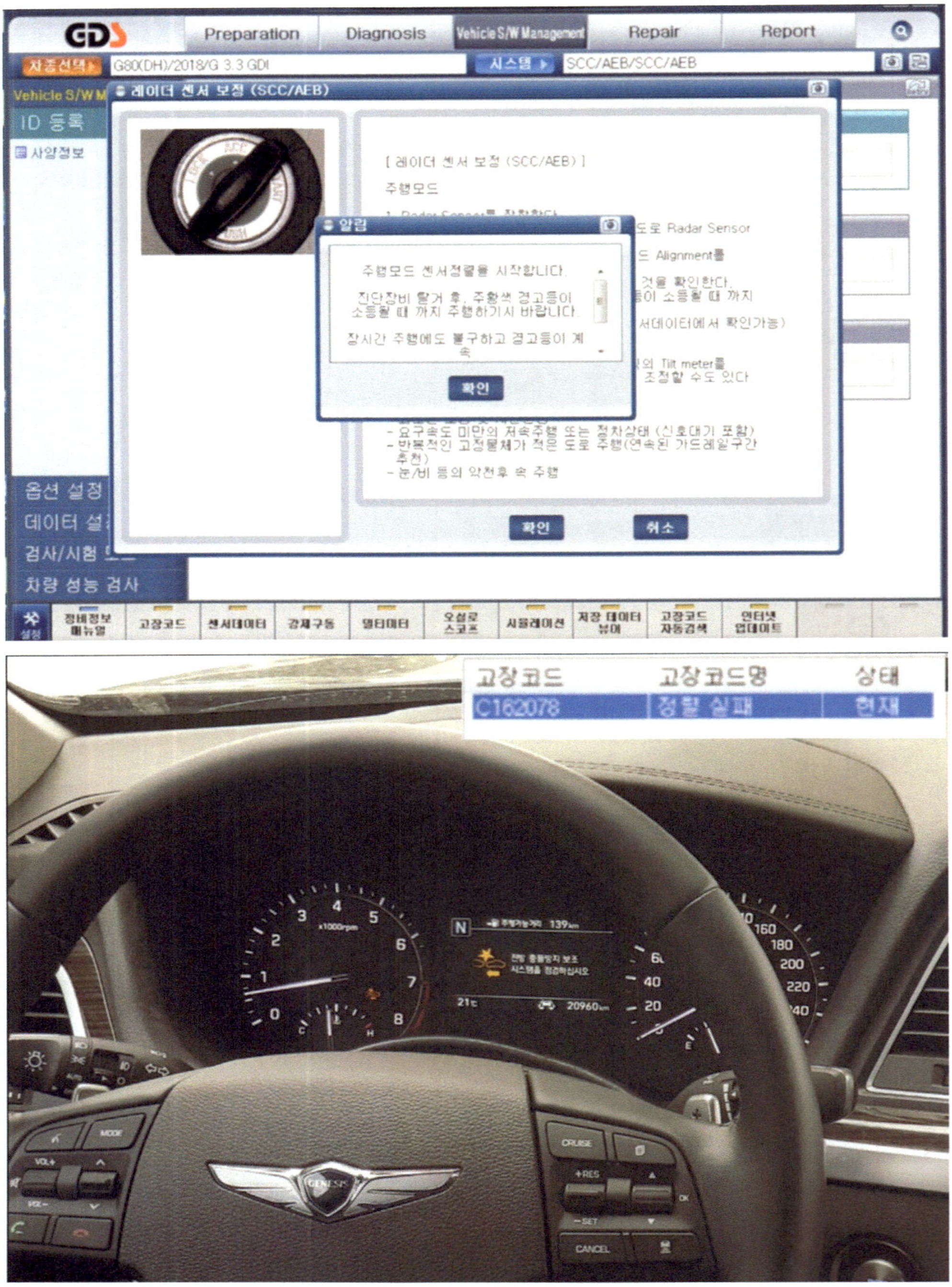

그림 2-41 만도 ESR 정지모드 보정

- 차량을 65km/h 이상의 속도로 천천히 운전하면서 경고등이 사라질 때까지 운전하면 되는데 주행환경에 따라 약 10~15분가량 소요되며 진행률은 SCC 센서데이터에서 확인이 가능하다.

- 차량을 주행할 때 센서 정렬이 일시중단 및 지연되는 요소로 과도한 조향 또는 차선 변경을 하거나 65km/h의 속도 보나 낮은 속도로 저속으로 운행하거나 눈 또는 비 등의 악천후 속에서 주행할 경우 주행보정 시간이 증가하거나 잘되지 않을 수 있어 주행모드로 보정시 주행도로 여건과 날씨 등의 주행조건을 확인한다.

③ MRR-20, MRR-30 전방 레이더 코딩

만도(社) 중거리 레이더인 MRR 레에더는 레이더의 장착각도는 모두 89°로 셋팅하고 스캔툴 진단기를 이용해 부가기능에 진입하여 전방 레이더 장착 각도 검사/보정 기능을 실행한다.

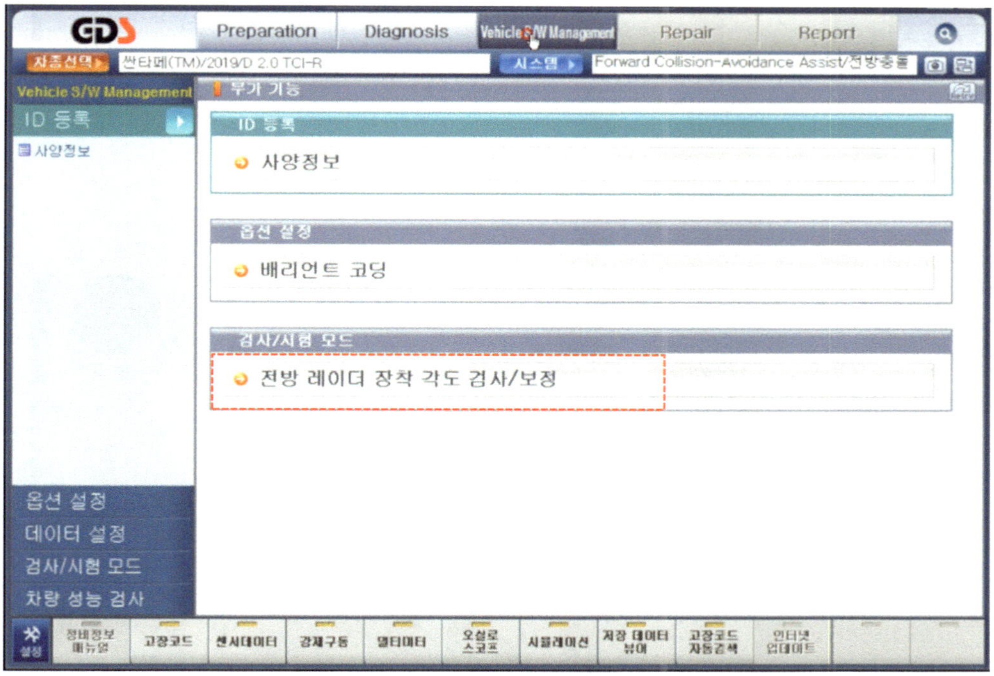

그림 2-42 만도 MRR 레이더 장착 차량의 부가기능

전방 레이더의 수직각도는 절대로 90°가 되지 않도록 주의하고 오차 범위 내로 조정 후 스캔툴 진단기로 수직 오차 각도 확인하는데, 전방 레이더의 뒷면의 라벨에 'Lot No'

마지막 두 자리 값(QQ)을 확인해 입력한다.

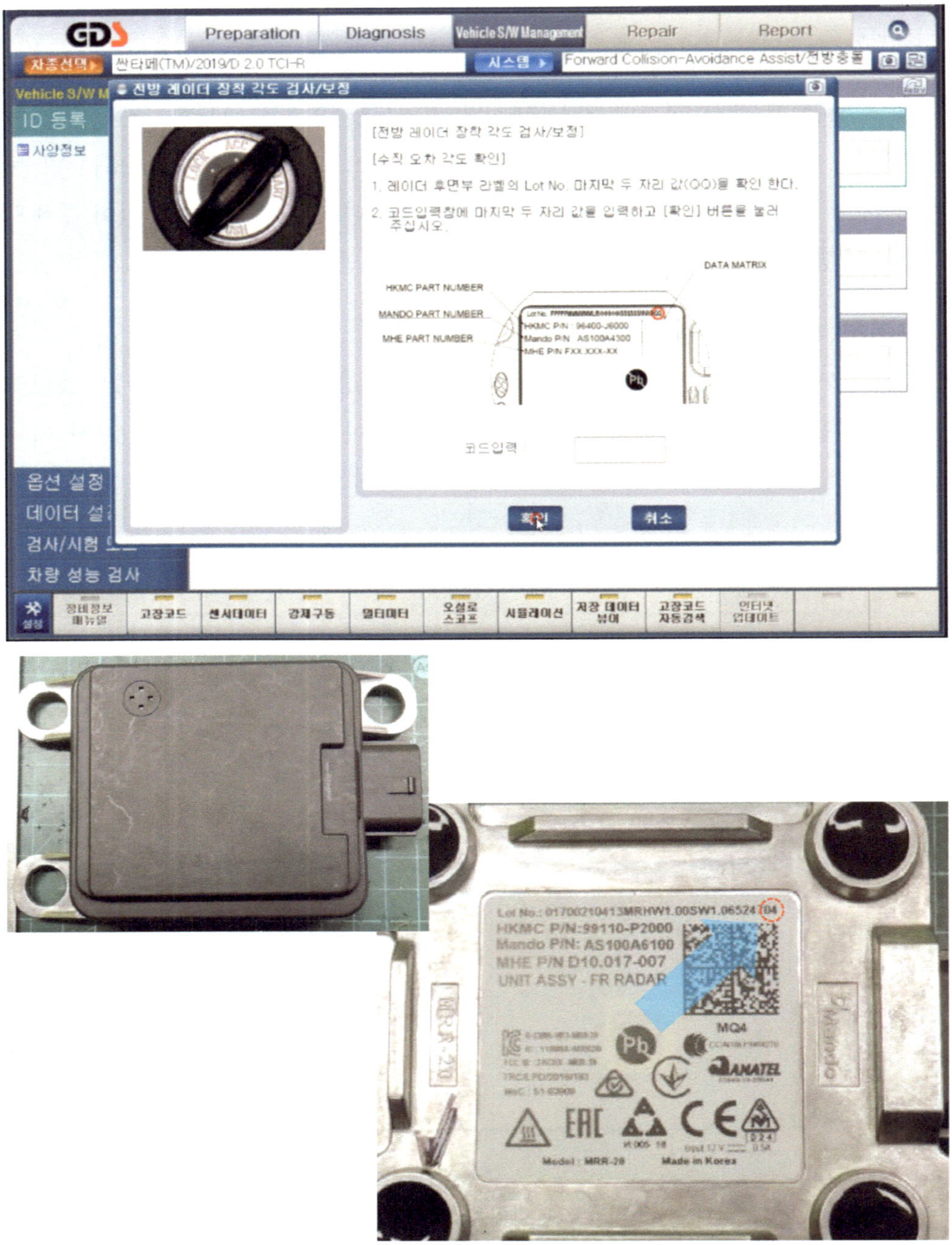

그림 2-43 만도 MRR 레이더 Lot No 입력

전방 레이더의 뒷면의 라벨에 'Lot No' 마지막 두 자리 값(QQ)을 입력 후 정차 보정은 현대 모비스(社) 전방 레이더 보정에 사용한 리플렉터를 이용해 정차보정을 실시할 수 있는데 모비스 전방 레이더의 리플렉터가 만도 레이더의 리플렉터에 비해 크기가 크다 그래서 모비스용 리플렉터 내에 만도 리플렉터용 컵을 추가로 장착해서 보정을 실시해야 한다. 물론 리플렉터는 반사체이기에 만도용 리플렉터를 그대로 모비스 전방 레이더 보정에 사용해도 무방하다.

그림 2-44 만도용 전방 레이더 리플렉터

전방 레이더 보정이 완료되면 센서데이터에서 각종 데이터를 확인할 수 있는데 전방 레이더 센서와 정렬 타겟(리플렉터)과의 거리와 레이더 센서의 장착 높이 와 수평 위치 그리고 타겟 정렬 결과와 주행 정렬 결과 또 수평 보정각도와 수직 보정각도 등의 다양한 정보를 확인할 수 있지만 타겟 정렬을 마치면 주행 모드에서 차량을 주행하면 센서데이터로 주행정렬 진행도를 확인하면서 주행 정렬이 되는 것만 확인할 뿐 다른 센서데이터의 의미는 기본적으로 참고하는 자료로 생각하면 되겠다.

전방 레이더의 센서데이터는 그림 2-45와 같은데 오작동의 경우 작동온도와 전압 등의 데이터를 확인하고 주행 보정 중에는 주행 정렬 진행도만 확인하면 된다.

그림 2-45 만도 MRR-20 전방 레이더 센서데이터

3) 기능 확인

가. CRUISE

그림 2-46에서 보는 ⓐ버턴의 기능은 크루즈 컨트롤 시스텀을 대기상태와 기능을 해제할 수 있는데 초기에는 시스템 진입을 위한 스위치로 처음 누르면 시스텝이 작동대기 상태가 된다. 대기상태에서 한번 더 누르면 시스템이 해제 되는데 'CANCEL' 스위치와의 차이는 일시해제와 완전해제의 차이로 구분된다. 최근 출시된 차량에서는 해당 버튼을 누르면 대기상태로 진입이 아닌 바로 설정되어 크루즈 컨트를 시스템이 작동한다.

그림 2-46에서 보는 ⓐ버턴은 크루즈 스위치가 'MODE' 버튼으로 변경된 것을 볼 수 있는데 'MODE' 버튼이 적용된 차량에서는 기존의 크루즈 컨트롤 기능에 최고속도 제한 기능을 두고 있어 'LIMIT' 기능이 추가되어 있는데 차량의 최그속도를 임의로 조절해 설정할 수 있게 되어있다.

나. CANCEL

그림 2-46에서 보는 ⓑ버턴의 기능은 크루즈 컨트롤 기능이 작동하는 상태에서 일시적으로 해제할 때 이 스위치로 일시 해제할 수 있는데 다른 방법으로는 브레이크 페달을 밟으면 일시 해제된다.

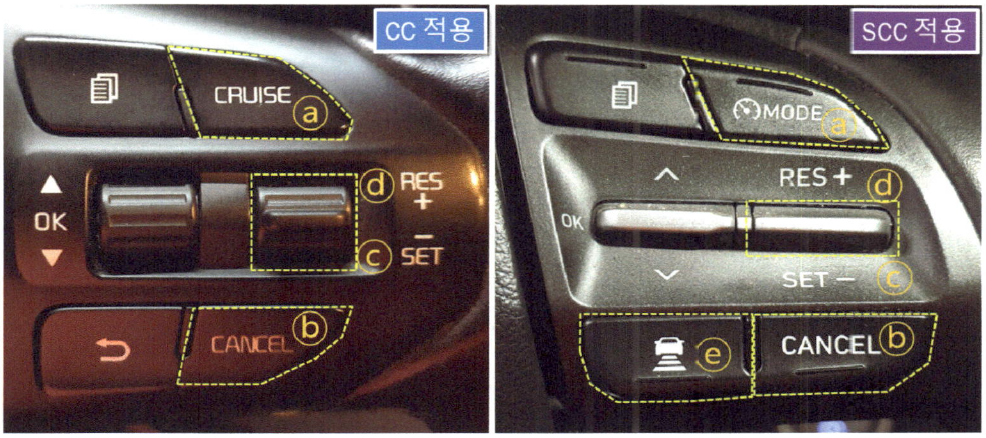

그림 2-46 만도 MRR-20 전방 레이더 센서데기터

다. SET-

그림 2-46에서 보는 ⓒ버턴의 기능은 크루즈 버튼이 대기모드로 진입하는 차량에서 최초 주행 속도를 설정할 때 사용하는데 크루즈 대기상태에서 차량이 주행 중 원하는 속도에 도달하면 'SET' 버튼을 눌러 해당 속도로 크루즈 컨트롤이 설정된다. 또 설정된 상태로 주행 중 속도를 내리기 위해 한 번에 1km/h 길게 누를 시 10km/h 단위로 속도를 줄일 수 있다.

라. RES+

그림 2-46에서 보는 ⓓ버턴의 기능은 두 가지인데 먼저 'RES'는 'Resume'로 다시 시작한다는 의미를 가지고 있는데, 크루즈 컨트롤 시스템이 설정된 상태로 차량을 주행하다 브레이크를 밟거나 'CENCEL' 버튼을 눌러 시스템이 일시적으로 해제되면 'SET' 버튼으로 처음부터 다시 속도를 설정할 수 있고, 'RES' 버튼을 누르면 앞에 설정한 속도로 다시 작동을 시작하는데 차량의 속도가 설정한 속도와 차이가 많은 경우 급가속을 할 수 있어 주의해야 한다.

마. 차간거리

그림 2-46에서 보는 ⓔ버턴의 기능은 'HEADWAY'라고도 부르는 차간거리 조절 스위치는 스마트 크루즈 컨트롤(SCC) 시스템이 적용된 차량에서 전방 레이더 센서를 통해 전방의 차량을 감지해 가속 페달과 브레이크 페달의 조작없이 차량이 설정한 간격을 유지하게 설정하는 스위치로 스마트 크루즈 컨트롤 시스템이 작동하는 상태에서 거리값을 설정할 수 있다.

차량마다 다소 차이가 있지만, 일반적으로 4단계로 설정할 수 있는데 제조사의 기준에 따르면 차속 90km/h의 속도일 때 4단계는 약 52.2m, 3단계는 약 40m, 2단계는 약 32.5m, 1단계는 약 25m 정도를 유지한다. 차간거리 버튼을 누를 때마다 한 단계씩 내려가는데 4→3→2→1의 순으로 내려가고 1단계에서 다시 4단계의 순으로 변경할 수 있다. 보통 차량에서는 계기판에 차간거리의 간격이 그림으로 표시된다.

차량에 따라 작동방법이 상이할 수 있고 기능의 변동이 있을 수 있어 기차 상세한 작동방법은 해당 차량의 사용자 매뉴얼을 참고하면 되겠다. 최근 출시된 차량에서는 운전자의 운전성향을 판단하여 스마트 크루즈 작동시 운전자의 성향과 유사하게 제어하도록 하는 기능이 추가된 차량도 있다.

바. NSCC

내비게이션의 정보를 기반으로 하는 스마트 크루즈 컨트롤 기능이다. 크루즈 컨트롤 기능이 설정된 상태로 고속도로를 진입하거나 고속도로 상에서 크루즈컨트롤 기능을 고속도로의 제한속도 이상으로 설정하면 'HDA'라는 문구가 표시되면서 고속도로 운전 지원모드가 작동된다.

① 안전구간

고속도로 주행 중 과속단속카메라 구간에서 차량이 제한속도 이상으로 주행하면 과속단속카메라 위치에서 약 1km 이전부터 제한속도에 맞게 차량을 감속하고 과속단속카메라를 통과하면 다시 설정된 속도로 복귀하는 기능이다. 최근 출시된 차량에는 고속도로뿐만 아니라 도시 고속도로나 자동차전용도로에서도 과속단속카메라 구간에서 작동하고 있다.

② 규정속도

고속도로 주행 중 해당 고속도로의 속도에 따라 설정한 최고속도를 변경하는 것으로 고속도로마다 규정된 최고속도가 다를 수 있는데 예를 들어 경부고속도로를 부산에서 서울로 향하는 경우 부산에서 출발시 규정된 최고속도는 100km/h의 속도로 시작하지만 천안을 지나면서 제한 최고속도가 110km/h로 바뀌는데 100km/h의 속도로 스마트 크루즈 기능을 설정하고 주행 중 제한 최고속도가 변경되는 지점에서부터 차량의 속도가 자동으로 110km/h의 속도로 자동으로 변경되고 반대로 주행시 100km/h로 속도를 자동으로 줄여준다. 또 고속도로 끝 지점인 부산 부근에서는 자동차전용도로로 연결되면서 80km/h로 자동으로 변경되기도 한다.

③ 곡선로

스마트 크루즈 기능이 작동 중 내비게이션 상의 지도에서 드로의 곡선구간 정보를 확인해 차량이 곡선로를 진입하기 전 차량의 속도록 일시적으로 감속하거나 가속을 제한하여 곡선로에서 차량의 주행안정성을 높이는 기능으로 곡선로의 곡률반경이 1,000m이내의 곡선로 진입 전 안전속도에 도달하도록 감속량을 조절허 차량이 안전하게 선회할 수 있도록 안전속로를 유지하고 곡선로를 탈출하면서 설정한 속도로 가속하는 기능이다.

④ **진출입로**

고속도로의 진출입로의 경우 지역에 따라 차이가 있을 수 있지만 대부분 급격한 곡선로가 많은데 이때 곡선구간 정보를 내비게이션으로부터 전달받아 감속 후 설정속도로 복귀하는 주행편의 시스템으로 고속도로와 자동차 전용도로 진출입로에서 자동으로 감속 후 설정속도로 복귀하는데 기존의 스마트 크루즈 시스템에서는 곡선로의 여부와 관계없이 설정한 속도로 주행을 하기에 자칫 차로를 벗어나 사고로 연결될 수 있다.

내비게이션은 자동차와 관련된 최고의 발명품 중 하나로 자율주행을 위해서 중요한 요소 중 하나이다. 일반적인 내비게이션의 지도는 도로 안내에 대한 기본적인 기능을 제고하였지만 자율주행 ADAS 지도는 도로의 곡률과 경사도 등의 정보까지 포함되어 있는데 이를 통해 전기차의 경우 고저차가 적은 주행경로를 설정할 수 있어 연비운전을 도와주는 등의 기능을 할 수 있다. 추후 완전자율주행을 위해서는 HD 지도와 같은 정밀지도가 필요한데 HD지도는 중앙선과 경계선 등의 차선과 신호등 도로표지판 등의 도로 시설정보까지 포함된다.

2.3.2 수입 자동차

수입 자동차에 적용된 전방 레이더는 보쉬(社)와 델파이(社), 발레오(社), 콘티넨탈(社), 앱티브(社), 이래(社) 등 다양한 업체에서 생산된 레이더가 적용되어 있는데, 동일한 제조사의 레이더가 장착되어 있어도 레이더 버전에 따라 사양이 다르다.

수입 자동차의 경우 국산차량에 비해 장착되지 않은 경우가 많은데 국내에 차량을 수입하는 업체에서 옵션사양으로 구분해 가격을 경쟁하는 경우가 있어 초기에 적용된 차량을 찾아보기 힘들정도이다. 전방 레이더의 경우 이제는 많은 차량에 적용되어있어 장착되지 않은 차량을 찾기가 힘들다. 최근 출시된 차량 중 추가로 전·측방 레이더가 적용되어 있다.

1) 차체수리

전방 레이더가 장착된 차량은 기본적으로 차량의 차체수리부분은 크게 다르지 않지만 레이더의 정렬과 코딩을 위해서는 레이더가 장착된 부분의 차체수리에 더욱 신경써야 하므로 차량의 타입에 따라 살펴보겠다.

가. 라디에이터 그릴 장착 타입

라디에이터 그릴 중앙부에 전방 레이더가 장착된 차량은 전방 레이더의 장착위치가 전면 범퍼 내 범퍼레일에 고정되어 있거나 라디에이터 그릴에 부착되어 있다. 범퍼레일에 장착된 차량은 범퍼레일이 손상되었는지 또 범퍼레일을 고정하는 차체의 손상이 발생하였는지 함께 확인해야 하고 라디에이터 그릴에 부착된 차량의 경우 범퍼의 장착 상태와 변형 및 파손상태를 확인하고, 또 라디에이터 그릴의 부착상태와 라디에이터 그릴의 변형이나 파손상태를 확인해야 한다.

전방 레이더가 사고로 손상된 경우 전방 레이더를 교환하면 되지만 레이더 자체가 외관상으로 문제가 없다고 쉽게 판단하면 않되는데 이는 전방 레이더를 고정하는 브라켓의 손상을 놓칠 수 있어 브라켓의 손상여부를 함께 면밀히 잘 살펴야한다.

그림 2-47 라디에이터 그릴에 부착된 전방 레이더 1

전방 레이더가 라디에이터 그릴에 장착되어 있는 차량의 경우 범퍼를 탈·부착할 때 범퍼의 탈착으로 인해 연결된 와이어링과 커넥터가 손상되지 않도록 주의해야한다.

그림 2-48 라디에이터 그릴에 부착된 전방 레이더 2

라디에이터 그릴에 부착된 전방 레이더의 경우 그림 2-48에서 보는 것과 같이 라디에이터 그릴에 직접 연결되는 것이 아니라 라디에이터 그릴에는 투영 커버만 장착되어 있는데 투영 커버에는 결빙을 대비한 열선 만 장착되어 있고 라디에이터 뒤 레이더를 고정하는 브라켓에 장착 되었는데, 이 브라켓의 손상여부를 확인해야 한다. 고정 브라켓이 플라스틱 재질이므로 파손시 교환을 원칙으로 한다.

범퍼의 장착이 라디에이터 서포트 패널과 연결되어 라디에이터 그릴이 장착되므로 차량이 사고로 인해 라디에이터 서포트 패널의 손상을 확인하고 전방 레이더의 장착 각도에 영향을 주지 않도록 패널을 수정하거나 교환한다.

그림 2-49는 라디에이터 그릴 앰블럼 뒤에 전방 레이더가 장착되는 차량으로 전방 레이더를 고정하는 브라켓이 라디에이터 서포트 패널과 연결되어 장착됨으로 써 범퍼 레일에 전방 레이더가 장착된 차량과 크게 다르지 않은데 라디에이터 서퍼트 패널의 변형을 확인해 수정하거나 교환해 전방 레이더가 정상적인 각도로 장착될 수 있도록 한다.

그림 2-49 라디에이터 그릴 뒤 패널에 장착된 차량

나. 범퍼 하단 타입

범퍼 하단 타입의 경우 국산차량과 같이 범퍼 레일에 전방 레이더가 장착되어 있거나 라디에이터 그릴에 장착된 차량에서와 마찬가지로 범퍼레일이 아닌 범퍼에 장착된 차량으로 구분된다.

그림 2-50 범퍼 하단 장착 타입 1

전방 레이더가 범퍼 레일을 기준으로 상단에 부착된 앰블럼 타입과 하단에 부착된 범퍼 하단 타입이 결국 범퍼 레일이 정상적으로 잘 고정돼있는 상태가 되어야 한다는 것은 동일하다. 범퍼 레일이 장착되는 차체의 치수가 정확해야 하고 범퍼 레일 또한 변형으로 레이더의 브라켓이 정상적으로 장착되어 있어야 레이더의 작동 오류를 줄이고 레이더의 보정과 어댑테이션 등의 코딩이 정상적으로 이루어 질 수 있다.

그림 2-50 상단의 차량은 라디에이터 그릴에 전방 레이더가 장착된 차량과 유사한 방법으로 범퍼 중앙 하단에 레이더가 장착되어 있고 범퍼 레일에 고정되어 있지 않다. 하단의 차량은 전방 레이더가 범퍼 하단 양 끝에 각각 설치되어 있으며 상단의 차량과 마찬가지로 범퍼 레일이 아닌 범퍼에 장착되어 있는 것이 특징이다. 이런 차량의 경우 범퍼의 파손이나 손상이 발생하면 전방 레이더의 고정에 문제가 발생하거나 장착 위치가 틀어 질수 있어 주의해야한다.

그림 2-51 범퍼 하단 장착 타입 2

그림 2-51의 차량은 국산 차량의 범퍼 레일 하단에 장착된 차량과 크게 다르지 않지만 전방 레이더가 정 중앙에 위치하는 것이 아니라 한쪽으로 치우 처져 있는 특징을 가지고 있지만 범퍼 레일의 수평이 중요한 것은 동일하다.

수입차량의 경우 수입되는 차량도 다양하고 차량에 따라 적용된 레이더의 종류도 다양하다. 수입차량도 레이더의 제작사와 제품의 특징에 따라 정차보정은 보정 타겟이 다양할 수 있다.

그림 2-52 보쉬 전방 레이더 보정 타겟

그림 2-52 하단과 같이 돔형 장거리 레이더가 2개가 장착된 차량은 좌우 각각 보정할

수 있는 타겟이 그림 2-52 상단 또는 중거리 레이더가 적용된 차량에 맞는 즉 각각의 보정타겟을 준비한다.

그림 2-53 전방 레이더 타겟 설정

국산 자동차에 적용된 현대 모비스(社) 전방 레이더와 만드(社) 전방 레이더의 경우 보정을 위한 타겟이 삼각형의 컵 형태를 사용하였지만 수입차량의 경우 대부분이 플레이트 형태의 타겟을 사용하는데 타겟과 일직선이 되는지 먼저 설정하고 타겟의 수직 각도와 수평을 먼저 조절한다. 차량의 전방 레이더와 타겟 간의 중심점 일치를 확인 후 스캔툴 진단기를 이용해 코딩을 시작한다.

2) 코딩

전방 레이더의 코딩을 위해서는 제조사별로 특징이 다르지만 수입차량의 경우 현대·기아차와 달리 플레이트형 타겟을 사용하는 것만 다르다는 것을 이해하고 전방 레이더와의 타겟 간의 거리측정과 각도 조절부분을 해당차량의 정비지침서를 기준으로 설정하고 스캔툴을 이용해 코딩을 진행하면 되겠다.

가. 보쉬

먼저 보쉬(社) 돔형 LRR 전방 레이더가 적용된 차량은 주로 아우디(社)와 폭스바겐(社)으로 범퍼의 하단에 전방 레이더가 두 개 장착되어 있다.

그림 2-54 전방 레이더 고장

① 범퍼 하단 두 개의 LRR 적용 차량

두 개의 레이더 모두 장거리 레이더가 적용되어 있는데, 최근 차량에서는 전방 레이더가 하나만 장착된 차량에서도 동일한 방식으로 리플렉터의 형상은 동일한 플레이트 형을 이용해 코딩을 진행한다.

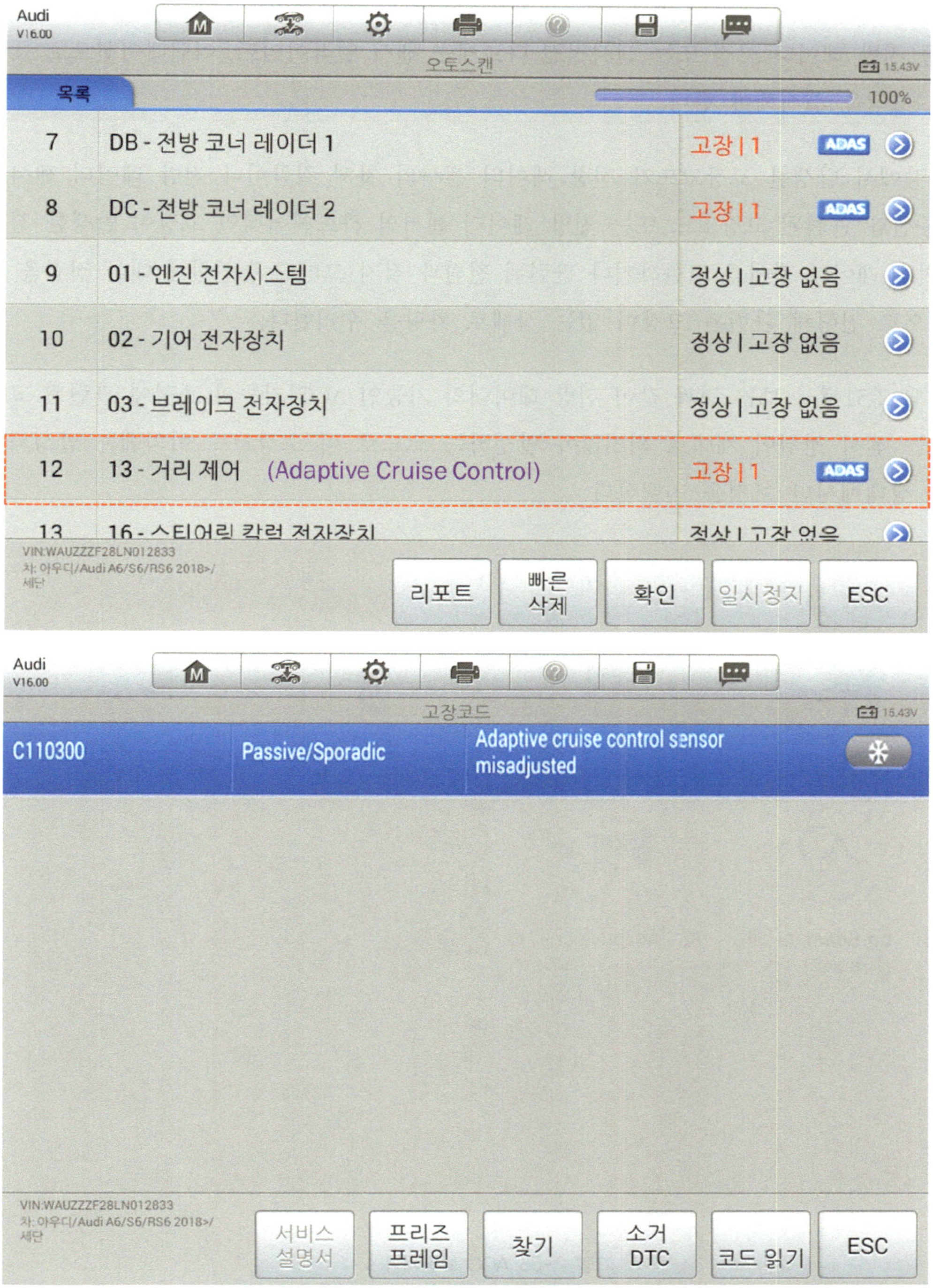

그림 2-54 전방 레이더 고장코드

차량이 사고로 인해 전방 레이더를 탈착하고 재 장착한 경우 또는 전방 레이더를 교환하거나 시스템에서 보정을 요구하는 경우와 스티어링 앵글센서를 교환하거나 조정한 경우 등 전방 레이더 보정 또는 센서정렬 다르게는 센서 얼라이먼트, 어댑테이션으로 표현하는 코딩을 실시해야 한다.

차량에서 발생한 고장코드가 전방 레이더 센서의 자체 결함이나 전방 레이더 센서와의 통신과 관련된 고장코드 또는 전방 레이더 센서의 하드웨어적인 고장이 발생한 경우는 전방 레이더 센서를 교환하거나 관련된 전원과 접지 그리고 통신선에 대한 점검을 우선적으로 진행해 관련된 고장이 없는 상태로 차량을 수리한다.

그림 2-51에서 보는 것과 같이 전방 레이더의 기능인 ACC 기능의 조정에 관련된 고장코드는 센서 정렬이 제대로 되지않아 발생하는 코드로 이 고장코드 이외에는 발생되지 않은 상태에서만 보정을 진행한다.

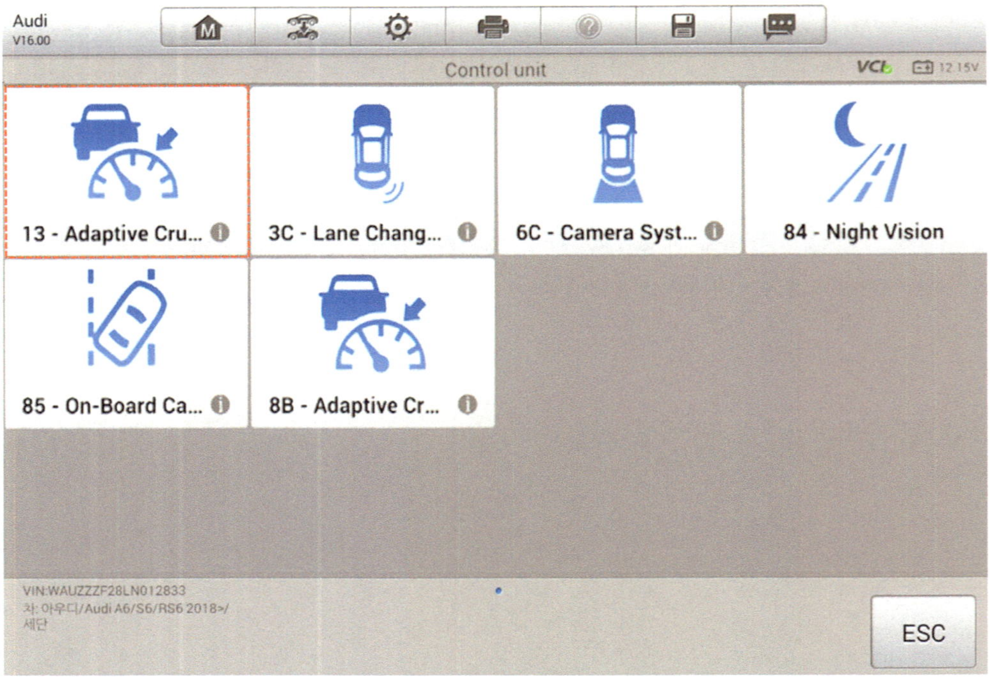

그림 2-55 ACC 보정기능 1

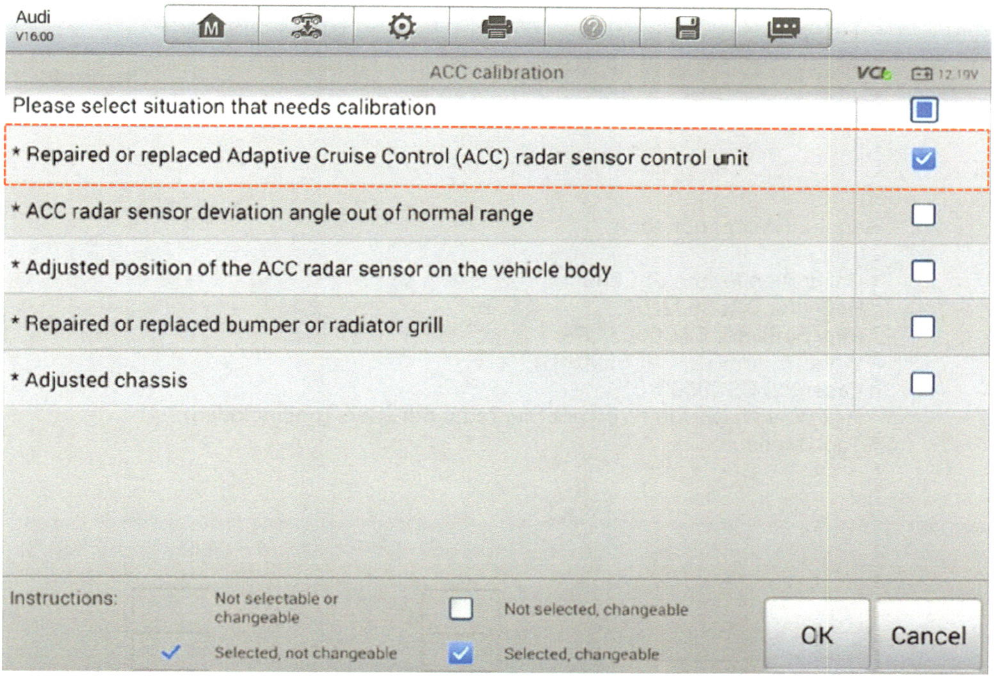

그림 2-56 ACC 보정기능 2

그림 2-56과 같이 스캔툴의 퀵 기능을 활용하거나 부가기능으로 접근하고, 그림 2-57과 같이 ACC 보정 타겟을 준비한다.

ACC보정 전 나이트 비전 시스템이 차량에 장착되어 있는지 확인 장착되어 있지 않거나 보정이 필요하지 않은 경우 OK 버턴을 눌러 진행하고 나이트 비전 시스템의 보정이 함께 필요한 경우 별도의 시스템을 선택한다.

차량을 수평면에 주차하고 앞바퀴가 직진상태로 하고 차량의 전방 3m 이내에 물체가 없는지 확인한다. 차량의 오일이나 냉각수는 충분하고 연료 탱크의 연료는 가득 채운 상태를 권장하나 연료탱크의 연료는 중간량 이상을 권장한다.

이는 차량의 하중에 따른 차량의 높이 변화에 의한 수평각의 변화를 최소화하기 위함으로 사람이 탑승하지 않은 공차상태로 하중이 무거운 물건은 차량에서 내려야 한다.

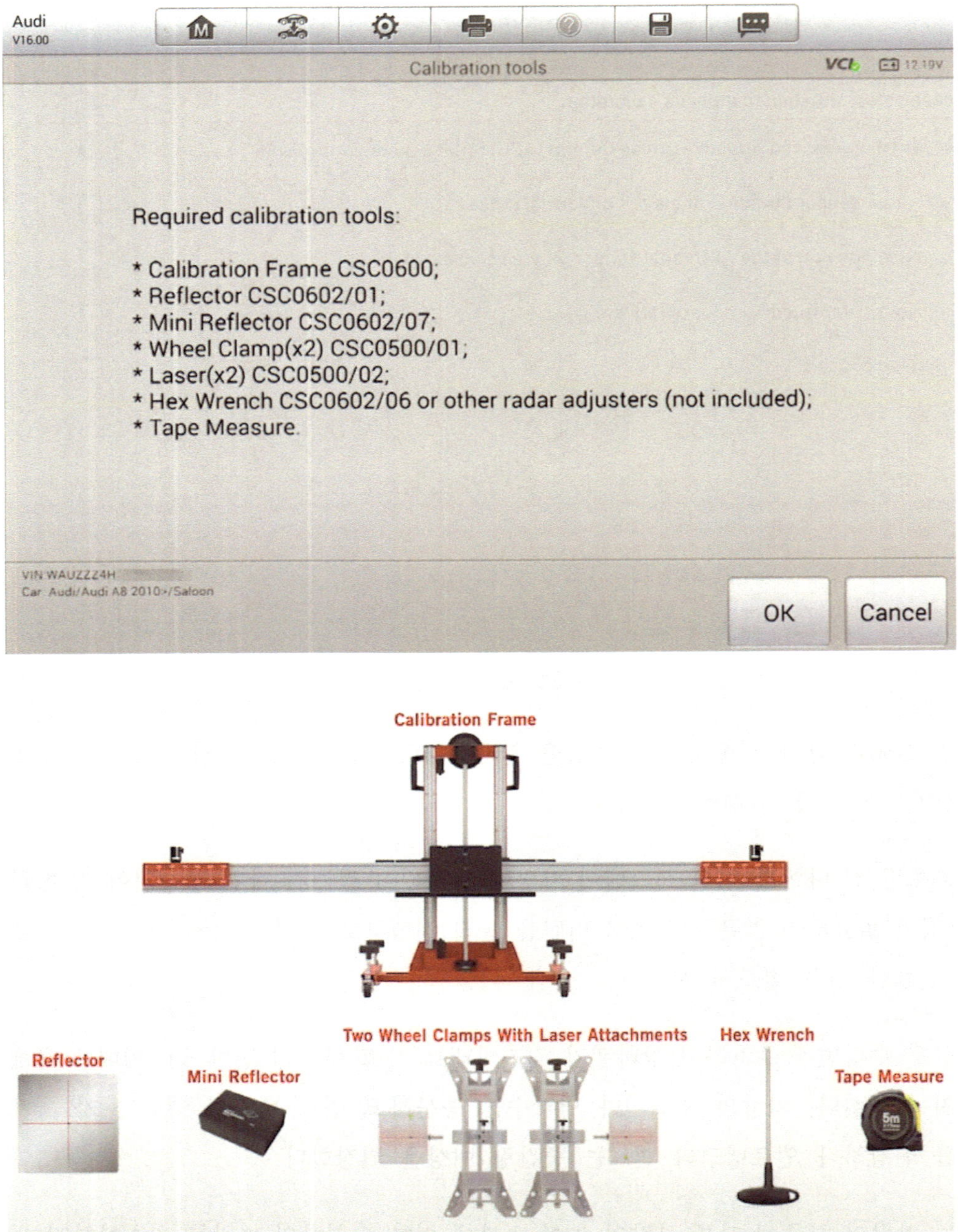

그림 2-57 ACC 보정타겟 준비

(출처:https://www.maxisysadas.com/)

아우디 차량의 경우 대부분의 차량이 에어서스펜션이 적용되어 있어 에어서스펜션이 적용된 차량은 '리프트' & '잭' 모드로 설정한다. 전방 레이더 커버를 탈착하고 전방 레이더가 잘 고정되어 있는지 확인한다.

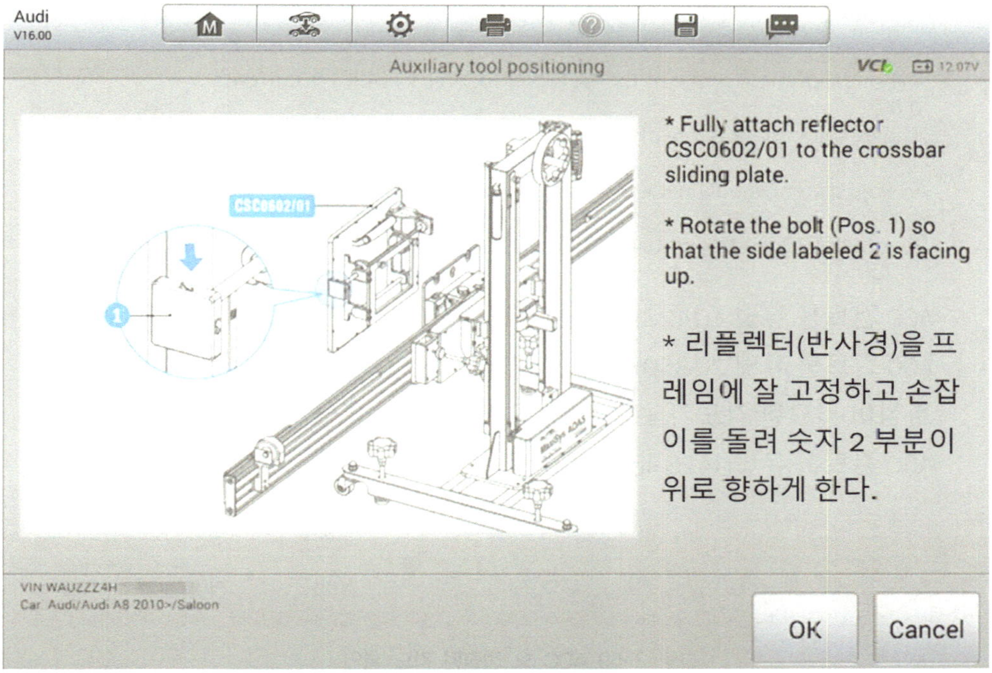

그림 2-58 ACC 리플렉터(반사경) 설치

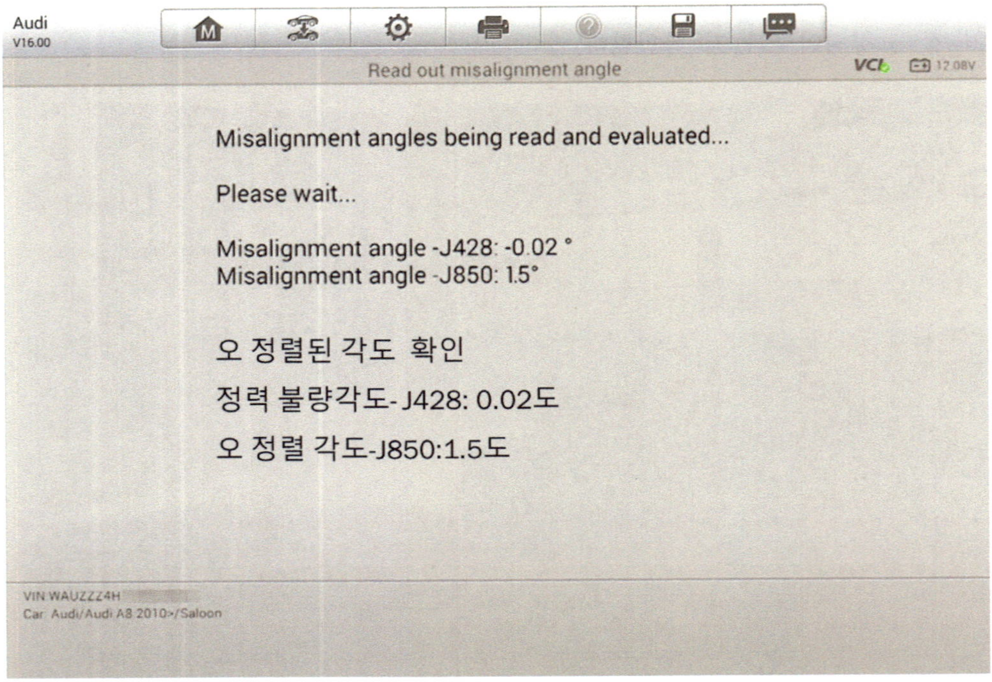

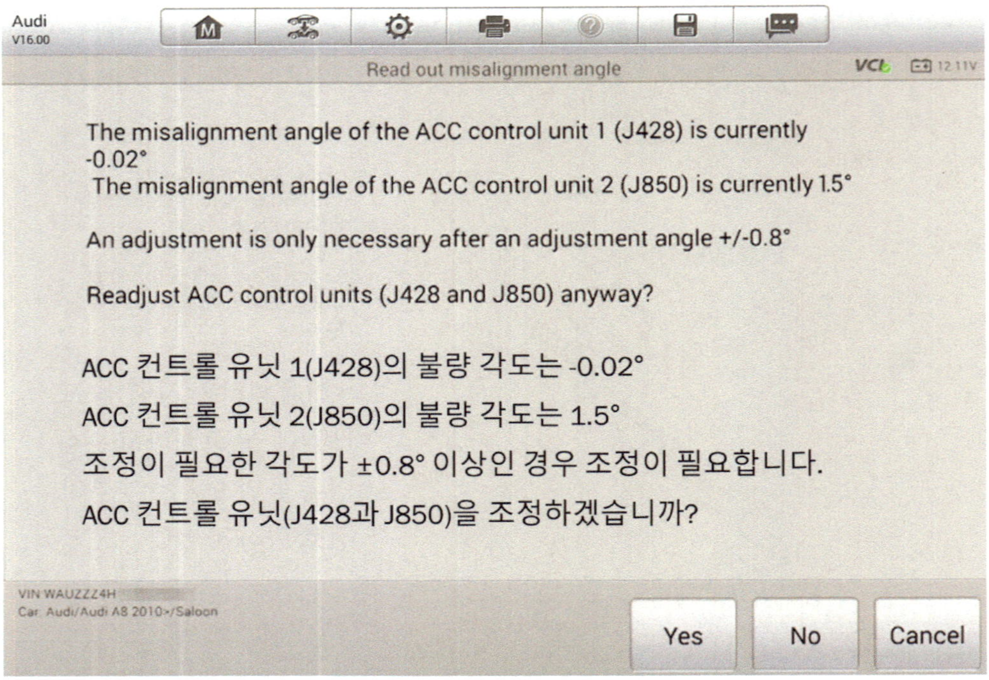

그림 2-59 ACC 오 정렬된 각도 확인

ACC 레이더의 각도 정렬을 확인하고 조정이 필요한 경우 조정을 선택한다.

그림 2-60 ACC 레이더 선택 및 반사경 설정

보쉬 LRR 전방 레이더가 두 개 장착된 차량은 그림 2-60에서 보는 것과 같이 범퍼의 커버를 우선 탈착하고 전방 레이터를 감싸는 보호 커버를 추가로 탈착해 전방 레이더의 조정 스크류가 보이도록 준비한다.

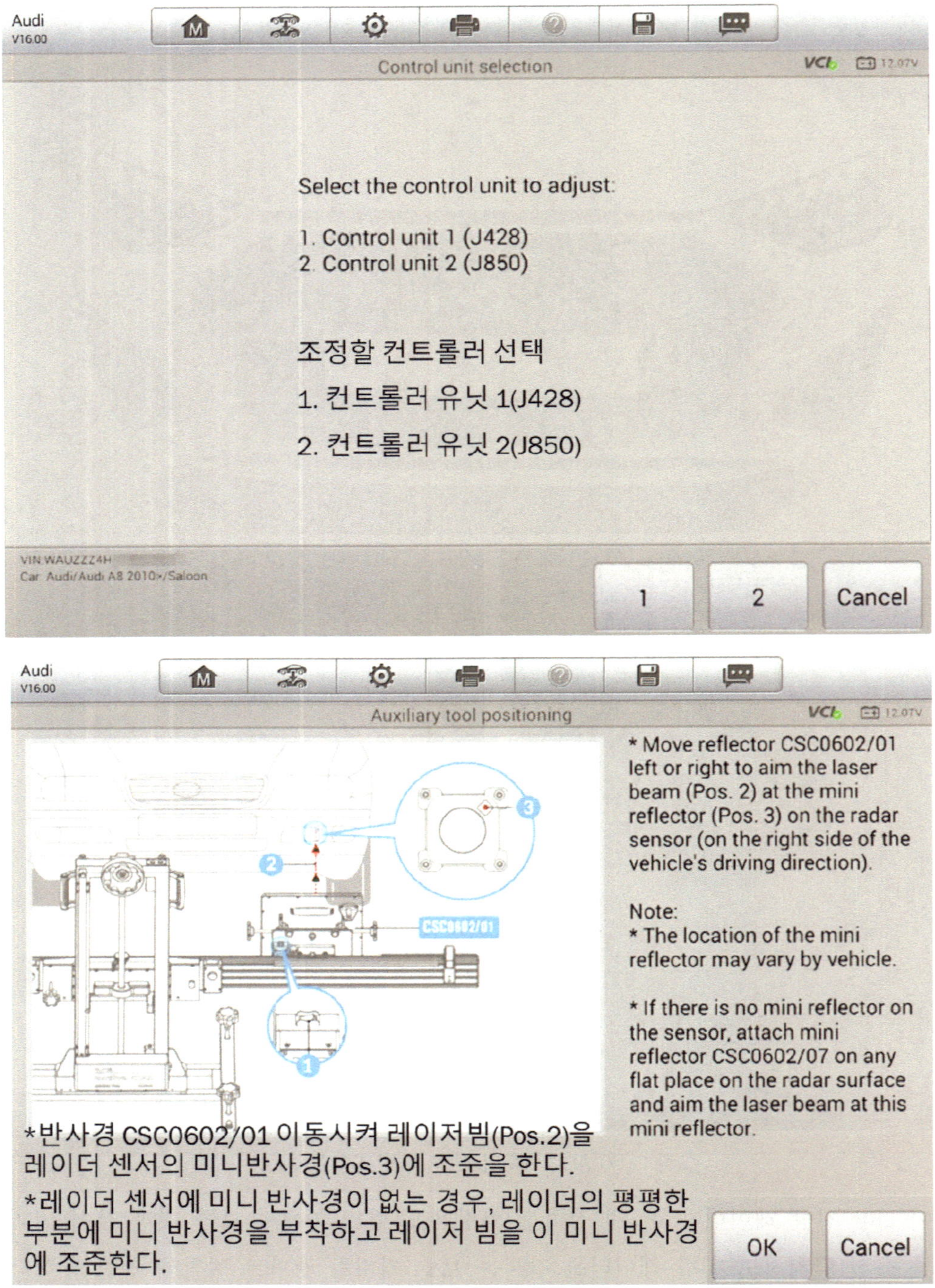

그림 2-61 ACC 레이더 선택 및 반사경 설정

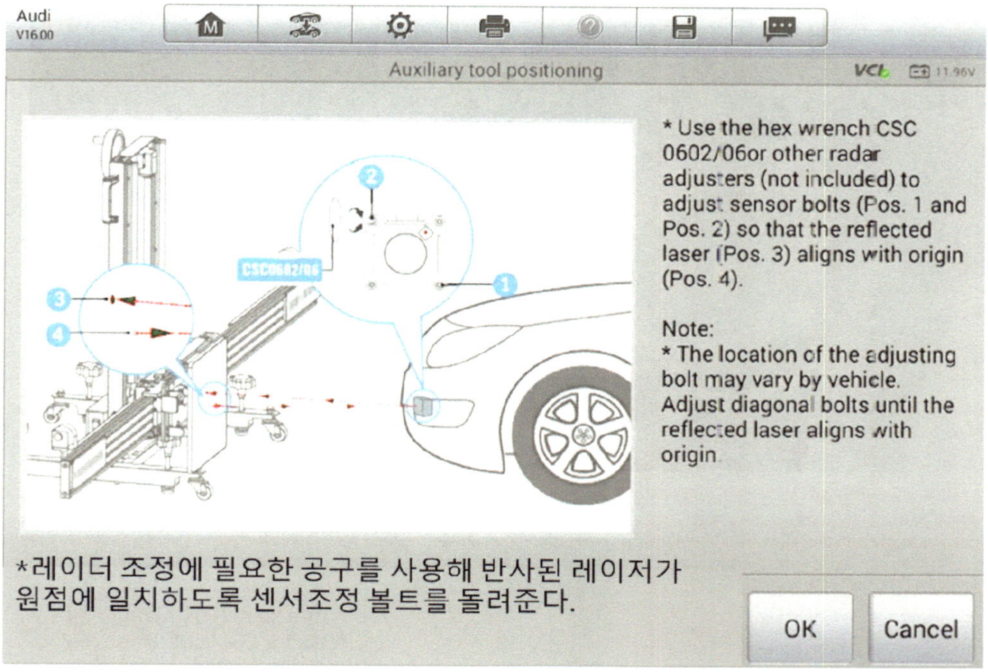

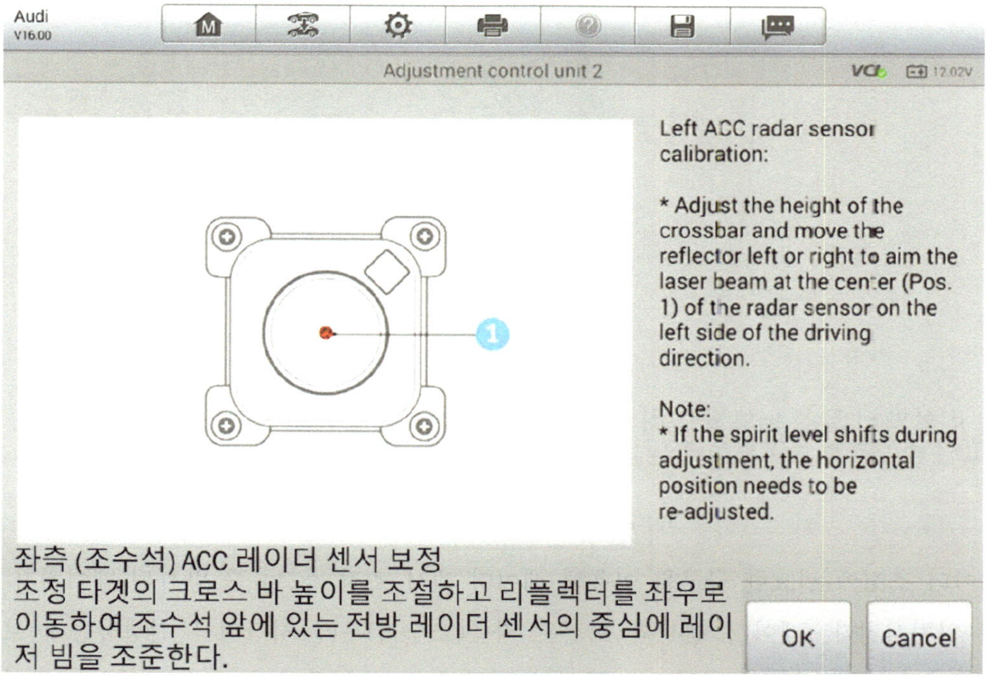

그림 2-62 ACC 레이더 레이저 조정

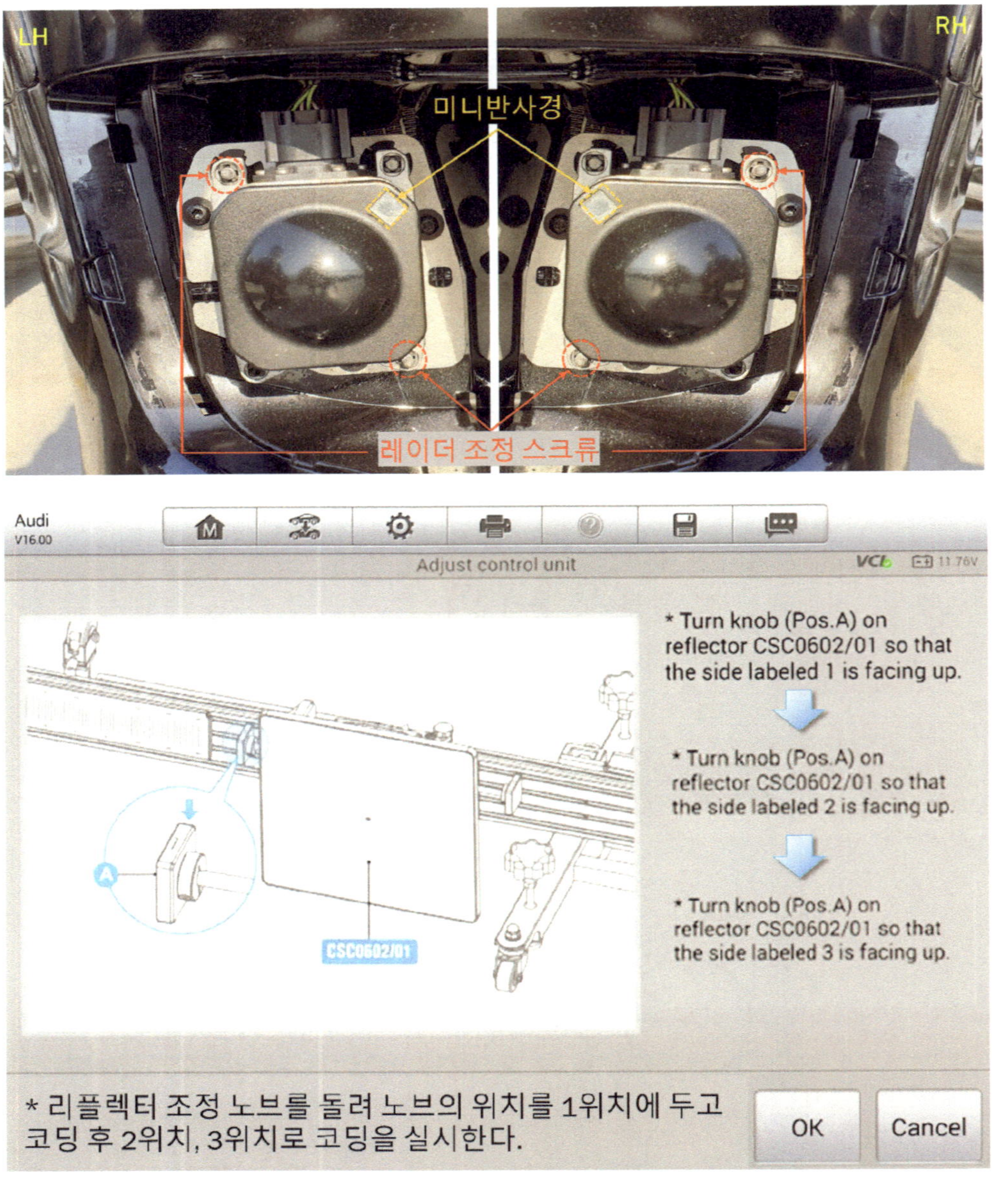

그림 2-63 ACC 레이더 조정 스크류

레이더 조정에 필요한 공구를 이용해 레이더 센서 조정 스크류를 반사된 레이저가 원점에 일치시킨다. 레이더 센서의 보정은 좌측(조수석)부터 시작해서 진행하는데 보정 리플렉터를 해당 센서의 위치로 이동시켜 레이더 센서의 중심에 레이저 빔을 조준하여 조정하는데 좌측을 시작으로 우측순으로 조정한다.(차량을 앞에서 본 기준 좌핸들 차량 기준으로 조수석이 좌측이 되고 운전석이 우측이 된다.)

자동차 제작사마다 차량의 좌측과 우측을 이야기하는 부분이 달라 혼선을 격는 경우가 많은데 전방 레이더의 보정에서도 마찬가지로 주의해야 한다. 일반적으로 실내의 운전석의 위치는 실내에 앉아있는 기준으로 좌측과 우측을 구분함으로 대부분의 차량이 동일하지만 엔진룸이나 차량의 외관에서는 좌우를 구분하는 방향이 다를 수 있다.

실내에서 좌우를 기준으로 하는 차량에서 좌측에 조향핸들이 부착된 차량을 좌핸들 차량이라고 하고 우리나라를 비롯한 많은 나라에서 교통법규에 따라 사용하고 있지만 실내에서 좌측이라고 해서 실내에서 좌측이라고 하면 운전석 부분이 되지간, 차량의 앞 범퍼를 바라보면 우측이 운전석이 된다. 그래서 기준을 어디에 두고 있으냐에 따라 차이가 발생하고 그에 따라 V형 엔진에서도 좌뱅크와 우뱅크가 어디냐가 문제가되기도 한다.

아우디 & 폭스바겐의 경우 실내는 실내에서 좌우를 기준으로 하고 실외는 차량의 앞에서 바라본 좌우를 기준으로 한다. 그래서 운전석이 우측이 되고 조수석이 좌측이 되는 것으로 전방 레이더의 보정에도 그림 2-64 상단의 그림과 같이 차량을 앞에서 바라보고 좌우를 구분하면 되겠다.

리플렉터의 각도를 그림 2-64과 같이 1~3단계로 조정하면 크딩을 실시하면 전방 레이더의 틀어진 각도를 확인할 수 있는데 전방 레이더의 조정 스크류는 하단이 1번이고, 상단의 조정 스크류는 2번으로 그림 2-65에서 보는 것과 같이 스캔툴의 안내에 따라 각각의 스크류를 조절하면 되겠다.

전방 레이더의 보정이 완료되면 ACC 시스템의 고장코드를 확인하고 잔류된 고장을 소거하면 전방 레이더의 보정이 끝나게 된다.

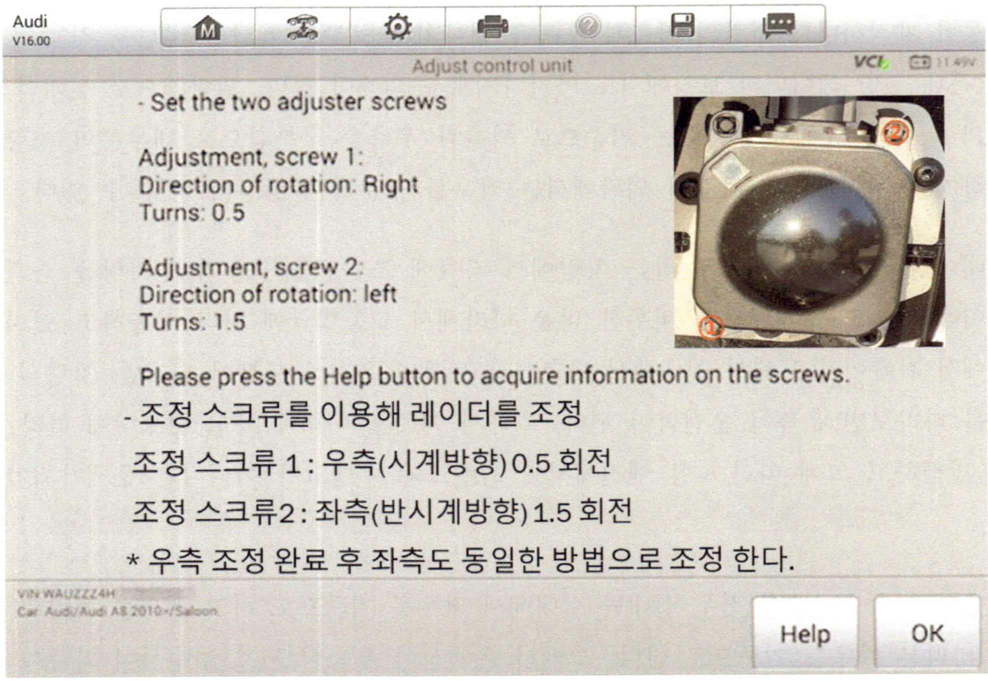

그림 2-64 ACC 레이더 각도 조정

나. 보쉬 LRR or MRR 1개 적용 및 델파이 외

앞에서 살펴본 전방 레이더가 돔형의 LRR이 두 개 적용된 차량을 살펴보았는데 지금부터 살펴볼 전방 레이더가 한 개 장착된 차량과 크게 다르지 않은데 성능은 중거리 레이더인 MRR과 장거리 레이더인 LRR로 구분되지만 보정을 위한 코딩에는 동일한 방법으로 전방 레이더의 장착위치에 따라 보정 타겟인 리플렉터의 위치를 설정하는 부분만 차이가 있을 뿐 코딩요령은 동일 하다.

먼저 보쉬(社) LRR은 돔형이므로 각도를 측정하는 방법이 레이저의 반사되는 각도에 따라 설정하고 MRR은 플레이트 형으로 직각자와 같은 수평수직계를 이용해 레이더의 설치각도를 측정하기 쉽다는 차이점이 있다.

그림 2-67의 그림에서 보는 것과 같이 차량의 외관으로도 쉽게 구분이 가능한데, 전방 레이더 장차위치에 보호 커버가 타원형처럼 생기면 돔형 LRR이 평면의 커버로 되어 있으면 MRR이 적용되었다고 간단히 판단하여도 무방하겠다.

자동차 제조사에 따라 플레이트 형 전방 레이더는 보쉬(社) 외 델파이(사) 레이더가 장착된 경우도 있으나 보정절차와 방법은 크게 다르지 않다.

그림 2-65 ACC 레이더 각도 조정

전방 레이더가 범퍼에 장착된 차량은 범퍼가 장착된 상태에서 레이더의 조정을 실시하고 전방 레이더가 범퍼 레일에 장착된 차량은 앞 범퍼를 탈착한 상태서 레이더의 조정을 실시해야 한다.

그림 2-66 ACC 레이더 높이에 맞게 리플렉터 설치

아우디(社) 차량 중 그림 2-65와 같이 라디에이터 그릴에 돔형 LRR 전방 레이더가 장착된 차량은 전방 레이더의 위치를 혼돈할 수 있는데, 차량을 정면에서 봤을 때 좌측은 라이더의 자리이고 우측은 레이더의 장착위치이므로 혼돈이 없어야 한다.

기본적인 보정절차는 앞에서 살펴본 것과 크게 다르지 않으므로 스캔툴 진단기를 이용해 보정에 필요한 절차를 그대로 진행하면 되겠다.

보쉬 LRR이 적용된 아우디 A6 차량(2020년)의 정상적으로 보정된 ACC 데이터를 확인하면 그림 2-69과 같은데 차량의 정상적인 상태의 데이터와 고장난 차량의 데이터를 비교함으로써 차량의 점검과 진단을 쉽게 할 수 있다.

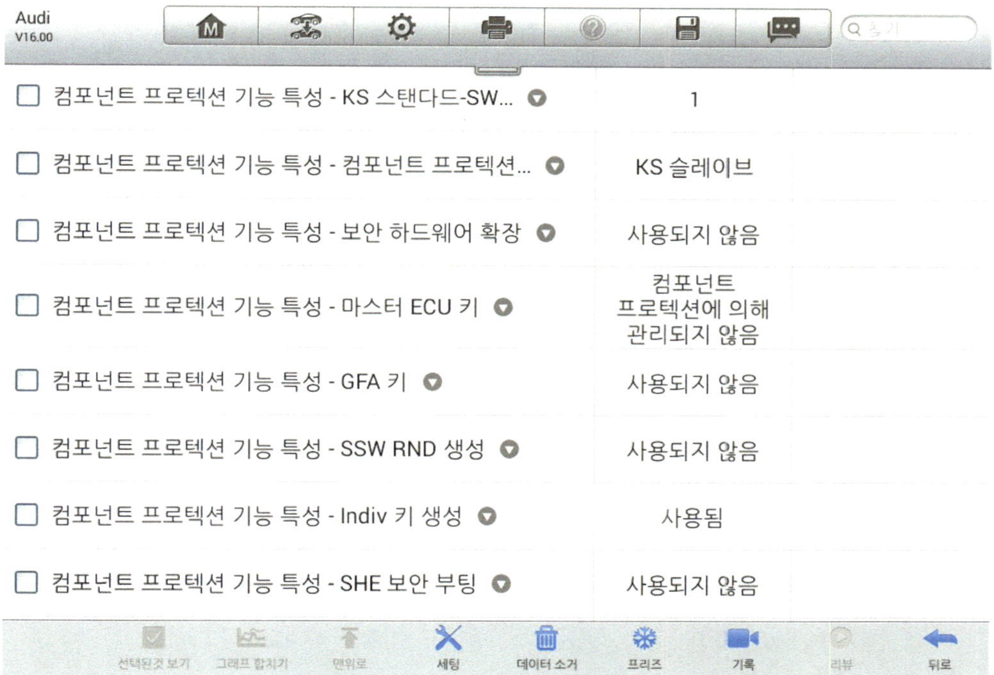

그림 2-67 A6 ACC 센서데이터 1

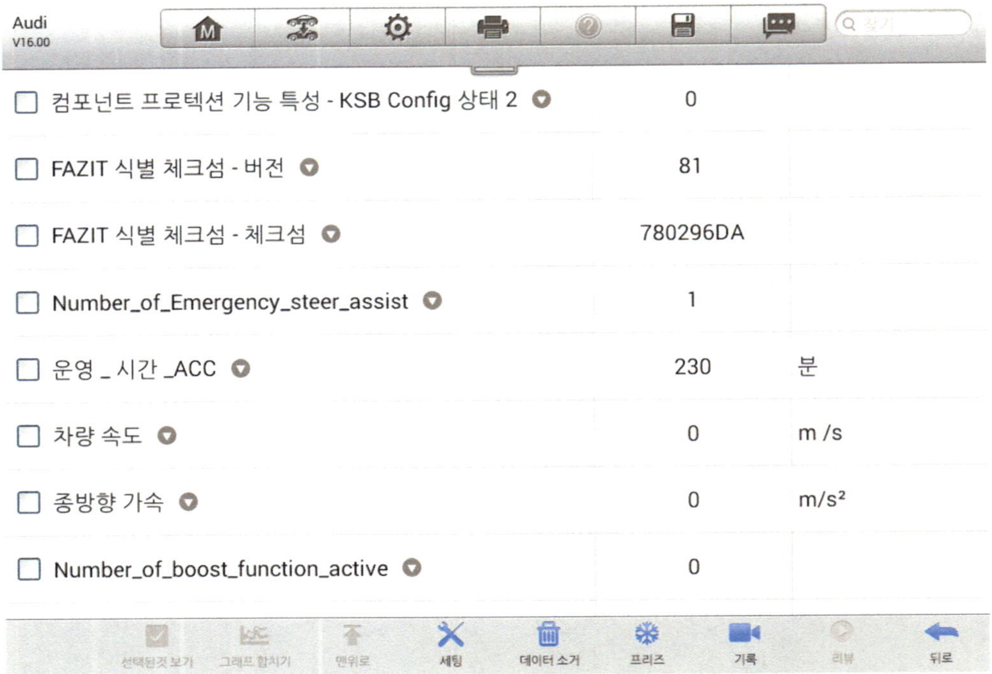

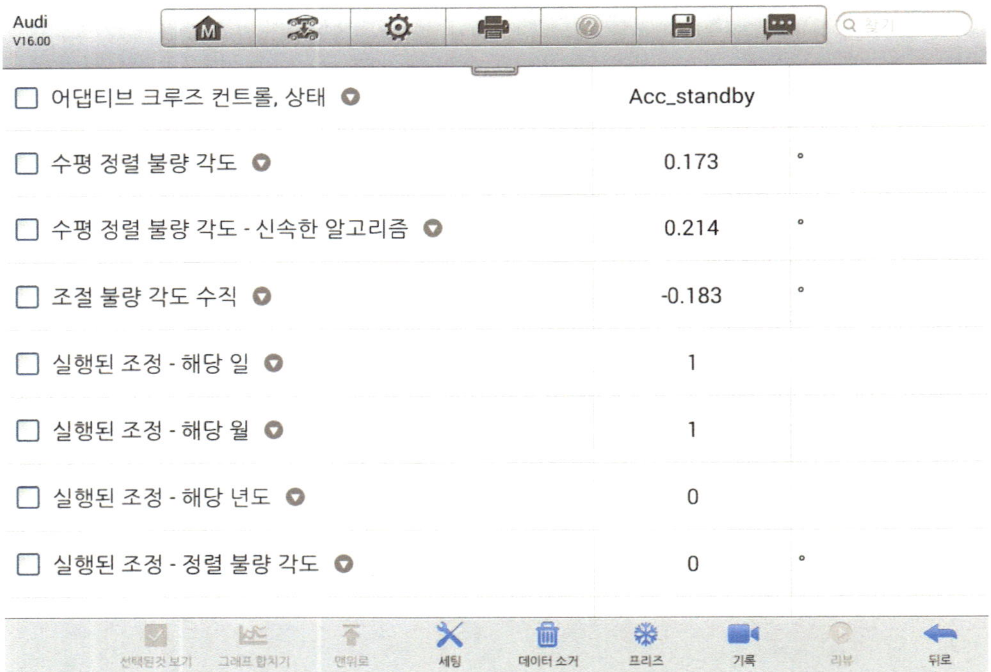

그림 2-68 A6 ACC 센서데이터 2

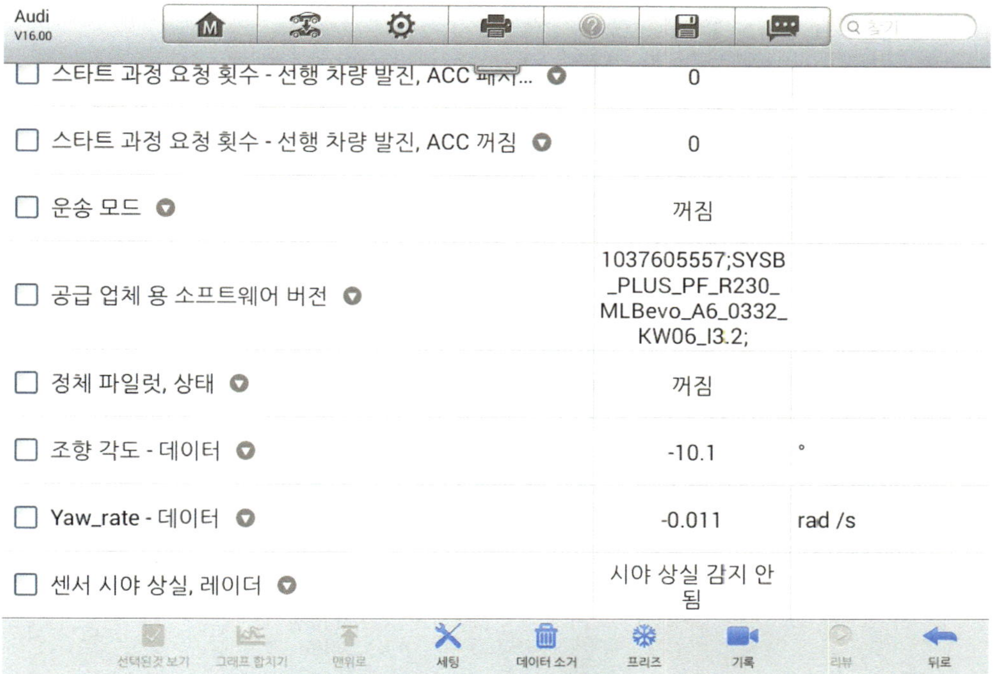

그림 2-69 A6 ACC 센서데이터 3

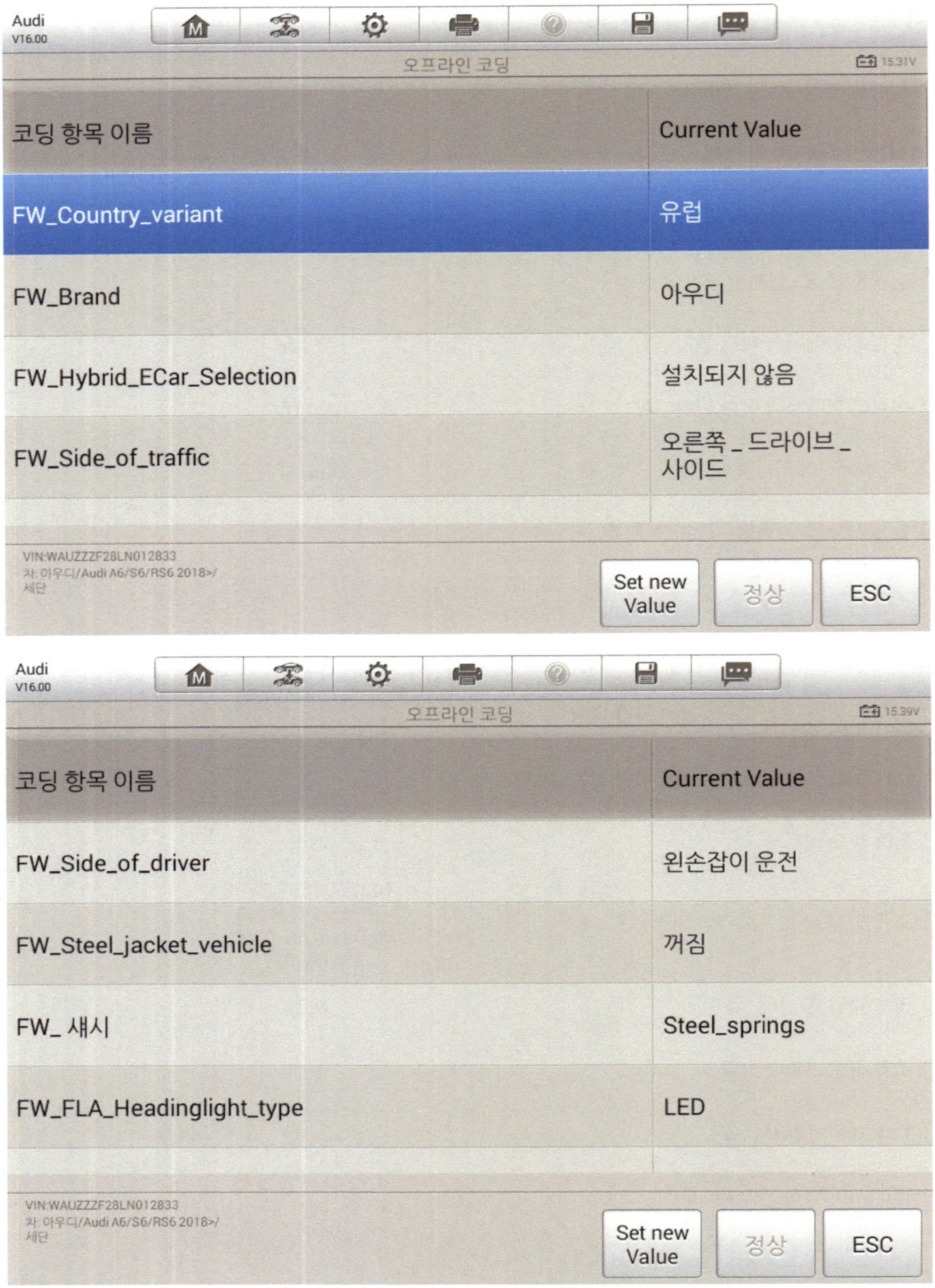

그림 2-70 A6 ACC 코딩

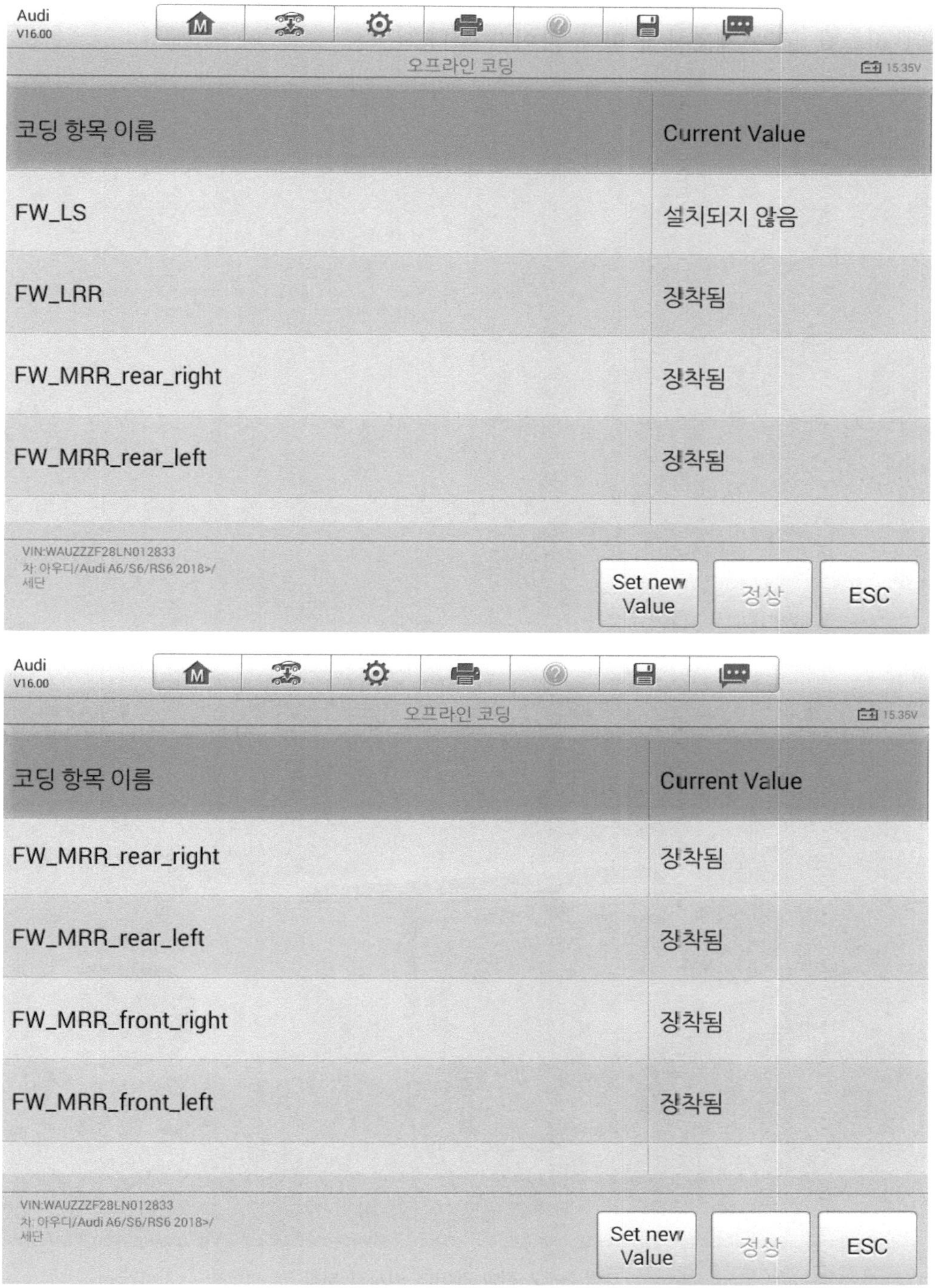

그림 2-71 A6 ACC 코딩 1

차량에 따라서 정적보정(정차보정)만으로 전방 레이더의 보정이 마무리되는 차량이 있고 추가로 동적보정(주행보정)을 해서 최종적으로 보정이 완료되기도 하는데, 이는 적용된 시스템 또는 제조사에 따라 차이가 있다.

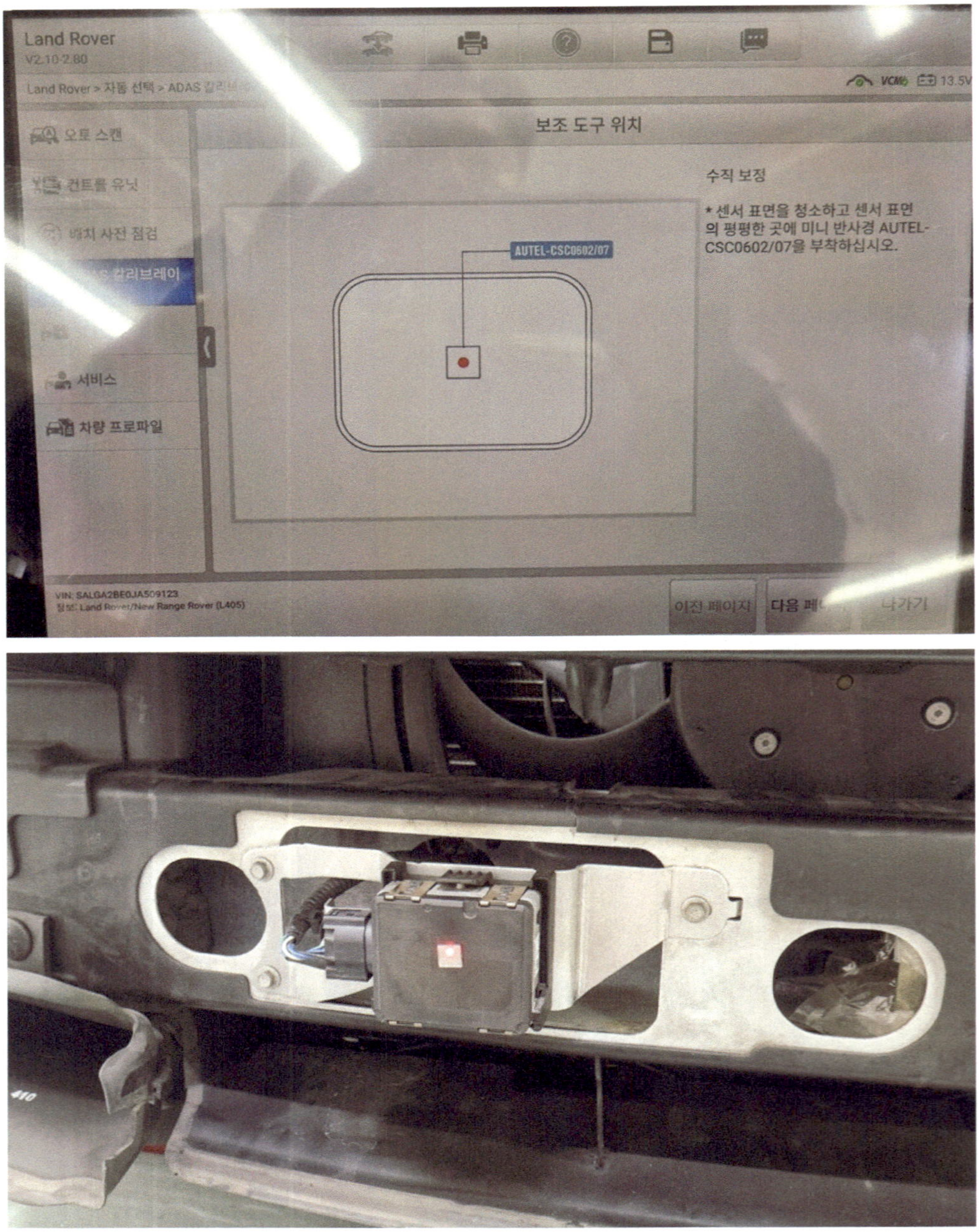

그림 2-72 전방 레이더 반사경 부착

전방 레이더가 플레이트 방식이 적용된 차량의 보정을 위해 평평한 곳에 차량을 주차하고 조향핸들을 중앙에 위치시킨다. 차량의 사고정도에 따라 필요시 휠 얼라이먼트를 우선 조정한다.

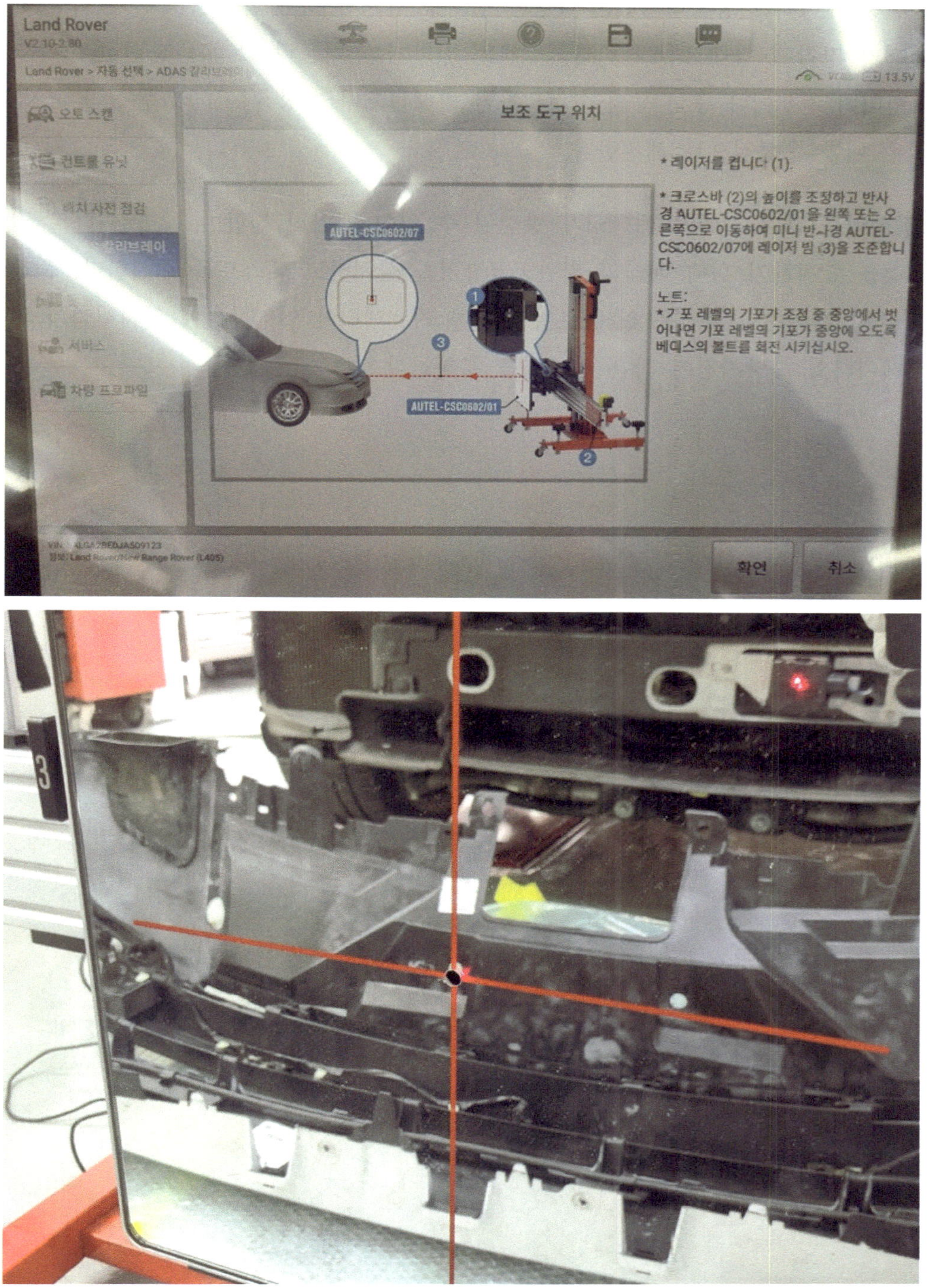

그림 2-73 전방 레이더 리플렉터 설치

차량 내 무거운 중량물을 내리고 타이어 공기압력을 규정된 값으로 조정하고 범퍼 레일에 전방 레이더가 장착되어있는 차량은 범퍼를 탈거하고, 범퍼에 부착된 방식의 차량은 범퍼가 장착된 상태로 보정한다. 스캔툴 진단기를 이용해 보정과 관련된 고장코드 외 레이더의 전원이나 통신 등의 고장코드가 발생하거나 전방 레이더와 통신이 되지 않는 경우 이를 우선적으로 해결한다.

보정작업 시간이 길어져 배터리가 방전될 수 있어 배터리 전압이 12.5V이하로 떨어지는 것을 방지하기 위해 배터리 전원공급장치를 설치하고 테스트를 실시한다. 플레이트 형 전방 레이더의 보정을 위해 보정을 위한 리플렉터와 일직선상에 위치시키기 위해 전방 레이터의 중앙지점에 작은 반사경을 부착한다.

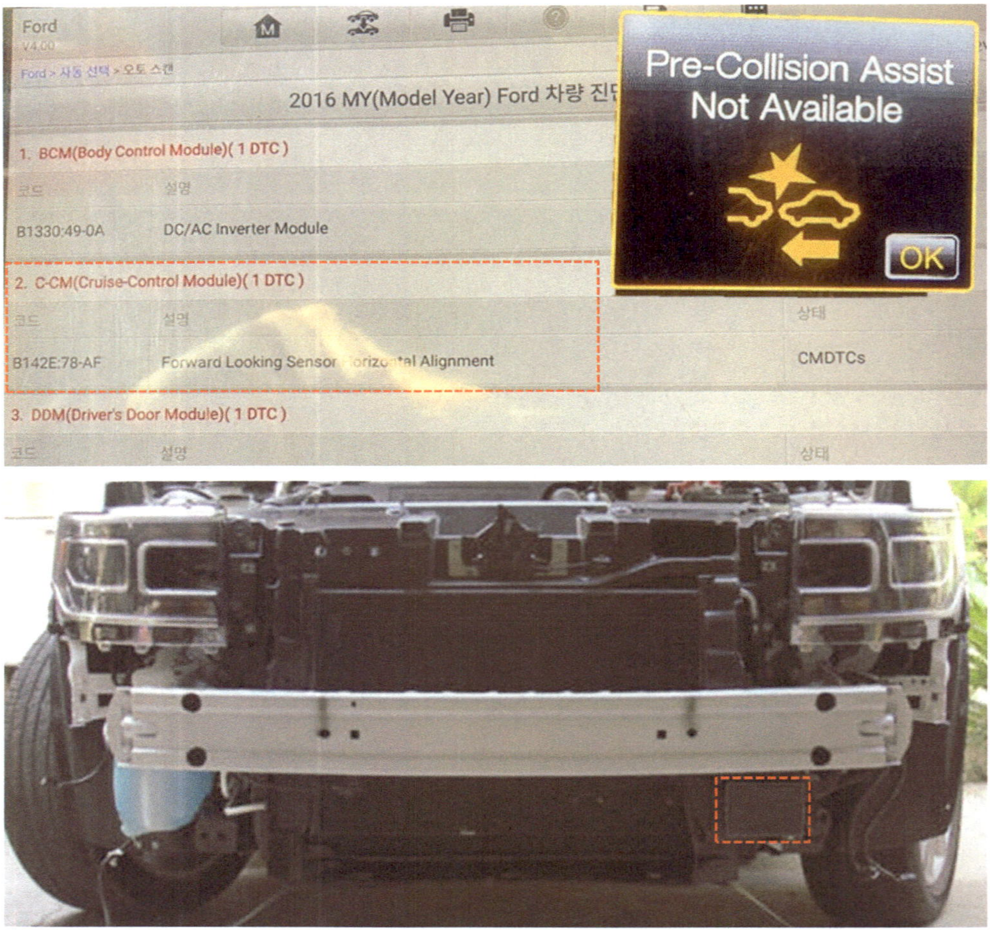

그림 2-74 전방 레이더 경고등과 장착위치

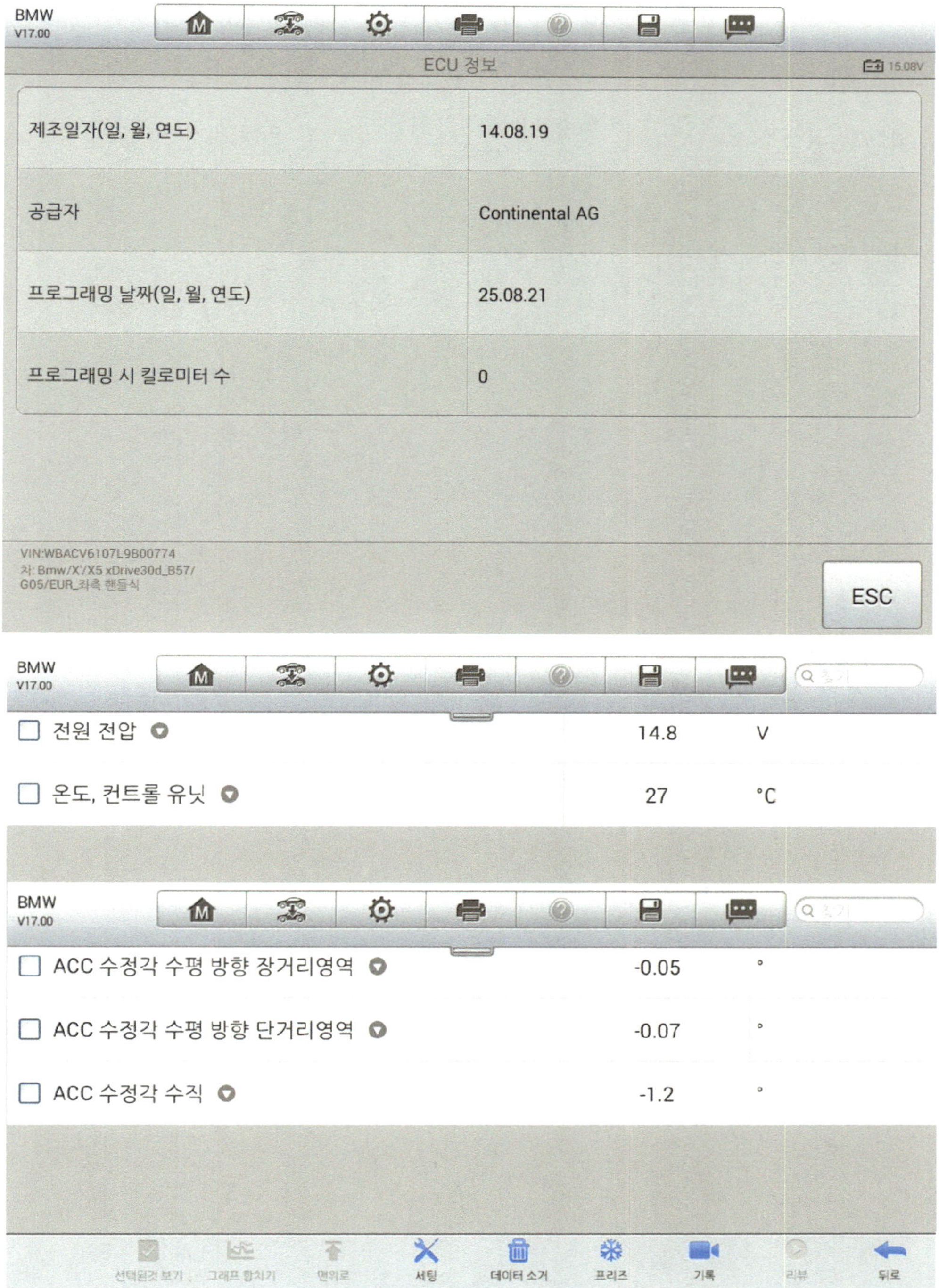

그림 2-75 BMW 전방 레이더 데이터

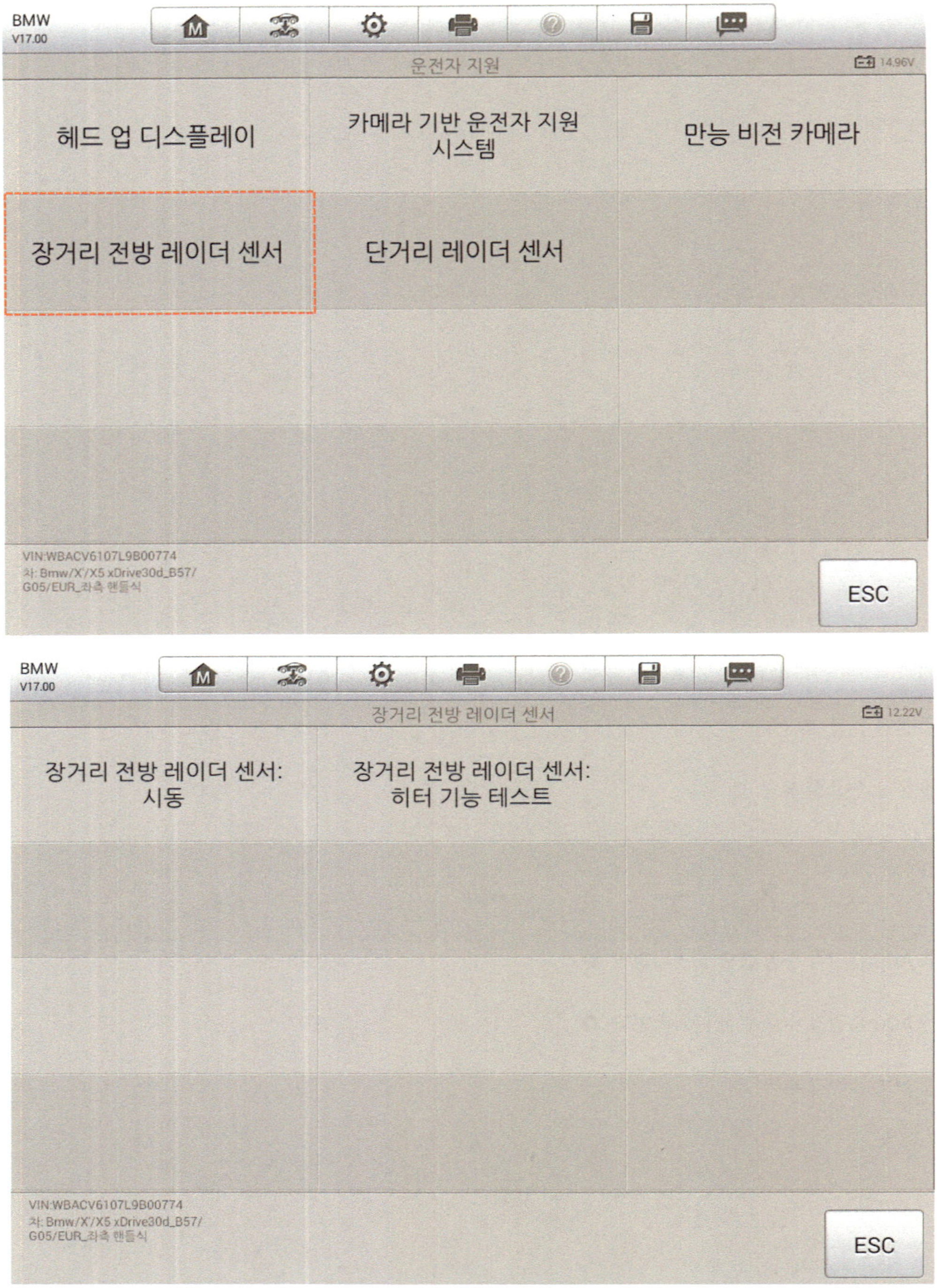

그림 2-76 BMW 전방 레이더 기능

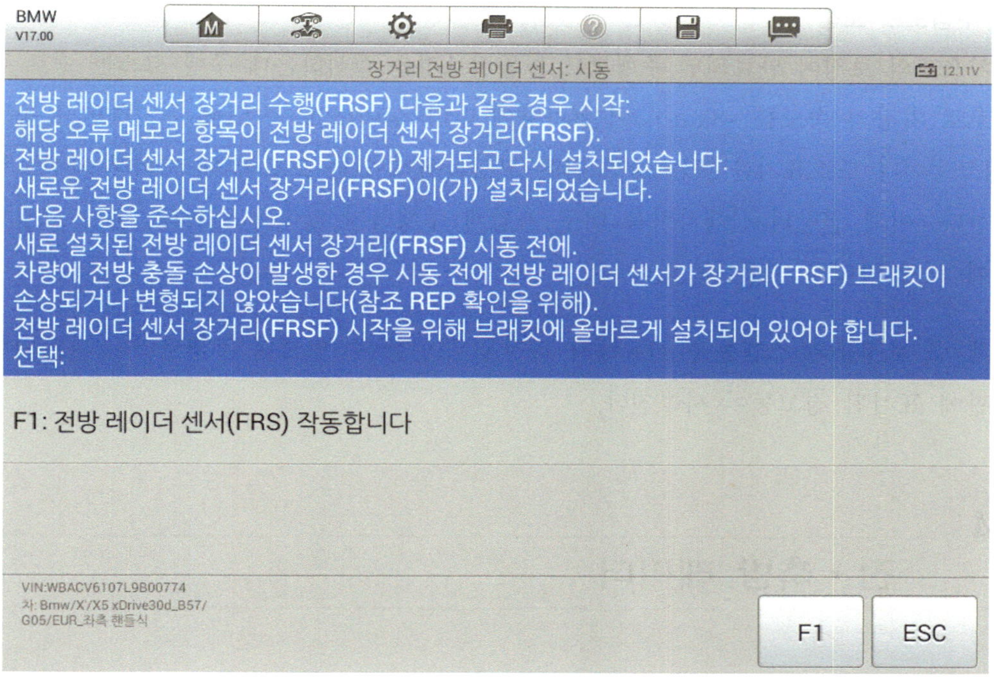

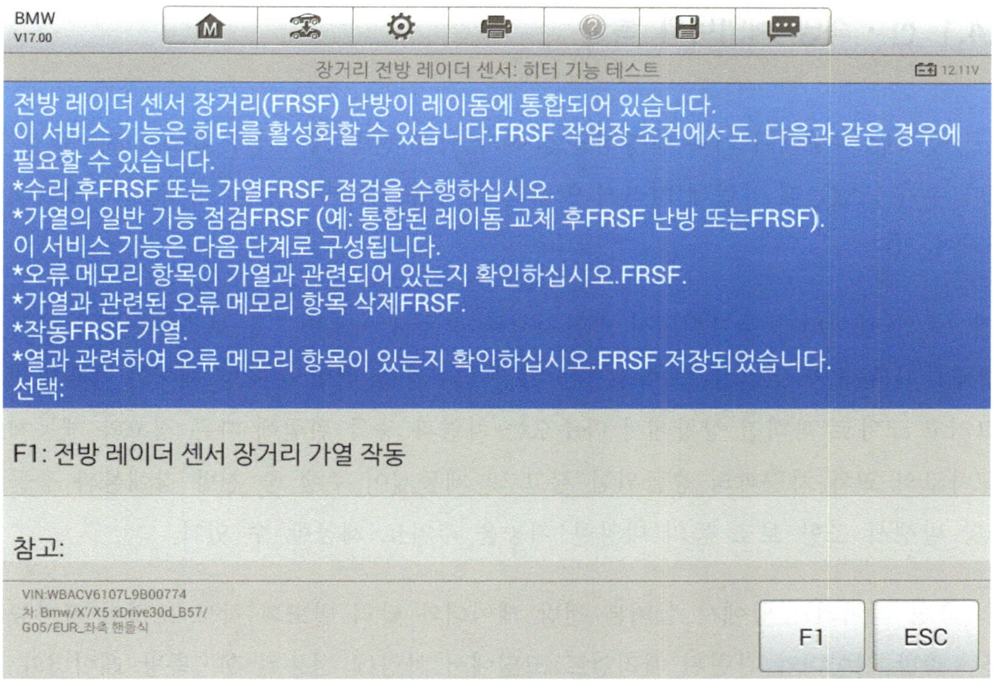

그림 2-77 BMW 전방 레이더 기능 테스트

※ 주행모드 보정

정차모드의 보정이 완료되면 주행모드로 동적보정을 실시하는데 주행 코스는 주로 직선도로로 차량의 속도를 48km/h 이상(차량에 따라 상이)으로 속도를 유지하면서 측면에 가로등이나 도로표지판 또는 장벽 같은 고정물체가 있는 도로의 내부/외부 차선으로 주행한다. 이때 전방의 선행차량을 너무 가깝게 주행하지 않아야 하는데, 이는 고정된 물체에 의해 방해를 받을 수 있다.

주행 중 보정률은 스캔툴을 이용해서 과정을 확인할 수 있으며 주행보정이 완료되면 계기판에 표시된 경고등이 사라진다.

2.4 전·측방 레이더

2.4.1 전·측방 레이더의 특징

최근 출시된 차량에서 더욱 안정성을 높이기 위해 전방 레이더와 별도로 전·측방 레이더가 추가 되었는데 차량에 따라서 앞범퍼 내에 장착되거나 범버 내 별도의 브라켓에 장착되어 있다.

전·측방 레이더가 추가되면서 방향지시등 작동시 차로변경을 보조해주거나 앞차량을 추월하기 위해 차로변경 중 마주오는 차량과의 충돌 위험시 조향 제어와 충돌방지제어 그리고 교차로 좌회전 상황에서 마주오는 차량과 충돌 위험에 따른 경고와 제동제어 또 교차로의 교차 차량과의 충돌위험 경고 및 제동제어 주행 중 전방 장애물과 충돌위험상황 발생시 조향 보조 등의 다양한 기능을 추가로 제공할 수 있다.

전·측방 레이더는 앞에서 살펴본 전방 레이더와 달리 별도의 각도 조정이 불가능하고 전·측방 레이더와 관련된 배리언트 코딩에서 차량에 적용된 후·측방 레이더와 함께 코딩할 수 있는데 전·측방 레이더의 경우 차량의 옵션에 따라 적용될 수 있다.

2.4.2 전 · 측방 레이더 장착위치

전 · 측방 레이더의 경우 차량에 따라 장착위치가 달라지지만 국산 자동차와 수입 자동차 모두 유사한 형태로 앞에서 전방 레이더의 장착위치를 차량별로 확인한 것과 같이 크게 다르지 않다. 즉 시스템을 이해하고 접근하면 국산 자동차와 수입 자동차의 ADAS 시스템을 이해할 수 있다.

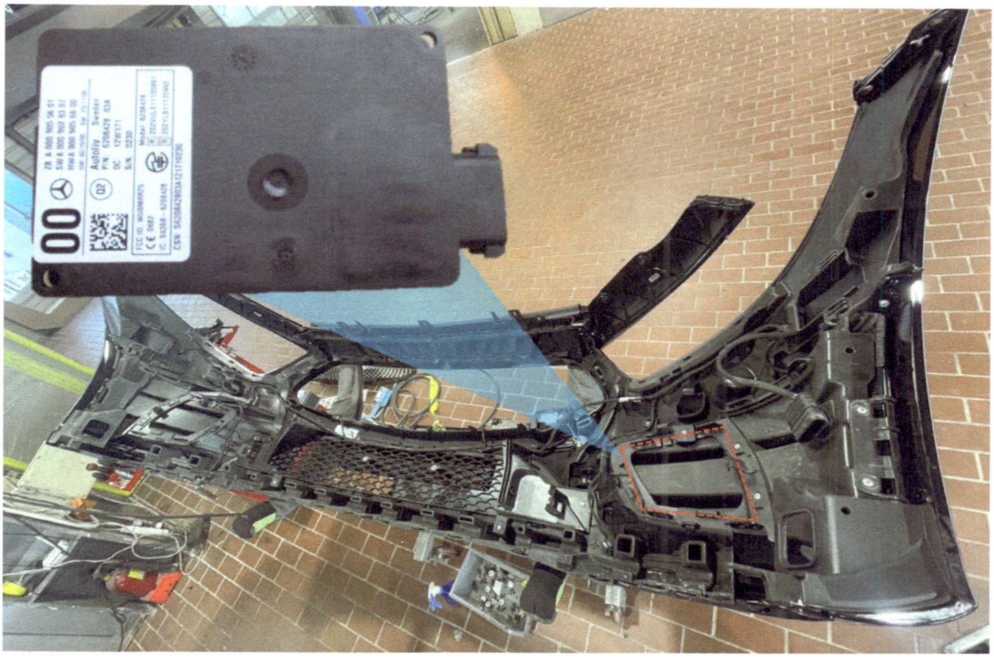

그림 2-78 전방 레이더 경고등과 장착위치

그림 2-78은 벤츠(社) 차량의 전 · 측방 레이더 장착위치로 범퍼에 장착됨을 알 수 있고 그림 2-79는 아우디(社) 차량의 전 · 측방 레이더 장착위치로 범퍼 내 고정 브라켓에 의해 장착되어 있음을 알 수 있다. 전 · 측방 레이더는 전방 레이더처럼 정차보정이나 주행보정 기능이 없어 별도의 보정이 필요하지 않지만 적용사양에 대한 코딩은 필요하다.

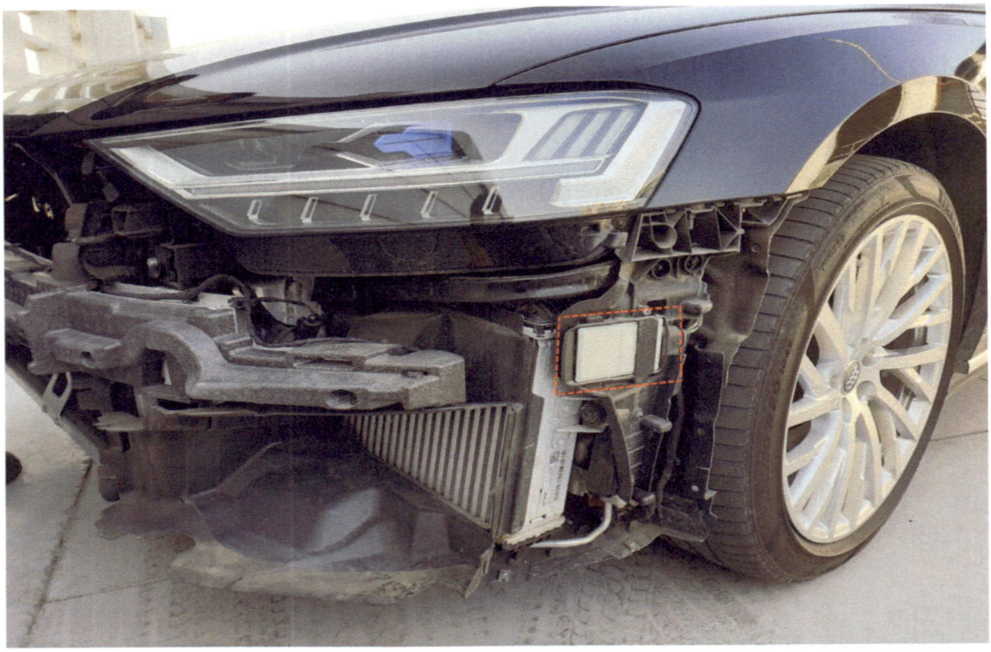

그림 2-79 전방 레이더 경고등과 장착위치

2.4.3 전 · 측방 레이더 데이터

전방 레이더의 경우 레이더의 감지 방향에 따라 전방 충돌방지 등의 긴급상황에 대한 중요도가 전 · 측방 레이더에 비해 높고 장거리 레이더가 적용됨에 따라 좁은 폭의 각도로 먼거리의 사물을 판단해야 하므로 각도의 틀어짐이 오작동의 원인과 오판단의 원인이 되기 때문에 반드시 보정이 필요하지만 전 · 측방 레이더의 경우 단거리 레이더로 차량의 측면을 넓은 각도로 감지할 수 있어 레이더의 장착각도에 크게 영향을 받지 않기 때문에 장착에 대한 코딩만이 지원한다.

전 · 측방 레이더가 적용되면서 ADAS 시스템의 달라진 특징은 각각의 레이더가 하나의 제어기 역할로 ADAS 기능을 가지고 있었지만 차량에 장착된 레이더의 정보를 수집하고 그에 따라 차량을 제어하는 기능을 가진 ADAS ECU가 장착된 것이 특징이라 하겠다. 전 · 측방 레이더에 대해서 스캔툴의 데이터를 살펴보면 다음과 같다.

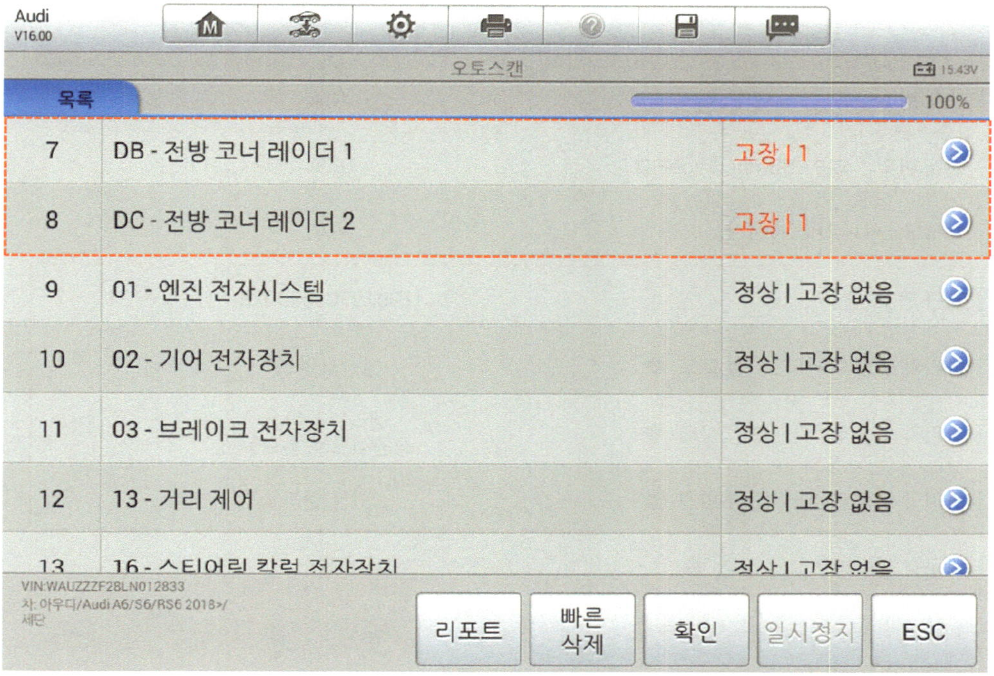

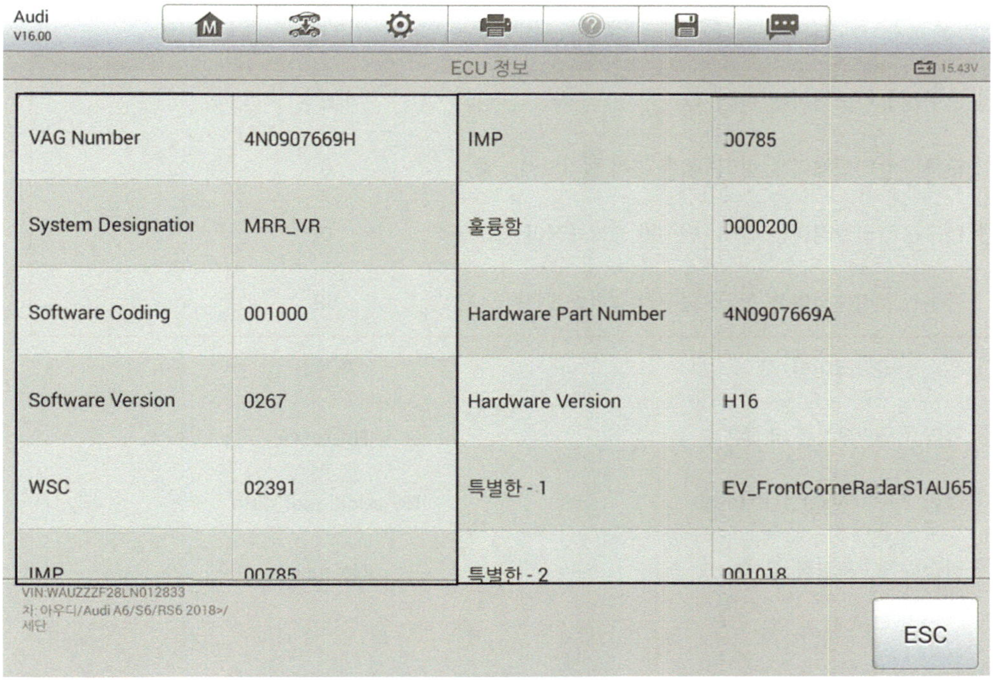

그림 2-80 전 · 측방 레이더 고장코드 및 사양정보

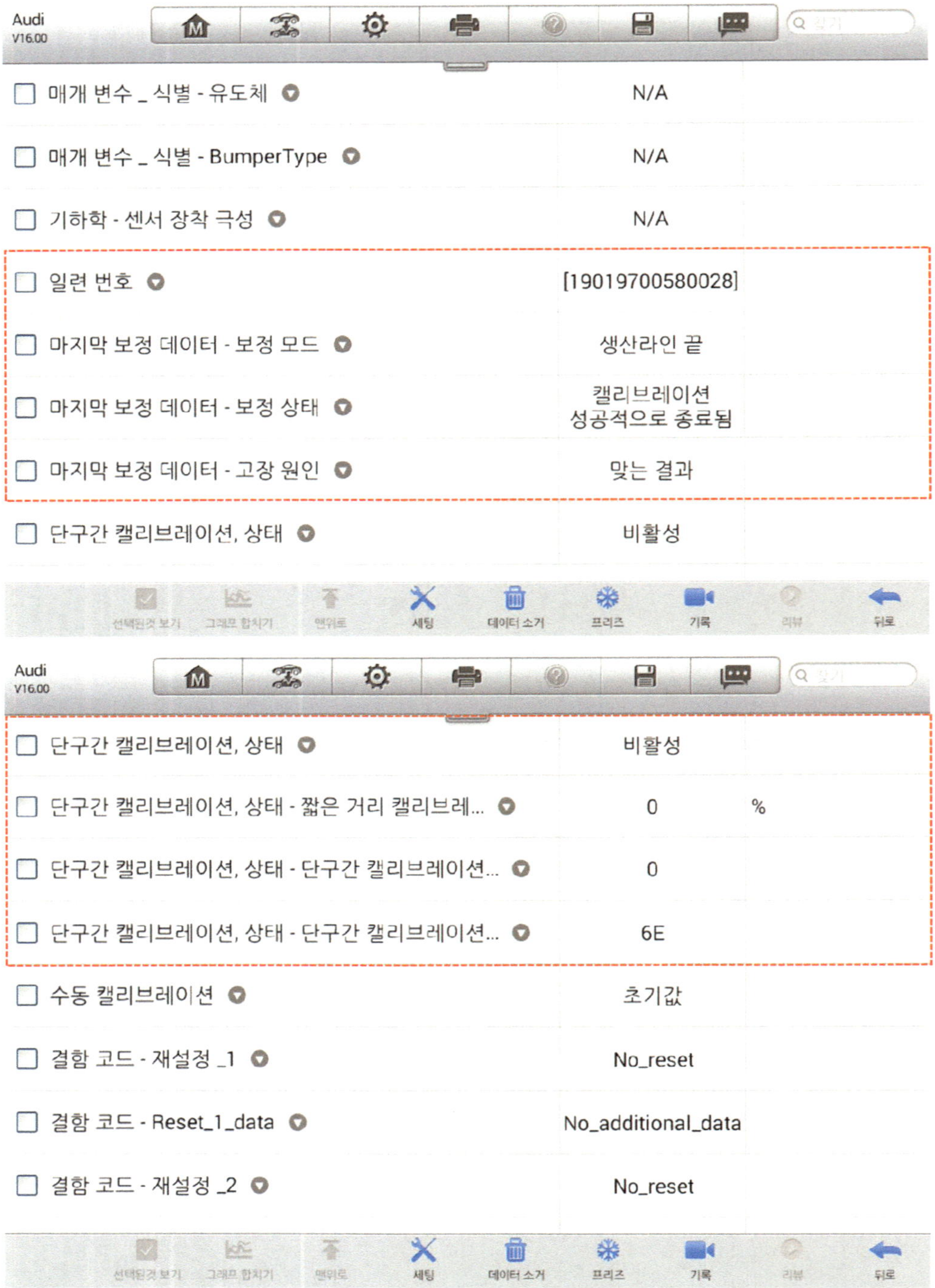

그림 2-81 전 · 측방 레이더 센서데이터

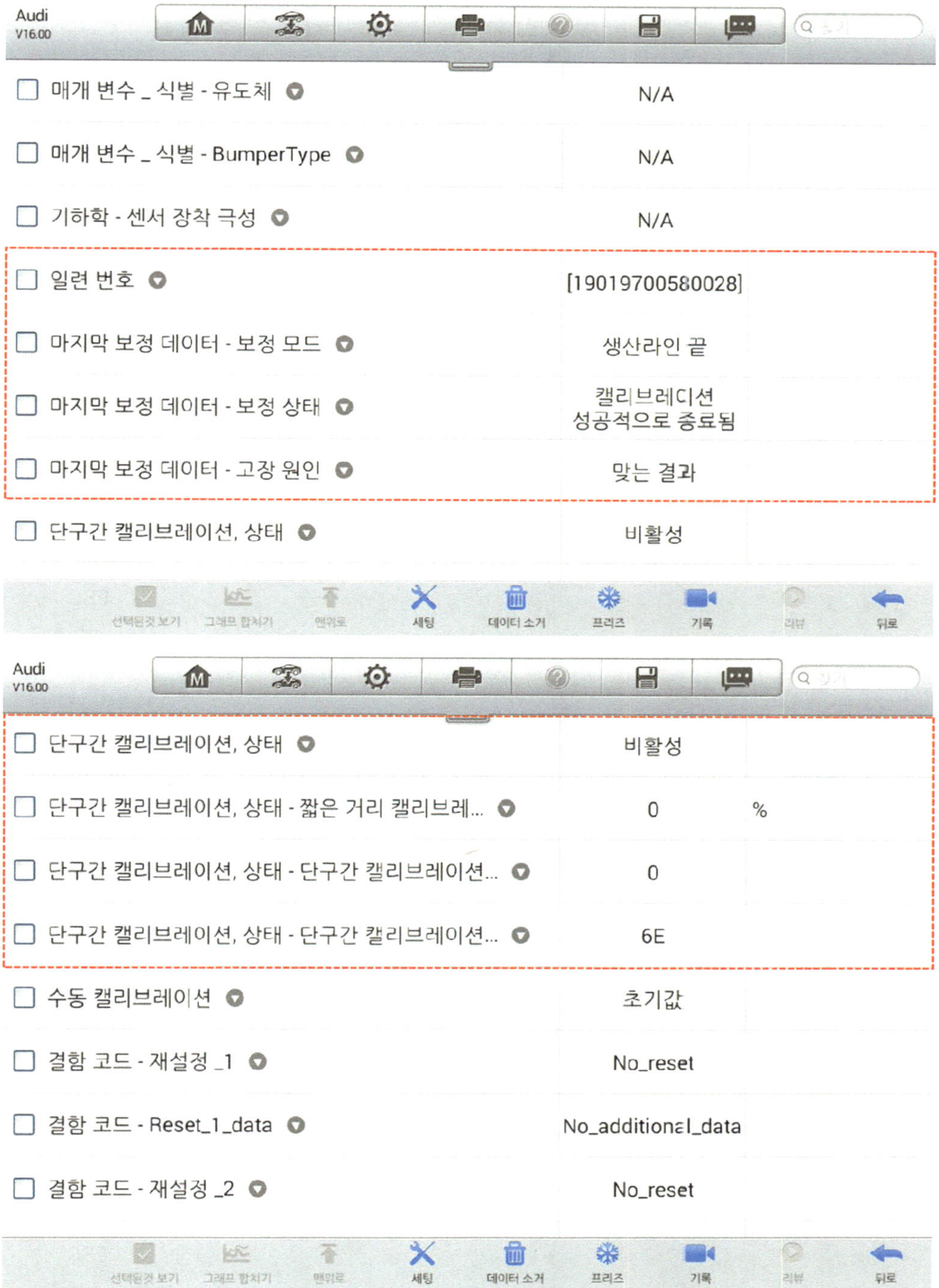

그림 2-82 전 · 측방 레이더 센서데이터

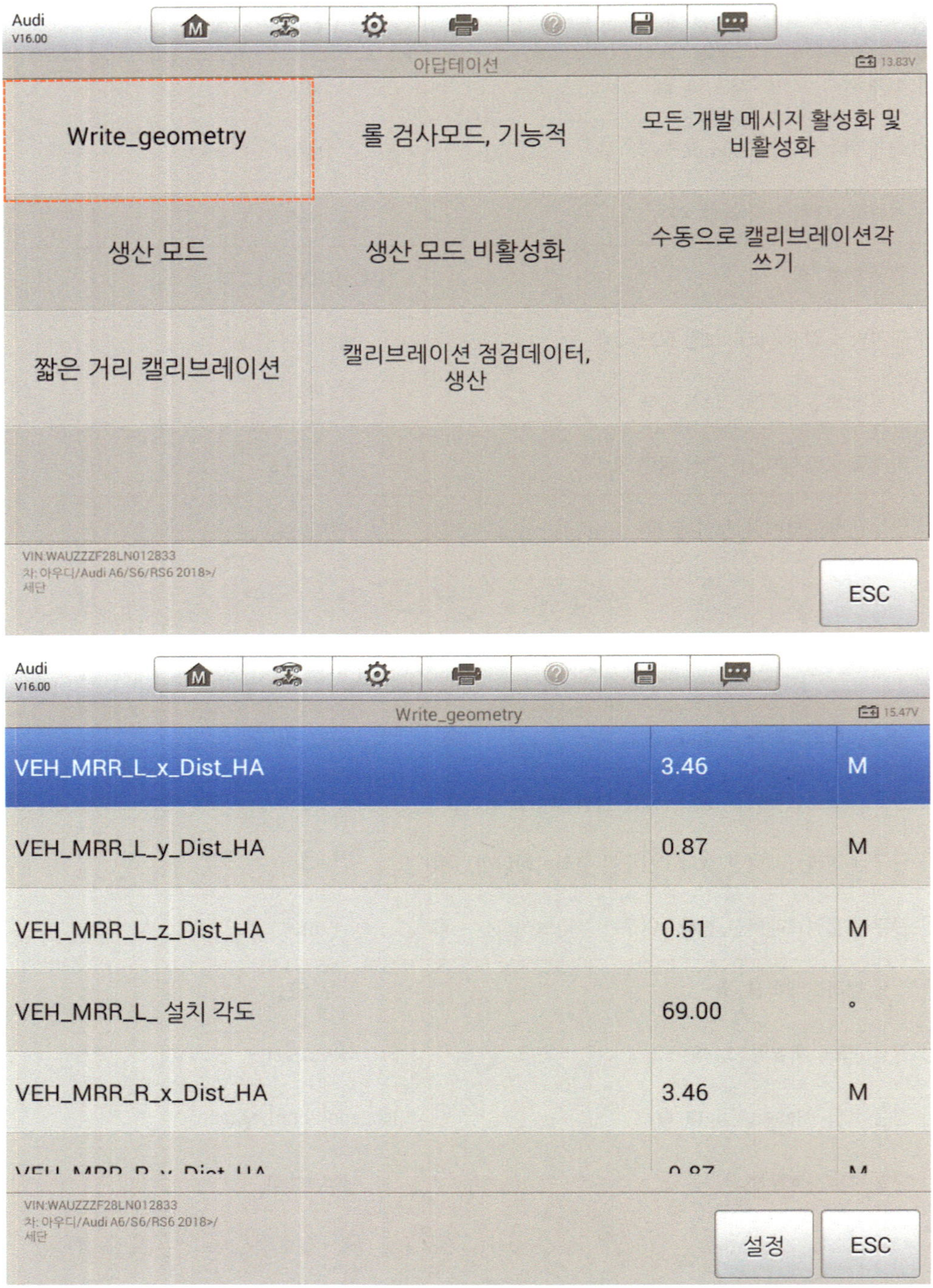

그림 2-83 전 · 측방 레이더 센서 지오메트리

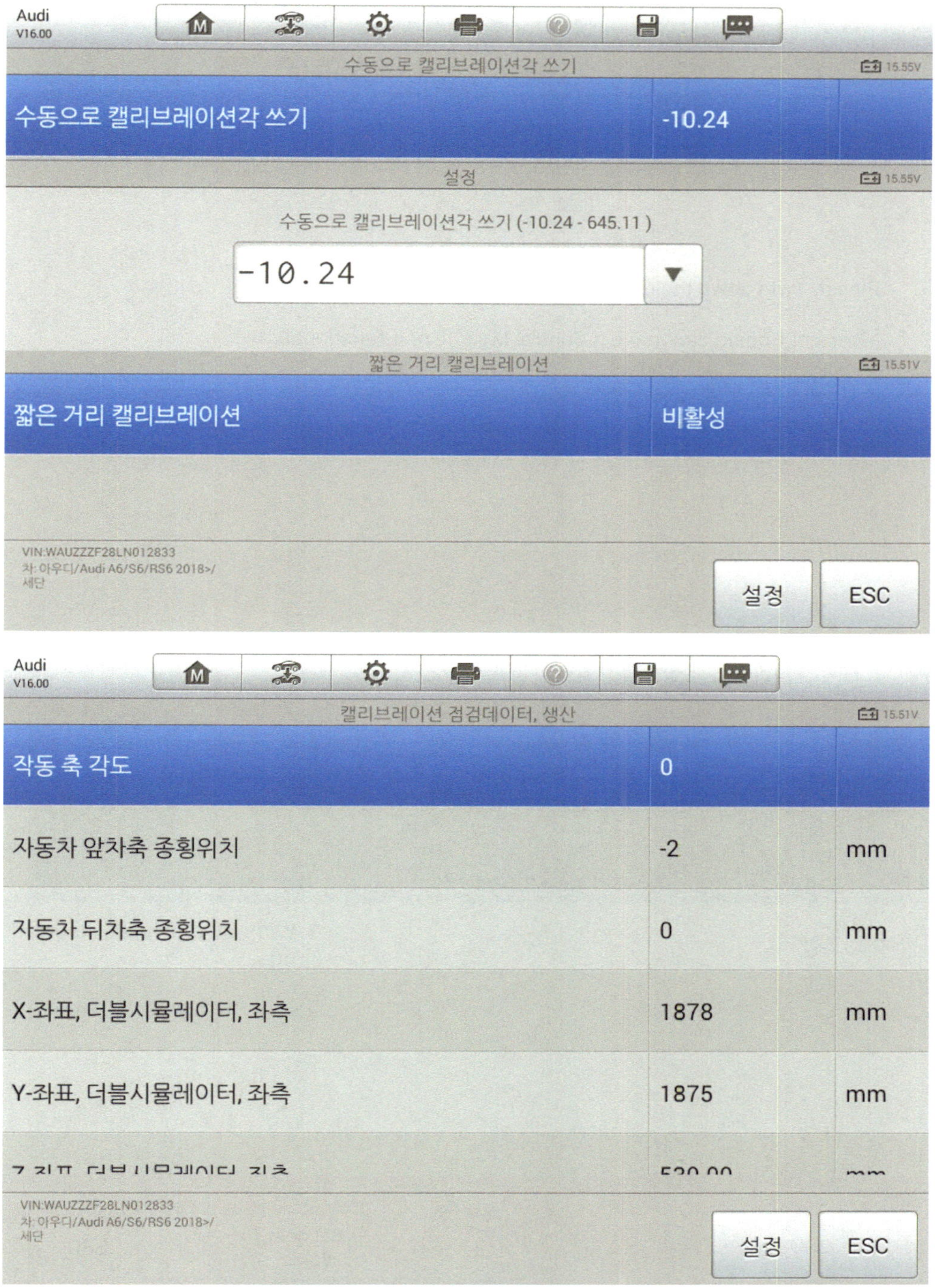

그림 2-84 전 · 측방 레이더 센서 캘리브레이션

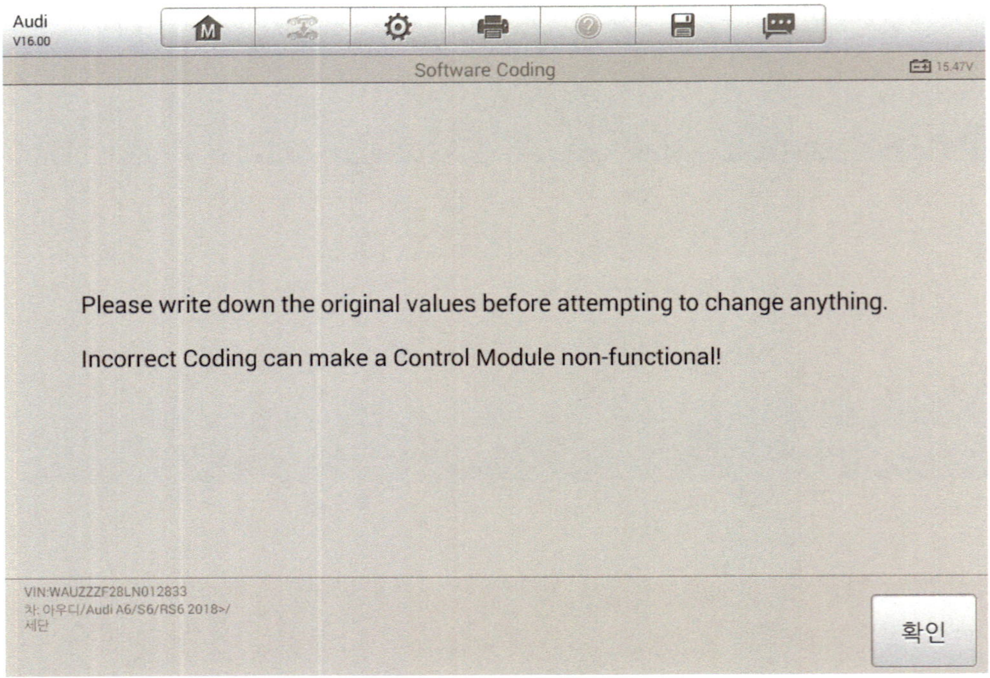

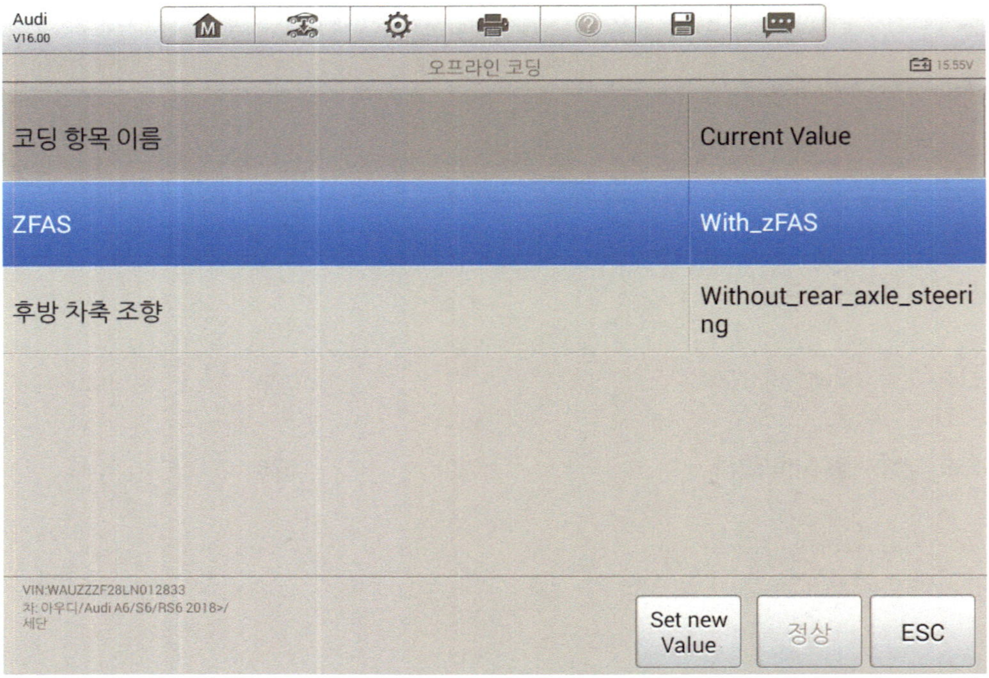

그림 2-85 전 · 측방 레이더 센서 코딩

※ 전방 레이더 보정 정리

제조사	주행보정	정차보정	비고
Audi	-	O	
BMW	-	O	
크라이슬러	O	-	
시트로엥	O	-	
피아트	O	O	차량에 따라 상이
포드	O	-	
혼다	-	O	
현대	O	O	차량에 따라 상이
제규어	O	-	
Jeep	O	O	차량에 따라 상이
기아	O	O	차량에 따라 상이
Land Rover	-	O	
벤츠	O	-	
닛산	-	O	
푸조	O	-	
포르쉐	-	O	
르노	O	O	차량에 따라 상이
스마트	O	-	
도요타	-	O	
폭스바겐	-	O	
볼보	O	-	

표 2-6 차량 제조사별 전방 레이더 보정

차량명	리플렉터 설치		레이더 각도	정차 보정	주행 보정	LOT NO	특이사항
	거리	높이					
EQ900			90°		O		
G90			90°		O		
G80(RG3)	2.5m	652mm	-1°		O	O	스캔툴 보정값으로 각도조정
G80(DH)			90°		O		
G70(IK1)~20MY			89°			O	
G70(IK1)21MY~	2.5m	581mm	-1°	O	O	O	스캔툴 보정값으로 각도조정, 정차보정시 범퍼탈거
GV80(JX1)	2.5m	434mm	-1°	O	O	O	스캔툴 보정값으로 각도조정, 정차보정시 범퍼탈거
GV70(JK1)	2.5m	410mm	-1°	O	O	O	스캔툴 보정값으로 각도조정, 정차보정시 범퍼탈거

차량명	리플렉터 설치		레이더 각도	정차 보정	주행 보정	LOT NO	특이사항
	거리	높이					
캐스퍼(	2.5m	345mm	-1°	O	O	O	플레이트형 보정 타겟 설치
i30(PD)	1.0~3.8m	583mm	88°	O			
벨로스터(JS)	2.5m	593mm	88°	O			
아이오닉(AE)			90°		O		
아반떼(AD)	1.0~3.8m	344mm	88°	O			
아반떼(CN7)	2.5m	357mm	-1°	O	O	O	스캔툴 보정값으로 각도조정, 정차보정시 범퍼탈거
쏘나타(LF)	2.5~4.2m	577mm	90°	O			
쏘나타(DN8)	2.5m	607mm	-1°	O	O	O	스캔툴 보정값으로 각도조정, 정차보정시 범퍼탈거
그랜져(IG)			90°		O		
그랜져(HG)			90°	O	O		플레이트형 보정 타겟 설치
아슬란(AG)			89°		O		
아이오닉5(NE)	2.5m	743mm	-1°	O	O	O	스캔툴 보정값으로 각도조정, 정차보정시 범퍼탈거

차량명	리플렉터 설치		레이더 각도	정차 보정	주행 보정	LOT NO	특이사항
	거리	높이					
제네시스(BH)	1.4m	418mm	90°	O	O		플레이트형 보정 타겟 설치
에쿠스(VI)			90°	O	O		플레이트형 보정 타겟 설치
코나(OS)	2.5m	339mm	88°	O			
투싼(TL)			90°		O		
투싼(NX4)	1.0~3.8m	395mm	89°	O			
넥쏘(FE)	2.5m	710mm	89°	O			
싼타페(DM)			90°		O		
싼타페(TM)	2.5m	410mm	-1°	O	O	O	스캔툴 보정값으로 각도조정, 정차보정시 범퍼탈거
맥스크루즈(NC)			90°		O		
펠리세이드	2.5m	401mm	-1°				
스타리아(US4)	2.5m	415mm	-1°	O	O	O	스캔툴 보정값으로 각도조정, 정차보정시 범퍼탈거

차량명	리플렉터 설치		레이더 각도	정차 보정	주행 보정	LOT NO	특이사항
	거리	높이					
모닝(JA)	2.3~2.5m	336mm	88°	O			
쏘울(KS3)	2.5m	364mm	-1°	O	O	O	스캔툴 보정값으로 각도조정, 정차보정시 범퍼탈거
스팅어(CK)~19MY			89°		O		
스팅어(CK)20MY~	2.5m	330mm	-1°	O	O	O	스캔툴 보정값으로 각도조정, 정차보정시 범퍼탈거
K3(BD)	2.5~4.2m	330mm	88°	O			
K5(JF)	2.5~4.2m	330mm	90°	O			
K5(DL3)	2.5m	330mm	-1°	O	O	O	스캔툴 보정값으로 각도조정, 정차보정시 범퍼탈거
K7(VG)			90°		O		
K7(YG)			90°		O		
K8(GL3)	2.5m	330mm	-1°	O	O	O	스캔툴 보정값으로 각도조정, 정차보정시 범퍼탈거
K9(KH)			90°		O		플레이트형 보정 타겟 설치
K9(RJ)~20MY			89°		O		
K9(RJ)20MY~	2.5m	611mm	-1°	O	O	O	스캔툴 보정값으로 각도조정, 정차보정시 범퍼탈거

차량명	리플렉터 설치		레이더 각도	정차 보정	주행 보정	LOT NO	특이사항
	거리	높이					
니로(DE HEV)			90°		O		
니로(DE EV)	2.5m	361.5mm	-1°	O	O	O	스캔툴 보정값으로 각도조정, 정차보정시 범퍼탈거
스토닉(YB CUV)	2.5m	374mm	89°	O			
스포티지(QL)			90°		O		
셀토스(SP2)	2.5m	345mm	-1°	O	O	O	스캔툴 보정값으로 각도조정, 정차보정시 범퍼탈거
EV6(CV)	2.5m	335mm	-1°	O	O	O	스캔툴 보정값으로 각도조정, 정차보정시 범퍼탈거
쏘렌토(UM)	2.5m	388mm	90°	O			
쏘렌토(MQ4)	2.5m	399mm	-1°	O	O	O	스캔툴 보정값으로 각도조정, 정차보정시 범퍼탈거
모하비(HM)	2.5m	707mm	-1°	O	O	O	스캔툴 보정값으로 각도조정, 정차보정시 범퍼탈거
카니발(YP)	2.5~4.2m	394mm	90°	O			
카니발(KA4)	2.5m	388mm	-1°	O	O	O	스캔툴 보정값으로 각도조정, 정차보정시 범퍼탈거

표 2-7은 국산 차량의 전방 레이더 보정방법에 대해 해당 제조사의 정비매뉴얼을 참고하여 일부 내용은 현장사례를 적용하여 정리한 것으로 만도(社) MRR-20 레이더가 적용된 차량의 경우 레이더의 각도조절은 스캔툴로 측정된 값을 기준으로 조정하는데 전방 레이더가 수직상태에서 하향으로 -1°를 기준으로 레이더 자체의 보정값이 측정결과값으로 표시되고 그에 따라 조정을 실시하면 되겠다.

대부분의 차량이 정차상태에서 보정 타겟인 리플렉터를 삼각형 모양의 컵을 이용하여 보정하지만 초기 출시된 차량에서는 수입 자동차와 같이 평평한 리플렉터를 사용하여 보정하는데 차량 정비지침서에 잘 표시되있지 않으므로 주의해야한다.

QQ 값	수직 오차	QQ 값	수직 오차	QQ 값	수직 오차	QQ 값	수직 오차
00	0°	0B	1.1°	FF	-0.1°	F5	-1.1°
01	0.1°	0C	1.2°	FE	-0.2°	F4	-1.2°
02	0.2°	0D	1.3°	FD	-0.3°	F3	-1.3°
03	0.3°	0E	1.4°	FC	-0.4°	F2	-1.4°
04	0.4°	0F	1.5°	FB	-0.5°	F1	-1.5°
05	0.5°	10	1.6°	FA	-0.6°	F0	-1.6°
06	0.6°	11	1.7°	F9	-0.7°	FEF	-1.7°
07	0.7°	12	1.8°	F8	-0.8°	EE	-1.8°
08	0.8°	13	1.9°	F7	-0.9°	ED	-1.9°
09	0.9°	14	2°	F6	-1°	EC	-2°
0A	1°						

표 2-7 만도 전방 레이더 QQ 값과 수직오차

만도 전방 레이더의 QQ 값은 -0.1°를 기준으로 레이더 내부의 공차를 합해 수직 각도가 표시되는데 이렇게 표시된 계산된 수직 각도를 입력하면 되겠다.

기준 각도(-1°) - (레이더 내부 공차 각) = (목표 수직조정 각도)

즉 스캔툴에 표시된 결과값으로 실제 레이더의 각도를 조정하면 된다.

필요시 해당 페이지에 책갈피를 끼워두고 차량 정비시 참고하면 되겠다.

CHAPTER 2 생각해 보기 Exercise

1. 전방 레이더의 ADAS 기능 3개를 예를 들어 설명하시오.

2. ADAS와 CAN(Controller Network Area)의 관계에 대하여 설명하시오.

3. 전방 레이더의 성능에 대하여 설명하시오.

4. 범퍼 레일에 장착된 전방 레이더에 대하여 설명하시오.

5. 신차안전도 평가(NCAP: New Car Assesment Program)에 대하여 설명하시오.

6. OTA(Over The Air programming)에 대하여 설명하시오.

7. 현대자동차의 전방 레이더 보정에 필요한 도구와 용도를 설명하시오.

8. 전방 레이더의 배리언트 코딩에 대하여 설명하시오.

9. 전방 레이더의 보정방법 두 가지에 대하여 설명하시오.

10. 전방 레이더의 보정각도와 전·측방 레이더 보정각도의 다른 점을 설명하시오.

Chapter 03

후·측방 레이더와 차체수리

차량이 주행을 위해 전진을 하는 경우 운전석에서 전방의 시야가 많이 확보되지만 후진은 운전석에서 시야를 확보하기가 힘들어 운전자의 편의를 위해 최초로 도입된 장치는 후사경이다. 먼저 본닛에 장착된 후사경이 있고 이후 운전석과 조수석 앞도어에 장착된 사이드미러 그리고 실내에 장착된 룸미러가 있다. 흔히들 백미러라고 부르는데 이는 뒤를 보는 거울이란 의미로 사이드미러와 의미가 다르지만 혼용해 사용되고 있다. 아무튼 이러한 거울이 운전자를 보조하는 가장 기본적인 장치이면서 아직까지 사용하고 있는데, 최근에는 사이드미러가 없어지고 그 자리에 카메라가 장착된 차량들이 출시되어 판매되고 있다.

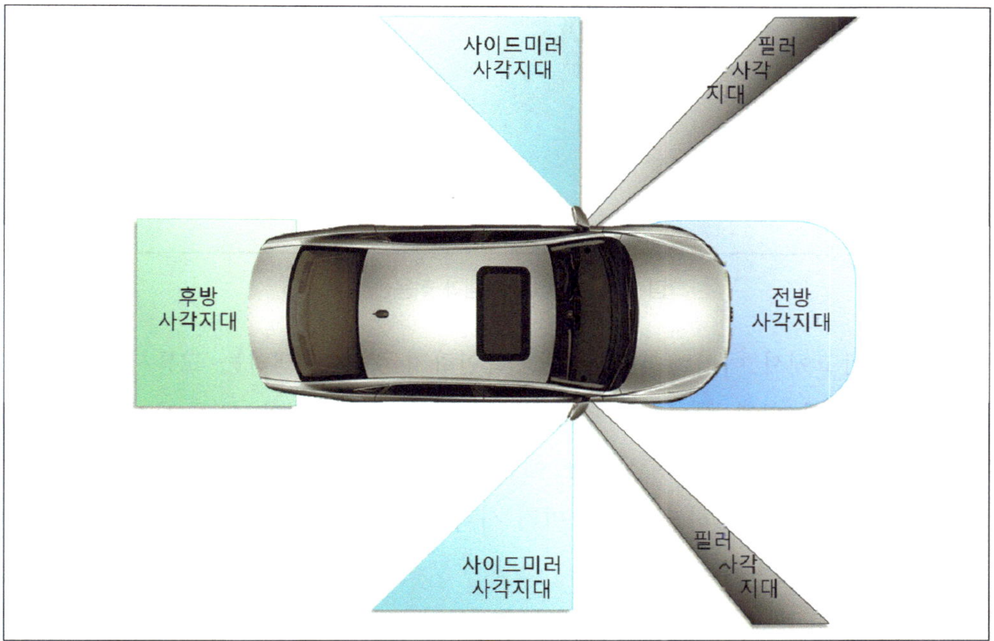

그림 3-1 자동차 사각지대

차량이 차선을 변경하거나 차량이 후진할 때 사이드미러나 룸미러를 이용하여도 잘보이지 않는 사각지대가 있어 자칫 교통사고가 발생할 수 있다. 그에 따라 사이드미러와 룸미러 외 추가적인 장치가 필요하게 되는데 주차를 보조하기 위해 초음파 센서를 사용하여 주차시 후방의 장애물을 감지하여 경보음으로 운전자에게 위험을 알리는 것을 시작으로 최근에는 차량의 전방위에 초음파센서가 장착되어 후진으로 자칫 놓칠 수 있는 전방의 충돌상황을 예방한다.

차량이 차선을 변경할 때 일반적으로 사이드 미러를 의존해 차선을 변경하게 되는데 차량에는 사각지대가 있어 사이드 미러에 보이지 않는 사각지대로 인해 사고가 발생할 수 있다. 이러한 사이드 미러 사각지대를 줄이기 위해 사이드 미러에 작은 볼록렌즈를 장착하거나 굴곡이 다른 안경으로 치면 다초점렌즈와 같은 미러를 사용하기도 하지만 사각지대를 완전히 해소할 수는 없다.

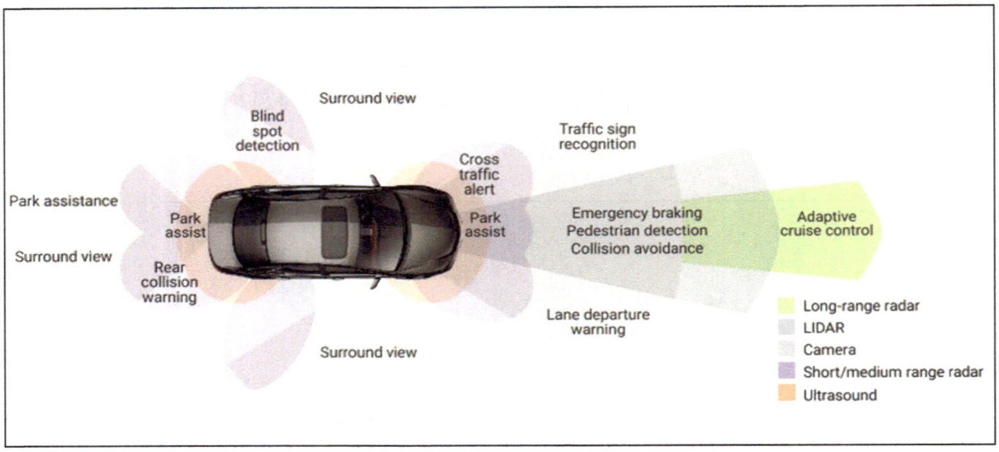

그림 3-2 ADAS 시스템과 적용센서

차량의 교통사고에서 이러한 사각지대를 확인하지 못해 발생하는 교통사고가 다발생하기에 이를 줄이기 위해 레이더가 적용되는데 전방 사각지대와 필러 사각지대를 감지해 운전자에게 위험을 알리거나 사고를 예방해주는 장치가 전방 레이더를 비롯해 전·측방 레이더를 센서로 사용하고 사이드미러 사각지대와 후방 사각지대를 감지하기 위해 후·측방 레이더가 장착되고 있다.

그림 3-1에서 보는 것과 같이 차량의 사각지대를 해소하기 위해 그림 3-2와 같이 ADAS 시스템에 따라 적용된 센서가 장거리 레이더와 중거리와 단거리 레이더 또 라이더와 카메라, 초음파 센서가 적용되어 차량의 전방위를 감지하게 된다. 이러한 센서 중 본 장에서는 후측방 레이더에 대하여 살펴보도록 한다.

3.1 후 · 측방 레이더

3.1.1 후 · 측방 레이더의 특징

후측방 레이더는 사이드미러의 사각지대와 후방교차 충돌경보 및 충돌방지 보조 또 안전하차 보조기능 등의 수행에 사용한다. 차량에 따라 현대 모비스(社)와 델파이(社), APTIV(社), 보쉬(社), 콘티넨탈(社) 등의 다양한 제품이 장착되어 있는데 장착위치는 차량의 뒤 패널에 장착되거나 뒤 범퍼 내에 장착되는데 전방 레이더와 구조는 유사하다.

BCW(Blind-spot Collision Warning)와 같은 후 · 측방충돌 경고장치와 RCCW(Rear Cross Traffic Collision Warning)와 같은 후방 교차 충돌방지 경고장치는 후 · 측방 레이더 두 개가 서로 통신하면서 경보하는데, 두 개의 레이더를 사용하기에 하나는 메인으로 사용하는 마스터가 되고 보조로 사용되는 레이더가 슬리브가 된다. 차량에 따라서 마스터와 슬리브의 장착위치가 다르므로 고장 진단시 주의해야 한다.

그림 3-3 BCA 기능(출처: https://www.kbb.com)

차량을 능동적으로 제어하는 BCA(Blind-spot Collision-avoidance Assist. rear)인 후 · 측방 충돌방지 보조장치와 RCCA(Rear Cross Traffic Collision-avoidance Assist)인 후방 교차 충돌방지 보조장치는 후방의 또는 후 · 측방의 차량과 사람 등을 인식해 차량과의 속도를 계산하고 차량과 충돌을 예상해 차량의 감속정도를 계산해 CAN(Controller Network Area)을 통해 엔진이 탑재된 차량의 경우 엔진 ECU에게 감속 협조요청하고 VDC(Vehicle Dynamic Control)와 같은 제동에 대한 제어기에게 감속 협조요청을 취하고 엔진이 없는 전기차의 경우 구동모터제어기와 i-EB(Integrated Electronic Brake)등의 제동력 제어기에 감속 협조요청을 하게 된다.

결국 자동차의 네트워크인 CAN이 중요한 부분으로 자율주행기능이 더욱 확대됨에 따라 더욱 복잡해지고 있다.

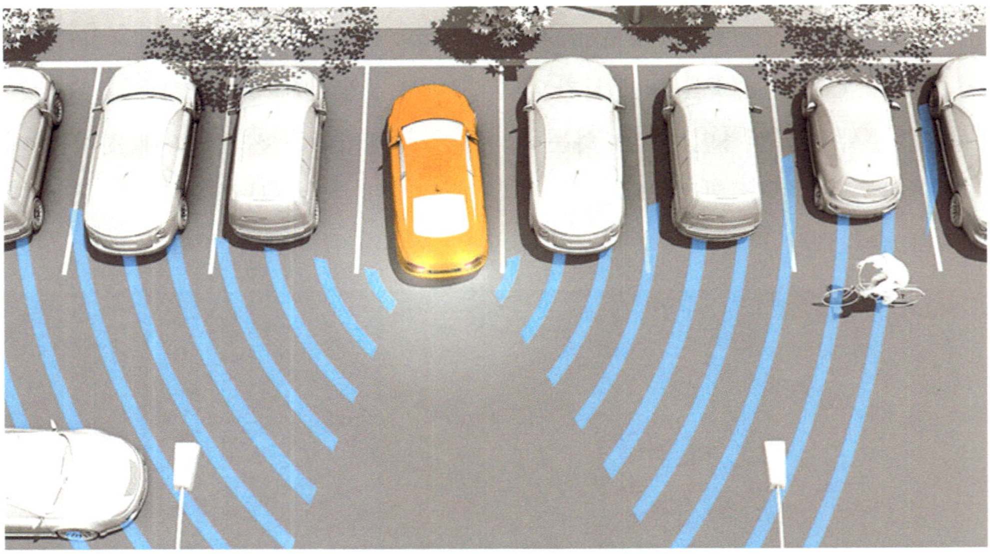

그림 3-4 RCCA 기능 (출처: https://www.continental-automotive.com/)

3.1.2 후 · 측방 레이더의 성능

후 · 측방 레이더는 거의 모든 차량이 두 개의 레이더를 사용하는데, 차량의 뒷 코너에 각각 장착되며 두 개 중 하나는 감지만하고 다른 하나는 감지된 신호를 판단해 경고음을 발생시키거나 차량의 속도를 제어하는 역할을 하는데 단순히 감지만하는 레이더를 슬리브라고 하고 감지도하면서 다른 레이더의 신호를 받아 차량과의 충돌을 경보하거나 충돌을 예방하는 등의 판단을 하는 제어기 역할을 함께하는 레이더를 마스터라고 부르게 된다.

전방 레이더와 달리 후·측방 레이더는 두 개의 레이더가 상호보완적인 관계를 가지고 있어 하나의 레이더가 고장이 나면 해당 시스템이 전혀 작동되지 않는데, 메인 레이더인 마스터가 고장나면 진단기와 통신이 되지 않지만 보조 레이더인 슬리브가 고장나면 스캔툴 진단기와 통신이 되고 고장코드로 슬리브와 관련된 고장을 표시해준다. 따라서 이러한 특징을 이해하고 차량을 점검시 참고하면 되겠다.

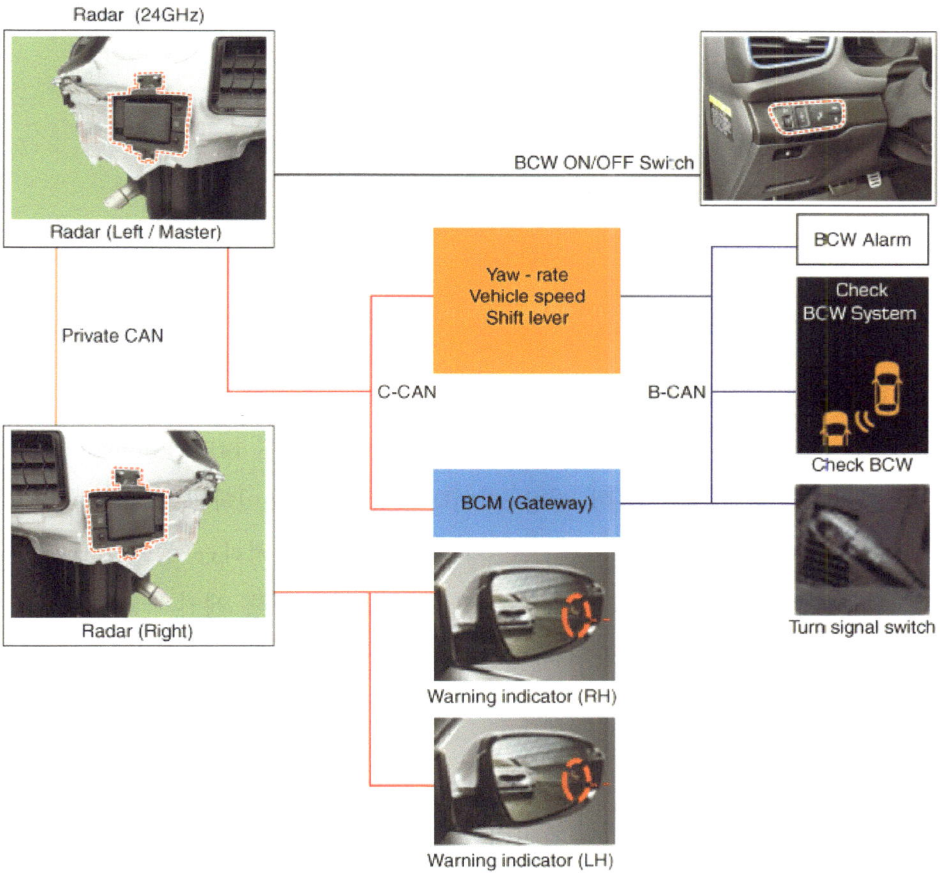

그림 3-5 후·측방 레이더 작동 (출처: https://www.hkona.com/)

전방 레이더는 보통 77GHz 주파수를 가지며 좌우 각도로는 45°의 폭으로 다소 좁다고 생각할 수 있지만 롱레인지 영역을 감지하는 레이더를 장착하고 있는데, 일반적으로 24GHz와 77GHZ 영역을 사용하고 있지만 전·측방과 후·측방에는 주로 중거리 또는 단거리 레이더가 장착되고 24GHz의 주파수를 사용하고 전방 레이더의 중장거리 레이더에는 77GHZ의 주파수를 사용하고 있다.

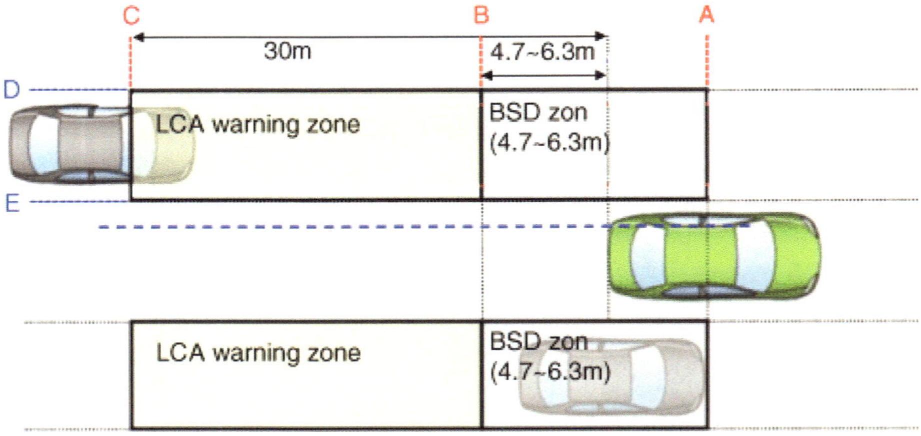

그림 3-6 후·측방 레이더 작동범위 (출처: https://www.hkona.com/)

전방 레이더에 사용하는 주파수인 77GHz는 전 세계적으로 사용이 중복되는 분야가 없어 공통으로 사용하고 있다. 77GHz의 경우 높은 허용 EIRP(Equivalent Isotropic Radiated power)을 가지고 있어 전방 레이더로 적용이 용이하고 그 외에도 교통량을 측정하여 교통체증과 교통사고 감지 또 차량의 속도를 측정하는 등으로 교통인프라용 레이더 시스템에도 적용되고 있다. 또 24GHz 레이더에 비해 레인지 해상도 및 정밀도가 20배 이상 높다. 이러한 레인지 해상도는 정밀성 높은 데이터를 제공함에 따라 물체의 감지 성능이 향상된다.

자동차에 적용되는 레이더는 중장거리 레이더와 단거리 레이더로 구분을 하고 있지만 전방에 사용하는 레이더만 주로 중장거리 레이더를 사용하고 있으나 완전 자율주행으로 가기위해 후방에도 중장거리 레이더를 적용하면 추돌에 대한 안정성도 확보할 수 있다.

3.2 차량별 특징

후 · 측방 레이더가 아니더라도 국산차와 수입차의 시스템을 살펴보면 기본적인 사항은 동일하다. 즉 작동원리가 같다해도 무방한데 적용된 레이더의 제조사와 모델 그리고 성능에 따라 보정 및 측정거리 및 설치각도 등이 조금씩 달라진다.

자동차 대부분의 시스템이 그렇듯 기본적인 개념을 우선 이해하고 해당 차량의 정비 매뉴얼을 확인하여 정비하는 것을 기반으로 임하는 것이 중요하겠다.

3.2.1 국산 자동차

후 · 측방 레이더는 대부분의 자동차가 차량의 뒷 부분 코너에 각각 장착되어 있는데 차량에 따라서는 뒤 쿼터 패널 하단에 장착되어 있거나 뒷 범퍼에 장착되어 있다. 우리나라 자동차의 경우 현대자동차와 기아자동차로 대부분의 차량이 뒤 쿼터패널에 장착되어 있으며 전방 레이더와 달리 타겟을 이용한 보정을 하지 않는 것이 특징이다.

1) 후 · 측방 레이더 장착위치

그림 3-7에서 보는 것과 같이 차량의 후방 쿼터 패널 아래 장착되어 있는데 이로 인해 뒷 범퍼는 차량의 옵션에 따라 다르게 사용하는 것이 아니라 공통으로 사용할 수 있는 장점을 가지며, 리어 쿠터 패널에 브라켓과 일체형으로 된 후 · 측방 레이더가 장착됨에 따라 차량의 옵션에 쉽게 대응할 수 있다.

차량이 범퍼가 장착된 상태에서는 후 · 측방 레이더가 장착되었음을 쉽게 외관상으로는 쉽게 구분할 수 없는데 이는 전방레이더와 달리 후 · 측방 레이더의 특성에 의해 눈에는 보이지 않지만 레이더는 전파(Electromagnetic wave)를 발생하는데, 레이더의 방사면에서 RF(Radio Frequency)영역의 주파수로 방출한다.

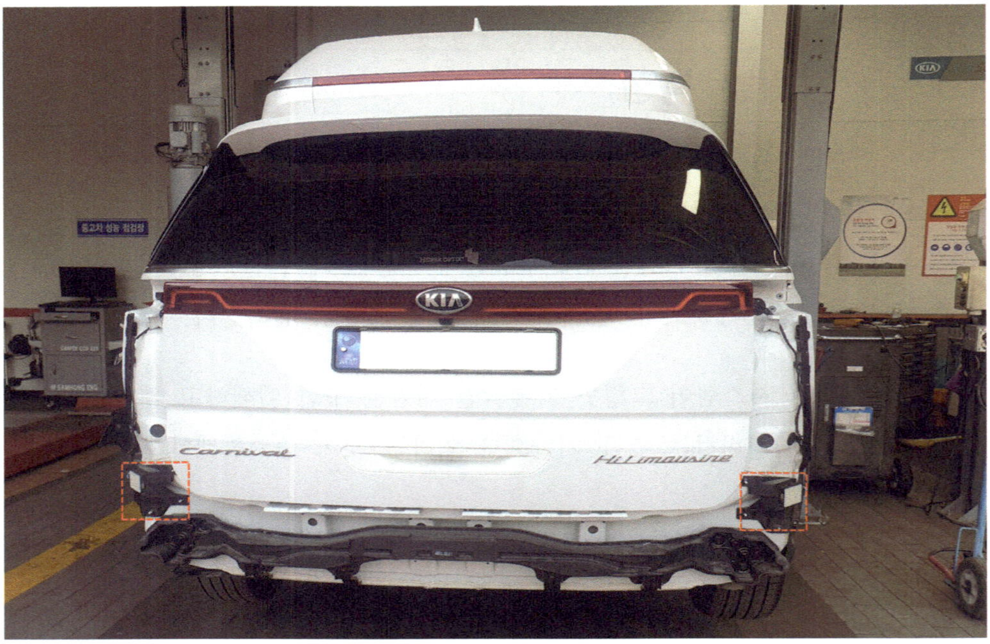

그림 3-7 후 · 측방 레이더 장착위치

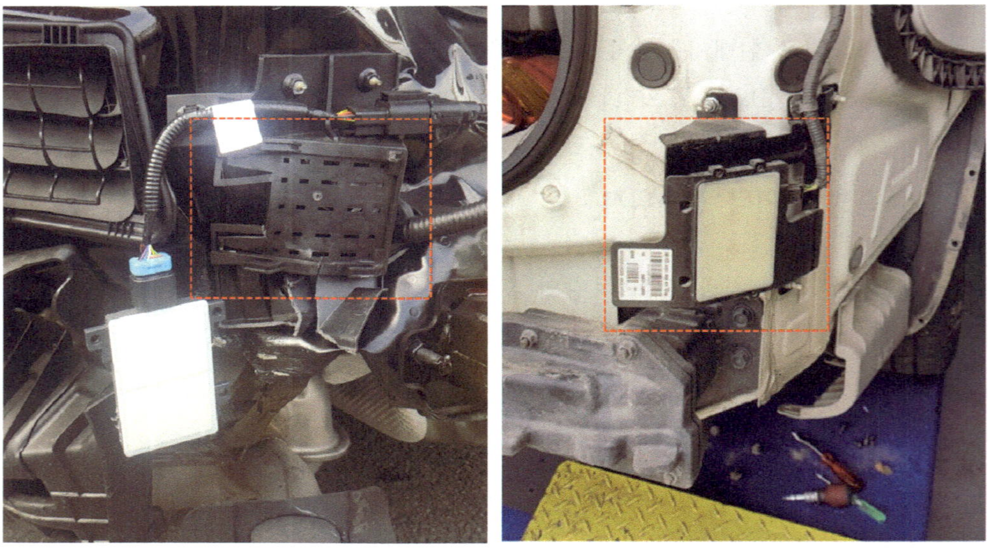

그림 3-8 후 · 측방 레이더 고정 브라켓 종류

후 · 측방 레이더에서 방출되는 전자파는 사물에 의해 반사되어 돌아와야 하는데 차량의 범퍼 내 · 외부에 부착된 이물질로 인하여 오작동이 발생하는데 레이더의 전파를 방해할 수 있는 모든 부분이 오류를 일으킬 수 있는데 기본적으로 외부의 문제로는 범퍼 외관의 스크레치와 범퍼 보수를 하면서 퍼티를 도포하거나 외부에 스티커 부착 등이 레이더의 전파를 방해해 오류를 일으키므로 주의해야 한다.

초기에 출시된 차량의 경우 차체 패널에 레이더를 고정하는 브라킷이 철판을 절곡한 브라켓이 장착돼있어 뒷 범퍼의 손상으로 인해 이 브라켓이 미세하기 변형이 발생하면 엔지니어가 쉽게 발견하지 못하고 재사용하면서 보정오류가 발생하는 등의 문제가 발생하였으나 이 브라켓을 수정해서 수리하면 재사용 가능하였다.

최근에 출시된 차량의 경우 후·측방 레이더 고정 브라켓이 플라스틱으로 제작되어 출시됨에 따라 레이더가 충격을 받으면서 브라켓이 파손되어 이 브라켓을 교환해야 하고 부득이한 경우 레이더까지 교환해야 하는 경우가 발생하고 있다.

2) 후·측방 레이더의 특징

국산 자동차에 적용된 후·측방 레이더는 현대모비스(社)와 만도(社)에서 생산한 제품이 주로 장착되었으나 최근 출시된 차량에서는 APTIV(社) 제품이 많이 적용되고 있는데 이는 2019년 현대자동차그룹과 APTIV(社)의 상호보완적 역량 및 기술을 통합하고 완전 자율주행 개발 시너지를 극대화하기 위해 힘을 합하였다. 관련 내용을 인용하면 다음과 같다.

- APTVI_차량용 전장 전문기업, 레벨 4, 5 자율주행 최고 수준 기술력 보유
- 완성차 업체와 유력 자율주행 기업이 JV(joint venture)설립·공동개발·이례적 모델
- 현대자동차그룹-APTIV 각각 총 40억 달러 가치 합작법인의 지분 50% 확보

현대자동차그룹이 자율주행 분야 세계 톱티어(Top Tier) 수준의 기술력을 보유한 APTIV와 공동으로 미국 현지에 합작법인(JV)를 설립하고 글로벌 자율주행 분야에서 '톱 플레이어' 위상을 노린다. 업계에 자율주행 개발을 위한 '합종연횡(合從連橫)'이 가속화되는 가운데 유수의 완성차 업체와 유력 자율주행 기업이 별도의 JV를 설립해 자율주행차 기술을 연구 개발하는 모델은 이례적이다.

자율주행은 자동차 산업은 물론 모빌리티 업계의 패러다임을 대전환시킬 최상위 혁신 기술로 꼽힌다. 운전으로부터 해방되면서 차량이 이동 중에도 모든 탑승자들이 시간을 여유롭게 활용할 수 있으며, 교통사고 감소, 에너지 절감 등을 통해 막대한 사회적 비용을 최소화할 수 있다.

자동차 업체들은 물론 IT 기업들도 자율주행 기술 확보 여부에 따라 지속 가능한 성장을 결정짓게 될 것이라는 판단에 따라 사활을 걸고 있다. 현대자동차그룹과 APTIV의 자율주행 기술 전문 JV 설립은 더욱 안전하고, 친환경적이며, 연결성과 접근성을 극대화하는 미래 모빌리티 혁신을 주도하고 인간중심에 기반하는 완벽한 '이동의 자유(Freedom in Mobility)'를 실현해 고객가치를 높이겠다는 공동의 목표에 따른 것이다.

특히 차량 설계 및 제조, ADAS 분야에서 탁월한 역량을 보유한 현대자동차그룹과 자율주행 S/W 분야 최고 기술력을 가지고 있는 앱티브가 손 잡음으로써 기술 개발 시너지 효과는 극대화될 전망이다.

신설 합작법인은 2022년까지 완성차 업체 및 로봇택시 사업자 등에 공급할 자율주행 플랫폼 개발을 완료하고 상용화한다는 계획이다. V 설립을 통해 현대자동차그룹은 운전자의 개입 없이 운행되는 레벨 4, 5(미국자동차공학회 SEA 기준) 수준의 궁극의 자율주행차를 조기에 시장에 선보임으로써 더 이상 '추격자'가 아닌 글로벌 자율주행 기술을 선도하는 '개척자'로서의 입지를 공고히 하겠다는 구상이다.

■ 2019년 9월 23일 현대자동차그룹-앱티브, 자율주행 S/W 전문 JV 설립 계약 체결

■ 2020년 3월 현대자동차그룹과 앱티브 합작사 모셔널(Motional)을 설립

■ 2021년 2월 23일 Motional, 레벨4 수준 '무인차 일반도로 자율주행' 인증

자율주행은 커넥티비티(Connectivity), 자율주행(Autonomous), 공유(Sharing), 전동화(Electrification) 등 'C.A.S.E.'로 대표되는 자동차 산업의 급속한 패러다임 변화 속에서 최고의 핵심 기술로 주목 받고 있다.

최근 빠르게 성장하고 있는 CaaS(Car as a Service ; 플릿, 리스 등)와 MaaS(Mobility as a Service ; 셰어링, 차량 호출 등), TaaS(Transportation as a Service ; 이동수단 서비스) 등 서비스 분야에서도 자율주행 기술과 연계해 무궁무진한 발전 가능성이 펼쳐질 것으로 예상된다.

가. 현대모비스

현대모비스(社)에서 생산하는 레이더는 MAR320, MAR110, MAR120으로 3가지의 레이더가 있다 각각의 작동영역과 특징이 다르다 그중 중거리 레이더는 주로 전방 레이더로 사용되고 단거리 레이더가 후 · 측방 레이더로 사용된다.

① 중거리 레이더(MRR)

중거리 레이더는 주로 전방에 사용하는 레이더로 현대모비스(社)에서는 CMOS RF 칩과 고속 FMCW가 장착되어 뛰어난 각도를 자랑한다. 높은 해상도로 물체를 감지하고 높이를 측정할 수 있으며 안전을 위해 NCAP 규정을 준수한다.

중거리 레이더는 MRR(Mid Range Radar)로 부르기도 하는데 77GHz의 주파수 영역을 사용하고 최대감지 범위는 근거리 40m, 원거리는 170m이며, 최대 감지각은 근거리 90°와 원거리 8°의 각을 가지고 있다.

중거리 레이더는 차간 거리유지 및 정속주행을 위한 SCC(Smart Cruise Control)기능과 전방 추돌 안전에 대한 FCA (Forward Collision-Avoidance Assist)기능을 위해 적용하고 차량의 가속과 감속을 자동으로 제공하여 차량과의 일정거리와 차속을 유지해 준다.

② 단거리 레이더(SRR)

단거리 레이더는 중거리 레이더와 마찬가지로 전방에 사용하는 레이더와 후방에 사용하는 레이더로 약간의 차이가 있지만 높은 해상도로 물체를 감지하고 높이를 측정하며 안전을 위해 NCAP의 규정을 준수하는 것은 동일하다.

단거리 레이더는 SRR(Short Range Radar)로 부르기도 하는데 현대모비스(社)의 경우 모델별로 약간의 차이가 있다. 먼저 MAR110은 79GHz의 주파수 영역을 사용하고 최대 감지 범위는 70m이며, 최대 감지각은 130°의 각을 가지고 있으며 주로 전 · 측방의 사물을 감지하기 위해 적용해 회피조향 보조기능이나 측방 접근차량과 교차 차량에 대한 안전을 확보하기 위해 장착되고 있다.

또 MAR120은 77GHz의 주파수 영역을 사용하고 최대감지 범위는 70m로 MAR110과 유사하지만 최대 감지각은 150°의 각을 가지고 있어 MAR110보다 범위가 조금 크다. 주로 후·측방의 사물을 감지하기 위해 적용해 BSD(Blind Spot Detection) 또는 BSW(Blind Spot Warning)시스템에 적용되어 차량의 후방영역 감시에 사용되고 있다.

나. 만도

현대자동차와 기아자동차에 적용된 레이더는 주로 만도(社)와 현대모비스(社)사의 제품으로 만도(社)의 레이더의 경우 현대모비스(社)와 동일한 주파수인 77GHz의 레이더를 사용하고 있다.

① 중거리 레이더(MRR)

만도(社)의 중거리 레이더 MRR-20은 2세대 제품으로 77GHz의 전파를 발생한다. 최대감지 범위는 근거리 60m, 원거리는 200m이며, 최대 감지각은 근거리 45°와 원거리 10°의 각을 가지고 있다. 현대모비스(社) 제품과 비교하면 제원상으로는 감지거리가 다소 길지만 감지각이 조금 협소하다.

② 단거리 레이더(SRR)

만도(社)의 경우 현대모비스(社)와 달리 중거리와 장거리 레이더만을 생산하고 있다. 만도(社)의 레이더는 LRR-10, LRR20, LRR-25, MRR-20, MRR-30 5가지 모델로 단거리 레이더는 더 이상 생산하지 않는 것으로 보인다.

마. 델파이

기본적으로 사용하는 주파수는 다른 제작사들과 다르지 않으나 델파이(社) 레이더는 중장거리 레이더인 ESR9.2121과 ESR 2.5으로 중거리 영역은 60m 장거리 영역은 200m의 감지영역을 가지고 있다. 후·측방에 장착되는 단거리 레이더는 SRR로 감지거리는 70m이며 일부차량에 장착되었다.

라. APTIV

현대자동차그룹과 APTIV(社)가 합자법인을 설립하는 시점을 전후로 출시된 차량에 적용되기 시작하였는데 단거리 레이더와 중거리 레이더 위주로 장착되고 있다.

SRR6와 감지범위를 두배로 늘리는 등 더 향상된 SRR6+ 그리고 자동즈차와 (driver out of the loop)와 같은 고도로 자동화된 SRR6 HD가 있다.

3.2.2 수입 자동차

수입 자동차의 경우에도 국산 자동차와 크게 다르지 않는데 이는 자동차 ADAS 기술이 대부분 유사하기 때문이다. 수입 자동차의 경우 레이더의 제작사가 다양하게 적용되어 있는데 레이더를 제작하는 회사는 보쉬(社)사와 델파이(社), 콘티넨탈(社), 이래(社) 등으로 다양하게 적용되어 있다.

자동차 제조사에 따라 차이가 있기도 하지만 근본적인 것은 레이더의 제작사에 따라 시스템이 달라지는데 이는 레이더를 정비시 자동차의 제조사가 아닌 레이더의 제작사에 따라 어댑테이션이나 코딩 등의 작업방법이 달라지기 때문이다.

후 · 측방 레이더는 대부분의 자동차가 차량의 뒷 부분 코너에 각각 장착되어 있는데 차량에 따라서는 뒤 쿼터 패널 하단에 장착되어 있거나 뒷 범퍼에 장착되어 있다. 우리나라 자동차의 경우 현대자동차와 기아자동차로 대부분의 차량이 뒤 쿼터패널에 장착되어 있으며 전방 레이더와 달리 타겟을 이용한 보정을 하지 않는 것이 특징이다.

1) 후 · 측방 레이더 장착위치

그림 3-9에서 보는 것과 같이 국산차량의 경우 후방 쿼터 패널 아래 장착되어 있는 차량이 많지만 수입차량의 경우 뒷 범퍼 내 브라켓에 레이더가 장착되는 경우가 많다. 그로 인하여 범퍼가 장착된 상태에서 후 · 측방 레이더의 보정작업이 필요하다.

수입차량도 국산차량과 마찬가지로 범퍼가 장착된 상태에서는 후 · 측방 레이더가 장착되었음을 쉽게 외관상으로는 쉽게 구분할 수 없는데 이는 전방 레이더와 달리 후 · 측방 레이더의 특성에 의해 눈에는 보이지 않지만 레이더는 전파(Electromagnetic wave)를 발생하는데, 레이더의 방사면에서 RF(Radio Frequency)영역의 주파수로 방출한다.

그림 3-9 벤츠 W205 후 · 측방레이더

후 · 측방 레이더에서 방출되는 전자파는 사물에 의해 반사되어 돌아와야 하는데 차량의 범퍼 내 · 외부에 부착된 이물질로 인하여 오작동이 발생하는데 레이더의 전파를 방해할 수 있는 모든 부분이 오류를 일으킬 수 있는데 기본적으로 외부의 문제로는 범퍼 외관의 스크레치와 범퍼 보수를 하면서 퍼티를 도포하거나 외부에 스티커 부착 등이 레이더의 전파를 방해해 오류를 일으키므로 주의해야 한다.

그림 3-10 AUDI A6 C8 후 · 측방 레이더

3.3 차량별 차체수리 및 코딩

자동차 운행을 하는 중에 교통사고는 당연히 발생할 수 있는데 후측방 레이더가 장착된 차량은 ADAS BCW와 BCA와 같은 충돌방지 기능이 있어 후방 충돌에 대한 사고가 흔치 않을 거라 생각되지만 모든 차량이 이러한 ADAS 기능이 적용된 것이 아니기에 ADAS 기능이 없는 차량과의 충돌 등의 형태로 사고가 발생할 수 있다.

후 · 측방 레이더가 장착된 차량에서 다양한 이유로 인해 뒷 범퍼와 백 패널과 리어 쿼터 패널 등의 손상으로 인해 차대에 손상이 발생하고 그에 따라 후 · 측방 레이더 어댑테이션 등의 코딩 작업이 필요하게 된다. 자동차 제작사 또는 레이더의 제작사에 따라 코딩에 필요한 장비는 다양하지만 기본적으로 스캔툴이 반드시 필요하다.

3.3.1 국산 자동차

국산 자동차 제작사인 현대 · 기아자동차에는 주로 현대모비스(社)와 만도(社)에서 생산된 레이더가 적용되어 있는데, 동일한 제조사의 레이더가 장착되어 있어도 레이더 버전에 따라 사양이 다르다. 특히 메인 또는 마스터 레이더와 서브 또는 슬리브 레이더로 구분되므로 각각의 특징을 이해하고 제조사에 따라 좌 또는 우로 구분되기에 주의해야 하는데 차량의 메인통신 'C-CAN'과 연결된 모듈이 마스터이므로 회로도를 보고 구분하면 되겠다.

후 · 측방 레이더의 경우 이제는 많은 차량에 적용되어 있어 장착되지 않은 차량을 찾기가 힘들어지는데 최근 출시된 차량일 수 록 APTV(社) 제품이 많이 장착되고 있는데, 'Core'와 'Plus' 그리고 'Pro' 3가지 제품을 생산하는데 'Core'는 ADAS 기본적인 기능을 제공하고, 'Plus'는 자율주행 Level 2 수준의 코너 레이더 센서이고, 'Pro'는 자율주행 Level 3과 4 수준의 기능을 지원해 주는 레이더로 국산 차량에 적용돼 전 · 측방 레이더와 마찬가지로 후 · 측방에 'Plus' 제품이 적용되고 있다.

1) 차체수리

후 · 측방 레이더가 장착된 차량은 기본적으로 차량의 차체수리부분은 크게 다르지 않지만 레이더의 정렬과 코딩을 위해서는 레이더가 장착된 부분의 차체수리에 더욱 신경써야 하는데 많은 국산차량이 차체에 후 · 측방 레이더가 장착되어 있어 더욱 더 차체수리가 매우 중요하다고 할 수 있다.

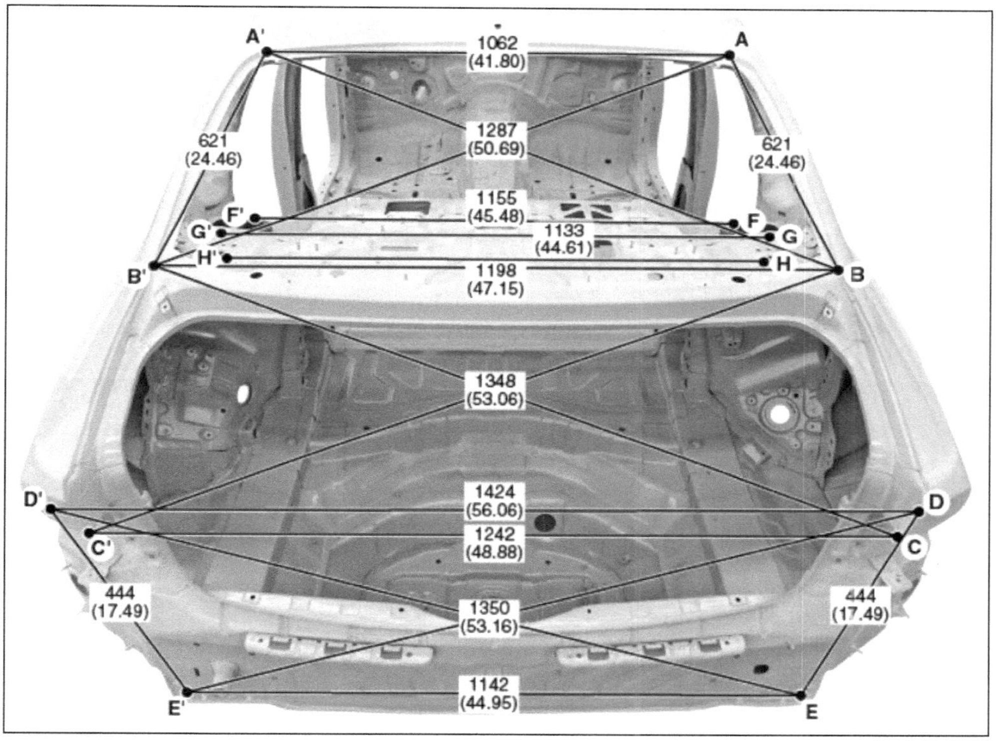

그림 3-11 차체 치수
(출처: 현대자동차 GSW https://gsw.hyundai.com/)

차체에 레이더가 장착되므로 그림 3-11에서 보는 것과 같이 차체의 치수가 정확하게 판금작업이 이루어지고 패널의 직각도 등을 잘 맞추어야 한다. 또 후 · 측방 레이더의 고정 브라켓이 철재인 경우 재 사용시 브라켓의 변형에 대한 판단을 잘해야 하는데, 이는 작은 변형으로 후 · 측방 레이더가 코딩이 정상적으로 되지 않을 수 있기 때문이다.

그림 3-12 백패널 판금

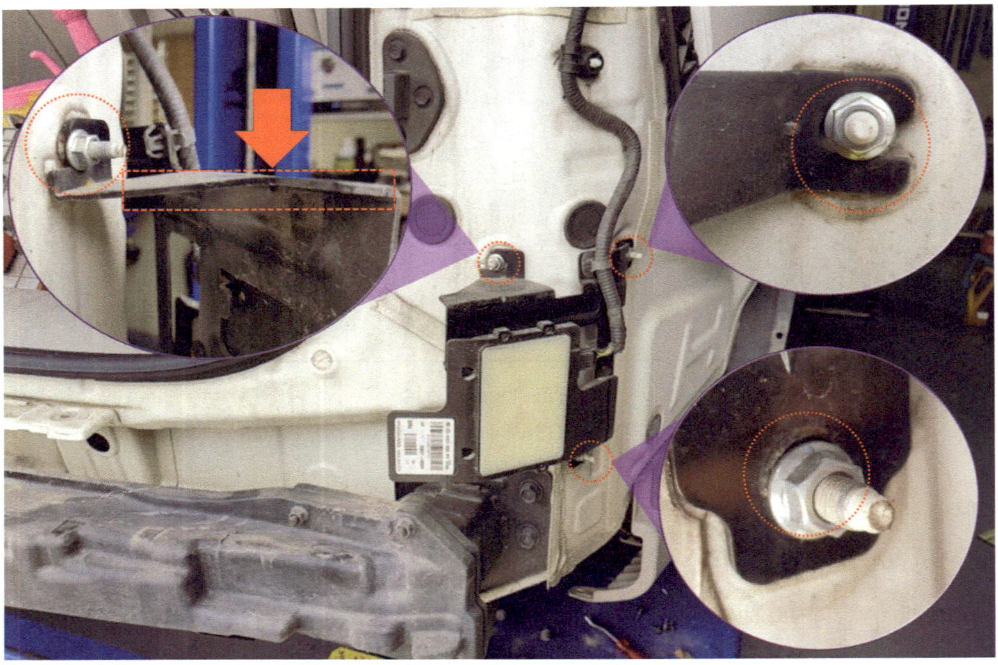

그림 3-13 후 · 측방 레이더 브라켓 변형

그림 3-14 후 · 측방 레이더 브라켓 수정

후 · 측방 레이더 고정 브라켓이 플라스틱으로 된 차량의 경우 브라켓이 파손되거 나 변형되면 수정이 어려워 교환을 원칙으로 하되 차량에 따라 그정 브라켓이 별도로 공급되는 경우 브라켓만을 교환하고 부득이한 경우는 후 · 측방 레이더와 함께 교환해야 한다.

이러한 후 · 측방 레이더 브라켓이 플라스틱 재질로 인해 레이더가 장착될 백패널 등의 변형이 없거나 완벽하게 복원되어야 하는데 물론 철제 브라켓을 사용하는 레이더도 동일하지만 필요에 따라서는 철제 브라켓은 레이더 설치 각도에 따라 약간의 수정을 할 수 있지만 플라스틱 재질의 브라켓을 사용하는 레이더는 백 패널의 판금을 통해 레이더의 각도를 설정할 수 밖에 없다.

후 · 측방 레이더의 정확한 코딩을 위해서 백 패널을 복원 후 정상적으로 복원되었는지 후 · 측방 레이더와 브라켓을 패널에 장착하고 차량의 정비지침서를 참고해 후 · 측방 레이더의 각도를 측정해 레이더가 기준각도로 설치가 되었는지 확인한다.

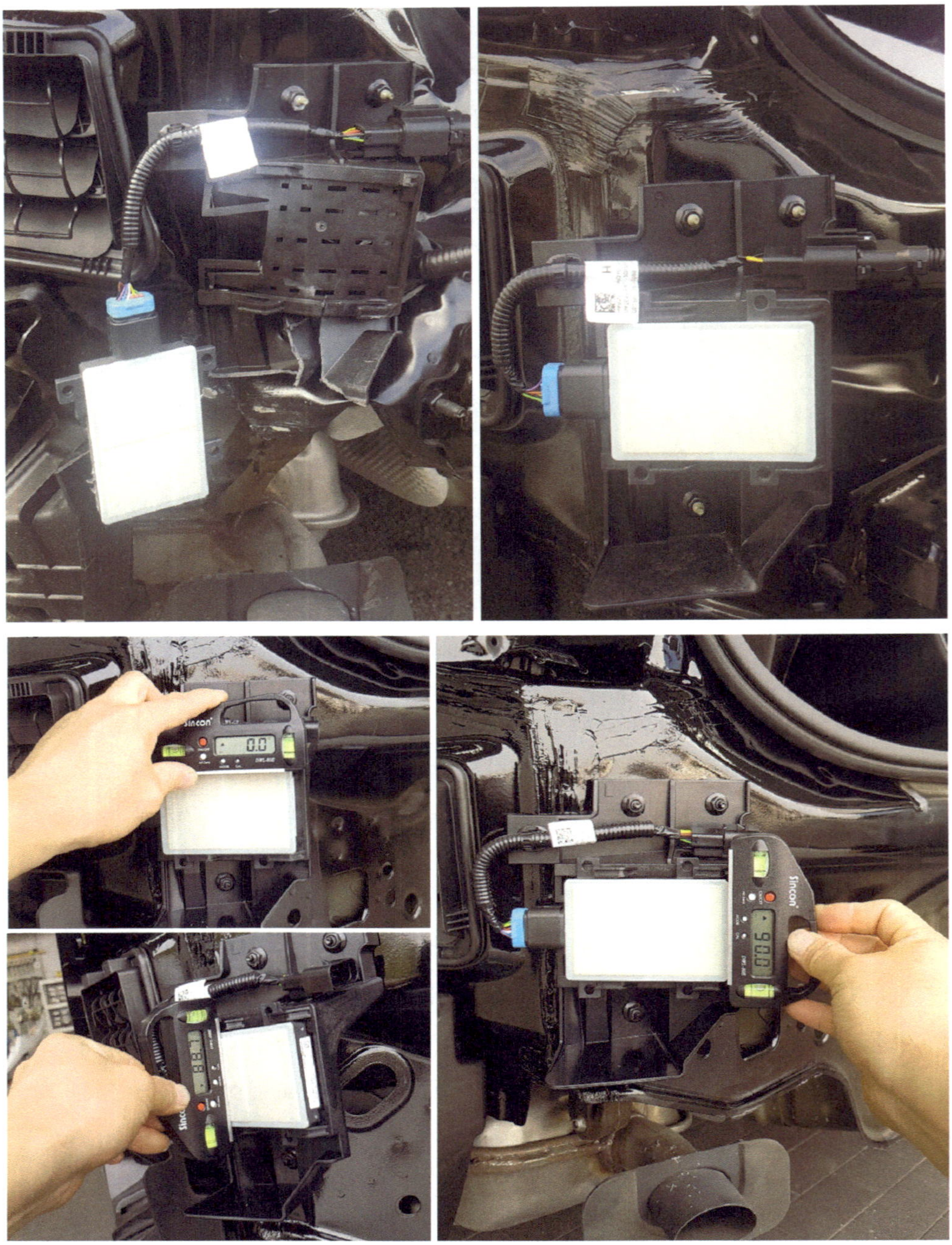

그림 3-15 백 패널 복원 및 후·측방 레이더 각도 측정

그림 3-15에서 보는 것과 같이 백 패널을 복원 후 디지털 각도계를 이용해 후·측방 레이더가 정상적으로 장착되었는지 확인하고 정상적으로 설치되면 코딩을 실시한다.

2) 코딩

후 · 측방 레이더의 코딩을 위해서는 제조사별로 특징이 다르기 때문에 해당차량에 적용되어 있는 레이더의 제조사를 확인해야 한다.

가. 차체 부착형

현대자동차를 기준으로 모비스(社) 후 · 측방 레이더가 적용된 차량은 아이오닉(AE), LF 쏘나타, 싼타페 DM, 맥스크루즈, 투싼(TL), G70(IK) 등에 적용되어 있는데 차량이 사고로 인해 후 · 측방 레이더를 탈착하고 재 장착한 경우 또는 후 · 측방 레이더를 교환하거나 시스템에서 보정을 요구하는 경우 등 후 · 측방 레이더 브정 또는 센서정렬 다르게는 센서 얼라이먼트, 어댑테이션으로 표현하는 코딩을 실시해야 한다.

① 사전준비

후 · 측방 레이더의 보정을 위해서는 차량에 후 · 측방 레이더가 정상적인 각도로 장착되어 있어야 한다. 그래서 후 · 측방 레이더가 바로 장착됨을 가장 우선적으로 확인해야 한다. 차량이 사고로 인해 후 · 측방 레이더의 보정이 필요한 경우 뒷 범퍼를 장착하기 전에 후 · 측방 레이더를 보정하고 뒷 범퍼를 장착한다. 즉 보정을 위해서는 범퍼가 탈착된 상태에서 진행한다.

○ 차량 설정

진단기를 이용해 코딩을 실시하기 전 차량에 장착된 후 · 측방 레이더의 장착상태를 확인후 레이더 보정을 위한 타겟을 준비하고 설치해야 한다.

그림 3-16은 현대 모비스(社) 후 · 측방 레이더의 보정을 위한 타겟으로 레이더 모듈 내부에는 수평각도를 자체적으로 보정할 수 있는 시스템이 내장된 경우가 있지만 수직각도의 경우 보정기능이 업다 그에 따라 수직각도가 맞지 않으면 경고 등이 발생하게 되는데 차량에 따라서는 보정이 되지 않기도 한다.

일반적으로 스캔툴을 이용해 보정을 초기화하고 이후 차량의 주행을 통한 자동보정을 실시하는데 보정 초기화시 후 · 측방 레이더가 정상각도로 장착되어 있지 않으면 보정이 완료되지 않거나 주행보정 단계에서 보정 실패라는 메시지가 발생할 수 있다 그래서 차량의 백 패널 또는 뒷 범퍼 수리 후 후 · 측방 레이더가 정상적으로 장착되었는지 우선적으로 확인한다.

그림 3-16 현대 모비스 후 · 측방 레이더 각도 측정 툴

그림 3-16의 ⓐ는 디지털 각도계로 차량의 중심의 연장선과 후 · 측방 레이더의 장착 연장선의 장착 각도의 측정에 사용하고, ⓑ는 차량의 중심점을 찾기위해 차량의 전면 로고의 중심을 바닥에 차량전면 센터점을 표시하고, 차량의 후면 로고 중심점에서 바닥에 차량후면 센터점을 표시해 이 두 선을 ⓒ의 실을 이용해 두 선을 이어 차량의 뒤로 약 2m 가량 연장한다. 이 실은 멀티 레벨레이져를 대신 활용하여도 무방하다.

ⓓ는 후 · 측방 레이더의 수직과 수평각도를 측정하기 위한 디지털 수직수평 각도계로 레이더가 장착된 상태에서 수직과 수평각도를 측정한다. ⓔ는 후 · 측방 레이더에 ⓕ의 수평레이저를 장착하기 위한 고정어댑터로 차량의 중심선과 후 · 측방 레이더의 장착 연장선이 마주치는 부분의 각도를 측정하기 위해 디지털 각도계로 측정한다.

이렇게 측정된 각도가 차량의 제원에 맞지 않는 경우 차체 패널상태를 확인하고 필요시 후 · 측방 레이더의 고정 브라켓 후단에 와셔를 덧대어 정비매뉴얼 값으로 조정한다.

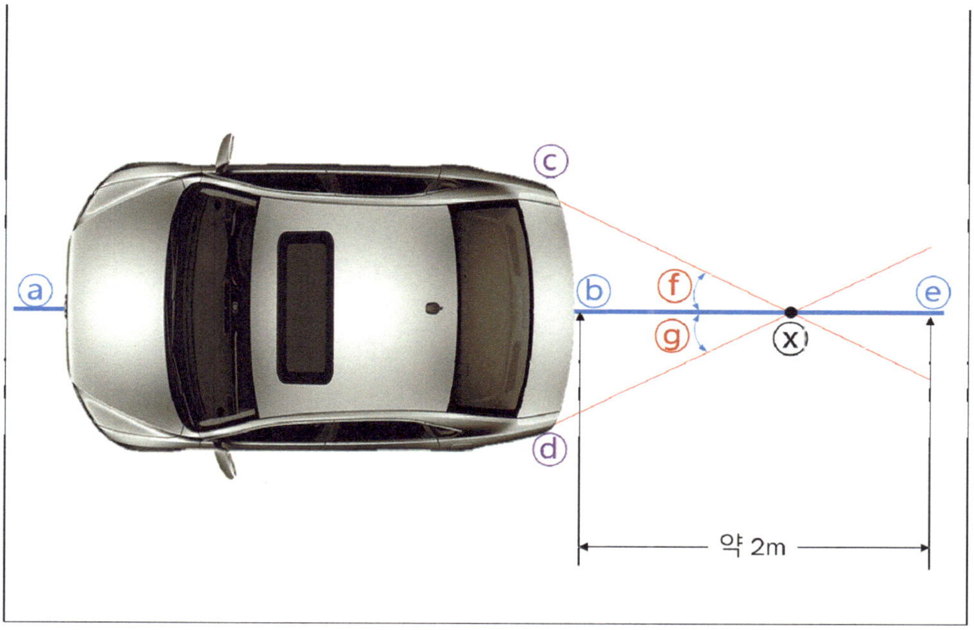

그림 3-17 후 · 측방 레이더 설치각도 측정

그림 3-17은 후 · 측방 레이더의 설치각도를 측정하기 위한 준비사항으로 차량의 전면 중심점 ⓐ와 차량의 후면 중심점 ⓑ를 먼저 바닥에 표시하고 실을 이용해 ⓔ지점까지 추가로 약 2m정도 연장시킨다. 그리고 ⓒ에 위치한 후 · 측방 레이더에 고정 어댑터를 설치하고 수평레이져를 장착해 레이저의 빛이 바닥으로 향하도록 맞춰준다. 그러면 차량의 중심선 연장부분과 레이더의 장착각에 대한 연장선이 만나는 ⓧ점이 생기고 그에 따라 각도를 측정하면 되는데 디지털 각도계를 이용해 ⓕ지점의 각을 측정하면 되겠다. 물론 반대쪽 각을 측정해도 값은 동일하다.

이렇게 측정된 값이 기준값에 맞지 않으면 후 · 측방 레이더가 장착된 쁘 패널의 판금이 정상적으로 이루어 졌는지 확인하고 차체의 변형을 복원하고 또 후 · 측방 레이더 고정 브라켓의 변형을 확인하고 변형이 있는 경우 수정하고 수정이 불가능 한 경우 고정 브라켓을 교환한다. 이러한 과정이 모두 수행했음에도 불구하고 레이더의 장착각이 맞지 않으면 고정 브라켓의 볼트체결 부 뒤에 와셔를 넣어 각도를 조절한다.

동일한 방법으로 반대편 후 · 측방 레이더에 고정 어댑터를 설치하고 장착각을 측정 후 조정한다.

그림 3-18 후·측방 레이더 설치각도 측정 2

② 스캔툴 코딩

후 · 측방 레이더가 정상적으로 부착된 상태에서 스캔툴 진단기를 이용해 부가기능에 진입 후 코딩을 진입할 수 있는데 후측방 경보 및 방지 보조, 후방 교차 충돌경보 및 방지 보조, 안전하차 보조 등의 기능을 설정할 수 있는 배리언트 코딩과 레이더의 정렬상태를 보정하는 기능으로 구분된다.

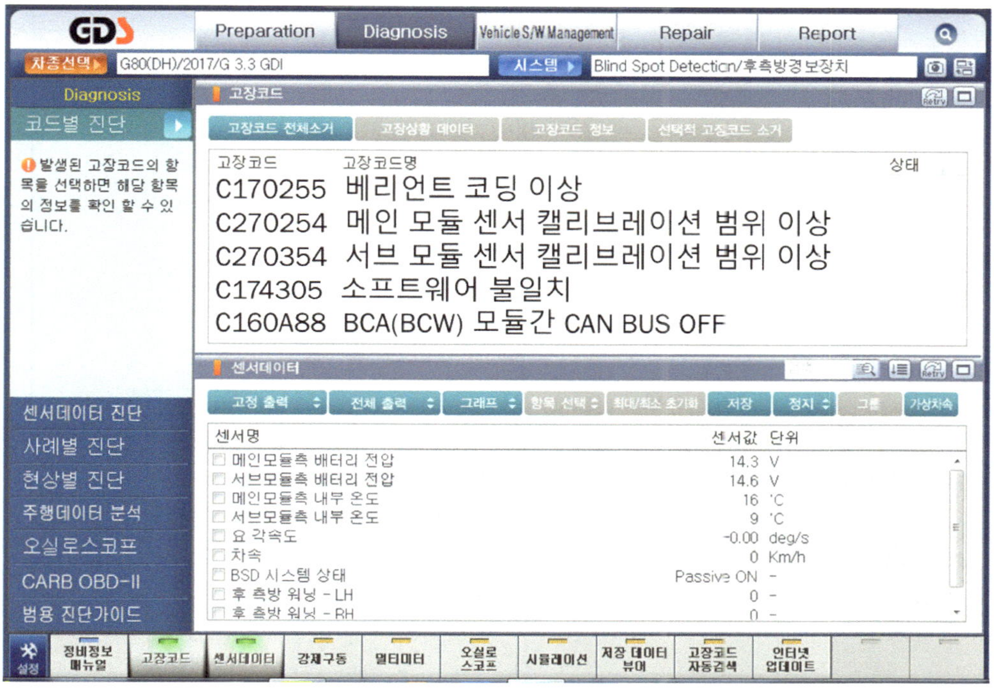

그림 3-19 후 · 측방 레이더 고장코드

그림 3-19는 후 · 측방 레이더와 관련된 다발생 고장코드로 이 고장코드들을 기준으로 살펴보자.

■ 배리언트 코딩

그림 3-19에서 'C170255 배리언트 코딩 이상'이라는 고장코드를 볼 수 있는데 이 고장코드는 새로운 모듈을 교환하고 차량에 맞는 사양설정이 입력되지 않은 경우에 발생하는 고장코드로 신품의 모듈을 교환 후 반드시 실시해야 한다.

배리언트 코딩은 그림 3-20에서 보는 것과 같이 스캔툴을 이용해 부가기능에서 사양

설정기능으로 실시하면 된다.

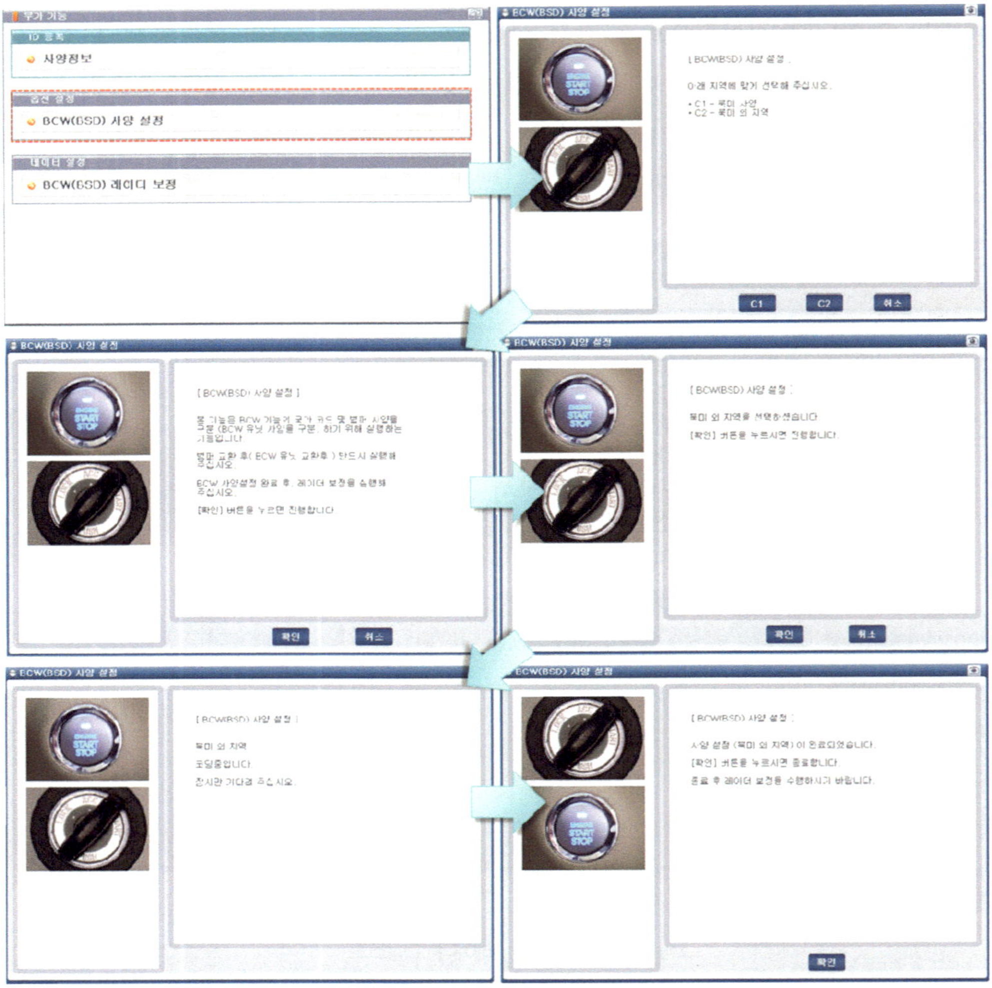

그림 3-20 후·측방 레이더 배리언트 코딩(사양설정)

■ 캘리브레이션(보정)

그림 3-19에서 'C170254 메인 모듈 캘리브레이션 범위 이상'과 'C270354 서브 모듈 센서 캘리브레이션 범위 이상'은 차량이 정상적으로 운행도중에 발생하는 경우는 거의 없으며 대부분 후면의 사고수리 후 발생하는데 후·측방 레이더를 교환하고 캘리브레이션인 보정작업을 실시하지 않았거나 사고로 인해 후·측방 레이더의 장착위치가 틀어지면서 발생한다.

레이더 보정을 하지 않아 발생한 경우라면 보정을 하면 마무리 되지만 레이더의 장착위치가 틀어진 경우는 보정을 실시해도 해결되지 않는다. 그래서 보정을 실시해서 정상적인 운행이 불가능하다면 레이더의 장착위치를 반드시 확인해야 한다.

그림 3-21과 같이 보정을 실시하고 추가적으로 차량을 주행하면서 보정을 해야하는 차량이 있는데 정차상태에서 보정이 완료되었다고 해도 주행보정에서 오류가 발생하면 레이더의 장착상태를 확인하고 수정해 다시 보정을 실시한다.

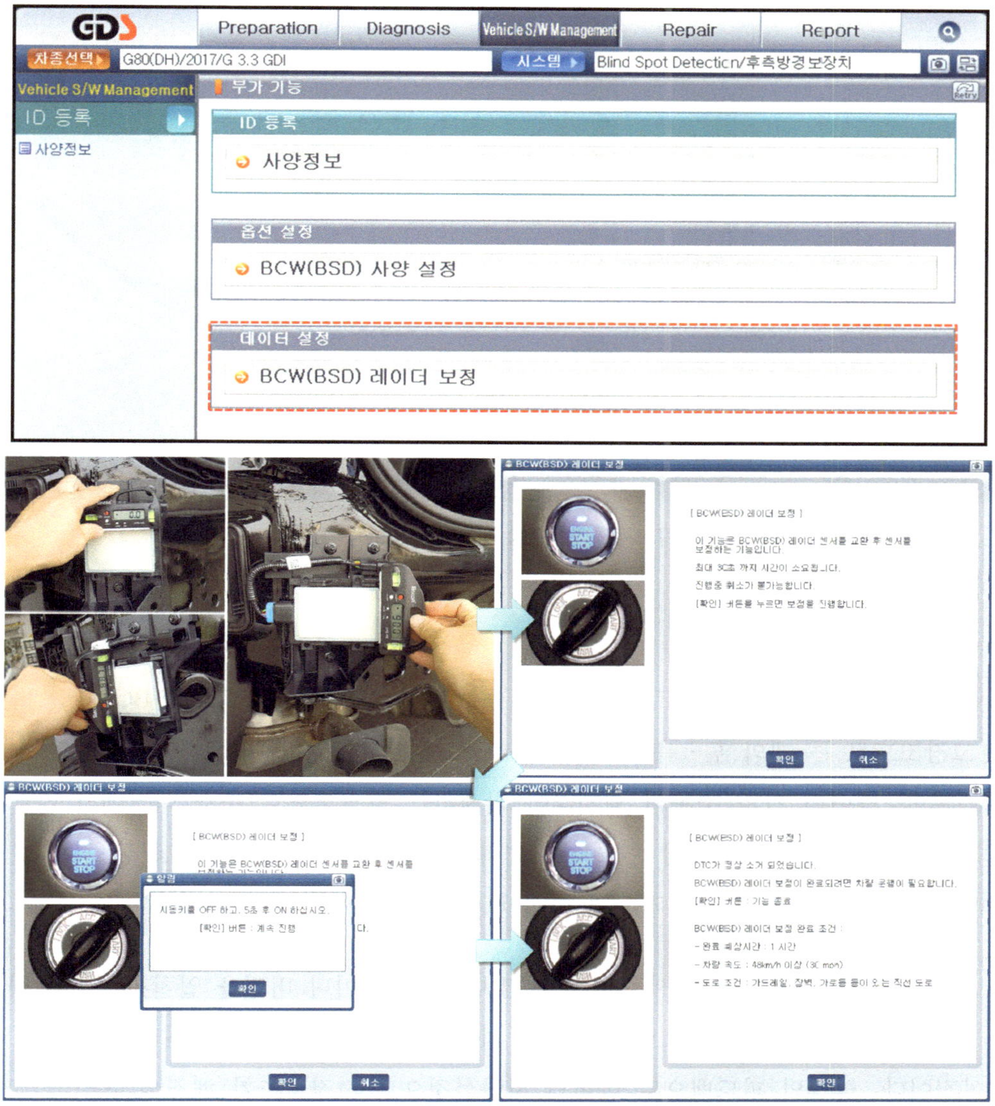

그림 3-21 후 · 측방 레이더 캘리브레이션(보정)

정차보정을 마치면 차량을 운행하면 보정하는 주행보정이 필요한데 차량에 따라 다소 차이는 있지만 일반적으로 50km/h 이상의 속도를 유지하고 가급적 한산한 가드레일과 장벽 그리고 가로등 등이 있는 직선도로를 선택해야 한다. 보통 10~20분 이내에 주행보정이 완료되지만 도로 여건에 따라서 최대 1시간 가까이 소요될 수 있어 도로의 선택이 중요하지만 차량에 장착된 후 · 측방 레이더의 장착각이 문제가 있다면 보정에 실패하고 많은 시간을 낭비할 수 있어 다소 귀찮아도 범퍼를 탈거해 후 · 측방 레이더의 장착상태를 잘 확인해야 하겠다.

그림 3-22 후 · 측방 레이더 주행보정

■ 소프트웨어 버전

그림 3-19에서 'C17305 소프트웨어 불일치'는 ADAS 시스템 중 BCW & BCA에만 나타나는 고장코드로 두 개의 후 · 측방 레이더가 서로 서로 다른 버전으로 코딩되어 있어 서로 후 · 측방 레이더 간의 소통이 되지않아 발생하는 고장코드로 주로 현장에서 발생하는 경우는 사고로 인해 두 개의 후 · 측방 레이더 중 하나만 신품으로 교환한 경우 발생하거나 중고로 하나만 교환한 경우에 다발생하고 있다.

두 개의 후 · 측방 레이더가 서로 버전이 맞이 않는 것이니 버전을 일치시켜주면 해결되는 고장코드로 가장 기본적으로 실시해야 하는 것은 앞에서 살펴본 배리언트 코딩 즉 사양설정이다. 현장의 피드백으로 한번의 사양설정으로 고장코드가 해결되지는 않고 여러차례 배리언트 코딩을 통해 해결한 경우가 대부분이다.

간혹 배리언트 코딩만으로 해결되지 않는 경우도 발생하고 있는데 이때는 부득이하게 동일한 버전으로 신품 또는 중고품으로 두 개의 후·측방 레이더를 교환해야 한다.

그림 3-23 후·측방 레이더 마스터와 슬리브 버전

그림 3-23은 후·측방 레이더의 마스터와 슬리브에 대한 버전으로 먼저 두 개의 후·측방 레이더 중 마스터와 슬리브를 구분할 수 있어야 한다. 외관상 유사하게 생겨 간혹 현장에서 혼용하여 오조립하는 경우도 많이 발생하고 있기에 주의해야 하는데, 구분하는 방법은 차량의 C-CAN 또는 P-CAN에 직접연결된 후·측방 레이더 도듈이 마스터 또는 메인 모듈로 차량의 회로도를 보면 쉽게 판단할 수 있다.

대부분의 국산 자동차에 적용된 만도(社)와 현대 모비스(社) 그리고 APTIV(社) 후·측방 레이더는 조수석(RH)에 장착된 후·측방 레이더가 마스터 또는 메인이고, 델파이사의 경우 운전석(LH)에 장착된 후·측방 레이더가 마스터이다.

현대 모비스(社) 후·측방 레이더가 장착된 차량은 아이오닉(AE), LF쏘나타. G70 등이 있고, 만도(社) 후·측방 레이더가 장착된 차량은 G80(DH), 그랜져(HG), 코나(OS) 등이 있고, 델파이(社) 후·측방 레이더가 장착된 차량은 EQ900(HI), 그랜져(IG) 등이 있으며, APTIV(社) 후·측방 레이더가 장착된 차량은 G80(RG3), GV80(JX1), GV70(JK1) 등이 있다.

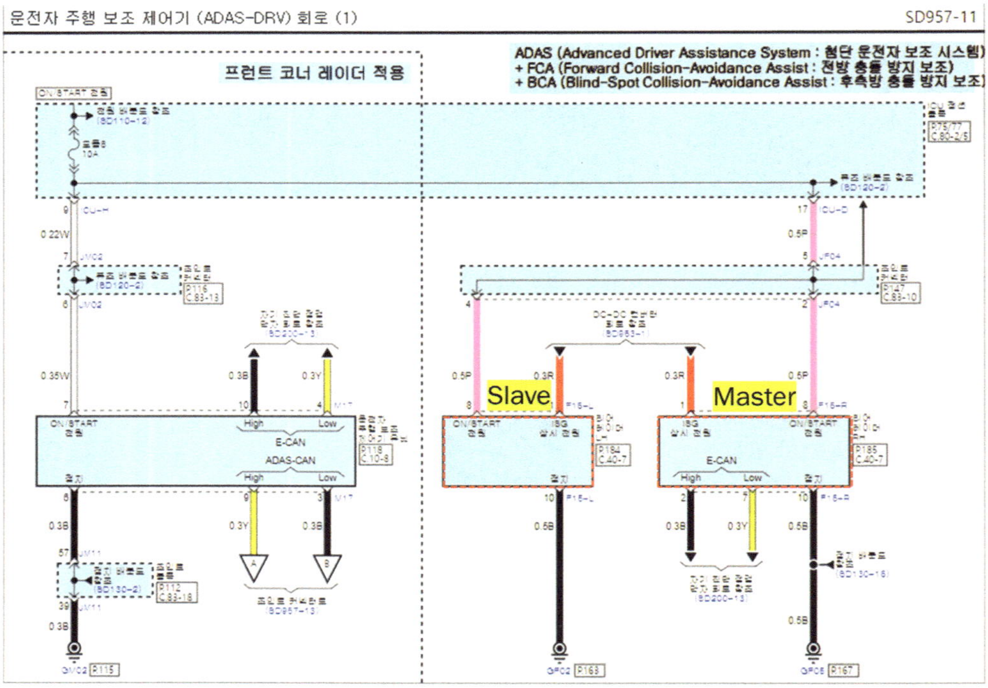

그림 3-24 후·측방 레이더 마스터와 슬리브 버전

■ CAN BUS OFF

그림 3-19에서 'C160A88 BCA(BCW) 모듈간 CANBUS OFF' 고장코드는 두 개의 모듈간 L-CAN 통신의 문제로 회로의 단선·단락 또는 모듈의 문제가 있을 수 있는데 이 부분도 차량의 사고로 인해 발생하는 경우가 대부분이며 정상적인 주행 중 발생하는 빈도는 적다.

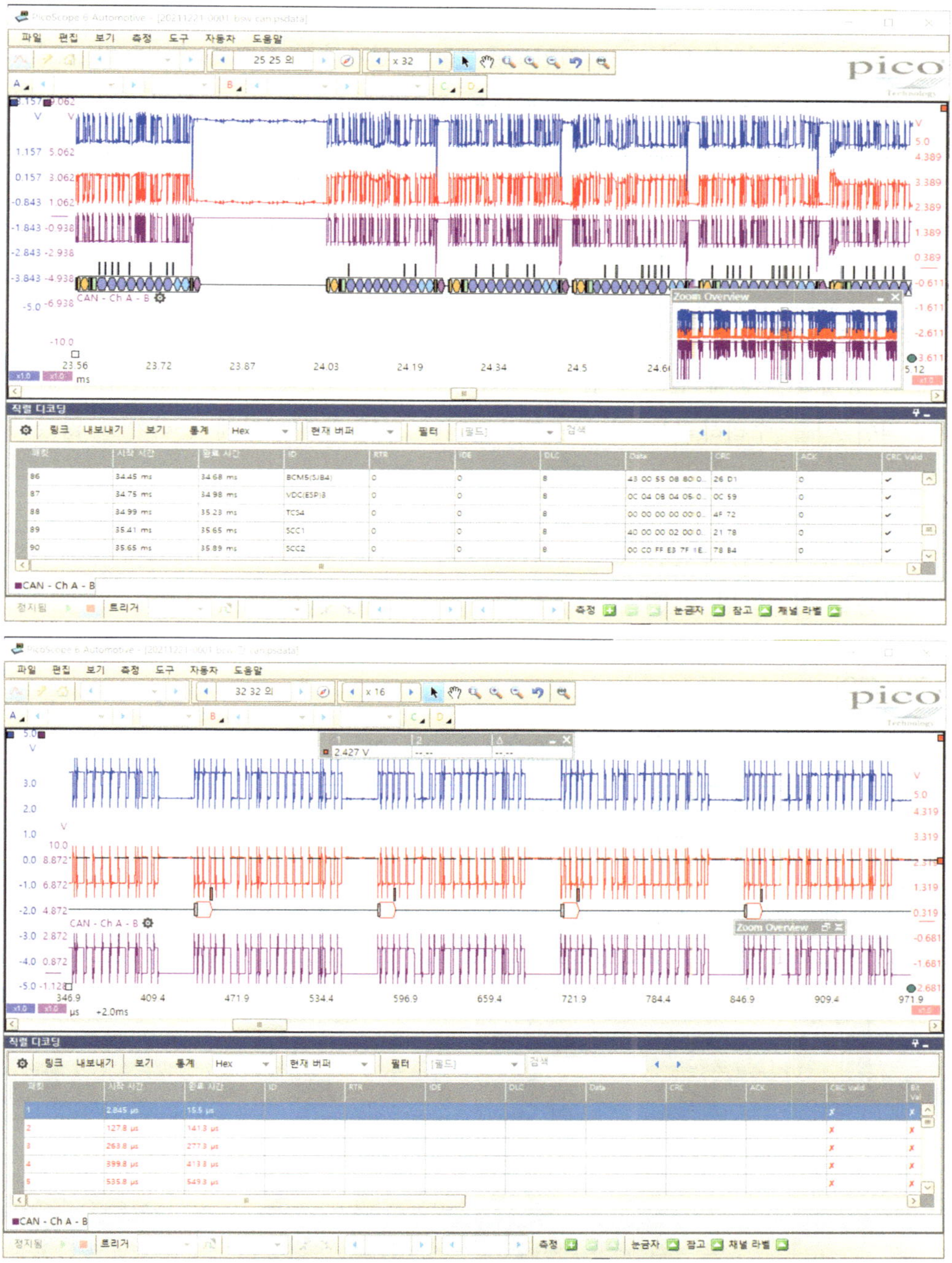

그림 3-25 후 · 측방 레이더 C-CAN 및 L-CAN

그림 3-25는 상단은 후 · 측방 레이더의 C-CAN 파형을 측정한 것이고 하단은 L-CAN 파형을 측정한 것이다. 후 · 측방 레이더 간의 통신이 문제가 되는 경우는 L-CAN을 측정

해 모듈간의 통신상태를 확인하여 수리하면 되고, C-CAN 또는 P-CAN의 문제가 발생한 경우 후·측방 레이더 마스터 또는 메인모듈에서 통신파형을 측정해 수리하면 된다. 최근에는 ADAS 제어기가 장착됨에 따라 별도의 통신라인을 구축하고 있어 통신라인별로 구분해 점검하고 수리하면 되겠다.

나. 범퍼 부착형

후·측방 레이더가 범퍼에 장착된 차량의 경우 기본적으로 후·측방 레이더의 각도를 측정하는 것이 불가능하다. 그나마 범퍼의 조립상태를 육안으로 구분해 잘못 장착되거나 파손된 상태를 구분해 필요시 범퍼를 교환하고, 후·측방 레이더의 장착위치에 범퍼가 파손되어 이를 수리하면서 퍼티를 도포하거나 도막이 과도하게 올라가지 않았는지 확인이 필요하다.

그 외 코딩과 관련된 부분은 앞에서 살펴본 차체 부착형과 다르지 않으니 차체부착형의 코딩부분을 참고하면 되겠다.

3) 기능확인

보정이 완료되면 그림 3-26과 같이 RCCA와 BCA의 정상작동 여부를 확인한다.

그림 3-26 RCCA & BCA 작동점검

3.3.2 수입 자동차

수입차량의 경우 앞에서 살펴본 국산차량과 크게 다르지 않지만 보정에 필요한 타겟이 적용되는 경우가 있고 조금 더 복잡한 특징을 가지고 있다. 동일한 제조사의 레이더가 장착되어 있어도 레이더 버전에 따라 사양이 다르다. 특히 메인 또는 다스터 레이더와 서브 또는 슬리브 레이더로 구분되므로 각각의 특징을 이해하고 제조사에 따라 좌 또는 우로 구분되기에 주의해야 하는데, 차량의 메인통신 'C-CAN'과 연결된 모듈이 마스터이므로 회로도를 보고 구분하면 되겠다.

후·측방 레이더가 장착된 차량에서 다양한 이유로 인해 뒷 범퍼와 백 패널과 리어 쿼터 패널 등의 손상으로 인해 차대에 손상이 발생하고 그에 따라 후·측방 레이더 어댑테이션 등의 코딩 작업이 필요하게 된다. 자동차 제작사 또는 레이더의 제작사에 따라 코딩에 필요한 장비는 다양하지만 수입차의 경우 국산차와 달리 스캔툴과 보정타겟이 반드시 필요하다.

1) 차체수리

후·측방 레이더가 장착된 차량은 기본적으로 차량의 차체스리부분은 크게 다르지 않지만 레이더의 정렬과 코딩을 위해서는 레이더가 장착된 부뷴의 차체수리에 더욱 신경써야 하는데 수입차량도 차체에 후·측방 레이더가 장착되어 있는 비중이 높고 범퍼에 장착된 차량도 차체 범퍼가 잘 고정되어야 후·측방 레이더의 장착각도가 정확하므로 차체수리가 매우 중요하다고 할 수 있다.

차량이 사고로 인하여 리어 백 패널 또는 쿼터패널이 손상도면 패널의 교환 또는 복원을 해야 하는데, 이때 차량의 제작사에서 제공한 차체치수를 이용해 차체 패널의 복원을 실시하고 차체복원이 어려운 경우 차체를 절단해 교환한다. 최근 출시된 차량 중 차량의 무게를 줄이기 위해 차체를 철제를 사용하지 않고 알루미늄을 사용하는 경향이 있는데 기존의 차체수리시 보다 더욱 실러를 이용한 방수와 방청부분을 신경써서 처리해야 하겠다.

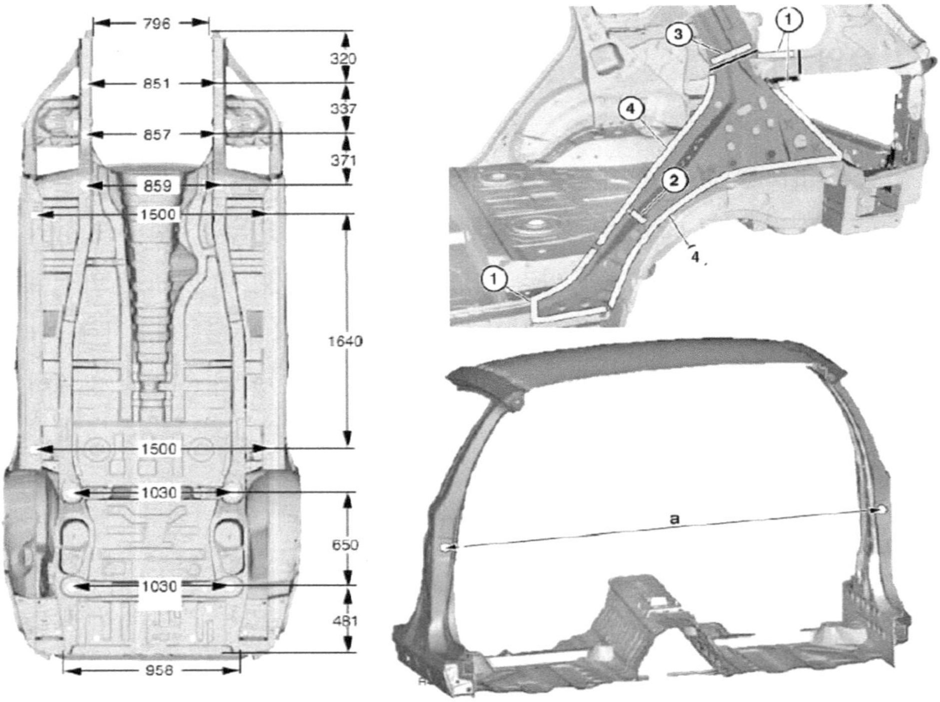

그림 3-27 차체 치수 (출처: https://www.bimmer-service.com)

차체에 후·측방 레이더가 장착되므로 그림 3-27에서 보는 것과 같이 차체의 치수가 정확하게 판금작업이 이루어지고 패널의 직각도 등을 잘 맞추어야 한다. 또 후·측방 레이더의 고정 브라켓이 철재인 경우 재 사용시 브라켓의 변형에 대한 판단을 잘해야 하는데, 이는 작은 변형으로 후·측방 레이더가 코딩이 정상적으로 되지 않을 수 있기 때문이다.

후·측방 레이더 고정 브라켓이 플라스틱으로 된 차량의 경우 브라켓이 파손되거 나 변형되면 수정이 어려워 교환을 원칙으로 하되 차량에 따라 고정 브라켓이 별도로 공급되는 경우 브라켓만을 교환하고 부득이한 경우는 후·측방 레이더와 함께 교환해야 한다. 이러한 후·측방 레이더 브라켓이 플라스틱 재질로 인해 레이더가 장착될 백패널 등의 변형이 없거나 완벽하게 복원되어야 하는데 물론 철제 브라켓을 사용하는 레이더도 동일하지만 필요에 따라서는 철제 브라켓은 레이더 설치 각도에 따라 약간의 수정을 할 수 있지만 플라스틱 재질의 브라켓을 사용하는 레이더는 백 패널의 판금을 통해 레이더의 각도를 설정할 수 밖에 없다.

그림 3-28 캐딜락 XT5 백패널 판금

그림 3-29 BMW F30 백 패널 복원 및 후 · 측방 레이더 장착확인

후 · 측방 레이더의 정확한 코딩을 위해서 백 패널을 복원 후 정상적으로 복원되었는지 후 · 측방 레이더와 브라켓을 패널에 장착하고 차량의 정비지침서를 참고해 후 · 측방 레이더의 각도를 측정해 레이더가 기준각도로 설치가 되었는지 확인한다. 그림 3-29에서 보는 것과 같이 후 · 측방 레이더 고정 브라켓이 플라스틱으로 된 차량의 경우 백 패널을 복원 후 고정 브라켓이 자연스럽게 장착되는지 확인하고 후 · 측방 레이더가 정상적으로 장착되었는지 확인하고 정상적으로 설치되면 코딩을 실시한다.

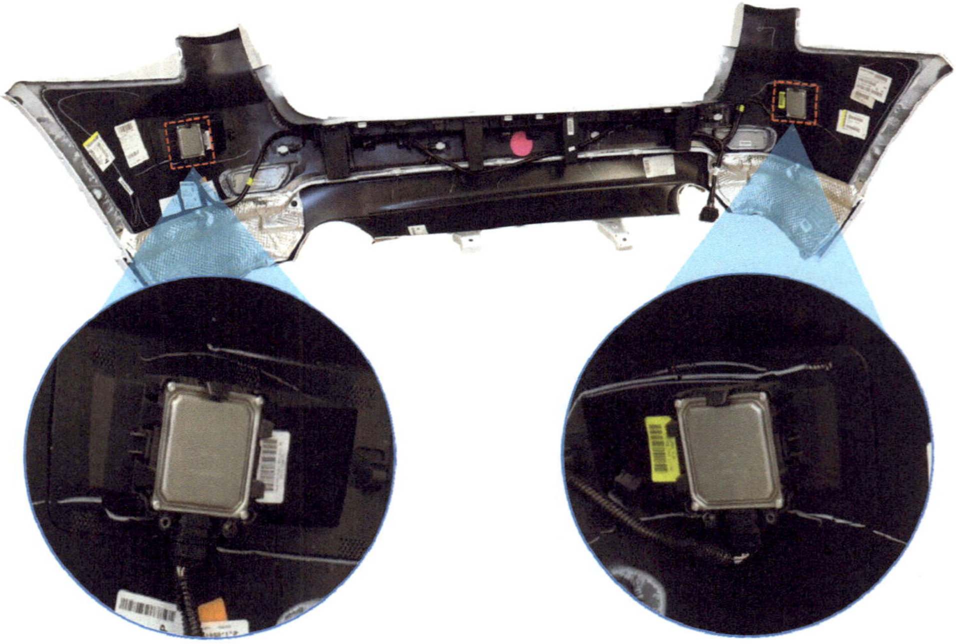

그림 3-30 jeep 그랜드체로키 후 · 측방 레이더 장착위치

차량에 따라서는 그림 3-30에서 보는 것과 같이 후 · 측방 레이더 장착위치가 범버에 장착된 차량으로 이러한 차량은 차체의 복원 및 수정도 중요하지만 후 · 측방 레이더의 장착위치가 범퍼 내에 위치함에 따라 범퍼가 정상적으로 장착되어야 한다.

범퍼의 변형여부와 후 · 측방 레이더의 장착위치 외부에 도장상태와 이물질 등을 확인하고 코딩을 진행해야 하는데 차체에 장착된 차량은 각도확인을 위해 범퍼가 탈거된 상태로 코딩을 실시하고 범퍼에 레이더가 장착된 차량은 범퍼를 장착한 상태에서 코딩을 실시하면 되겠다.

2) 코딩

후 · 측방 레이더의 코딩을 위해서는 제조사별로 특징이 다르기 때문에 해당차량에 적용되어 있는 레이더의 제조사를 확인하고 차량의 정비매뉴얼을 확인해 후 · 측방 레이더의 장착위치가 차체인지 범퍼인지 확인하고 그에 맞는 준비를 하고 코딩을 시작한다.

가. 차체 부착형

BMW F10, F30 등 F-바디차량에는 주로 차체 부착형 후 · 측방 레이더가 적용되어 있고 G30, G11 등과 같은 G-바디를 사용하는 차량에는 범퍼에 장착되는 레이더가 적용되어 있다. W213, W222, W223 등 대부분의 벤츠차량은 범퍼에 후 · 측방 레이더가 적용되어 있으며 아우디 & 폭스바겐 세단형 차량 A6(C8), A8(D5), 골프, 아테온 등의 차량은 주로 차체에 후 · 측방 레이더가 장착되어 있고, SUV 차량은 범퍼에 주로 장착되어 있다. 사고로 인해 후 · 측방 레이더를 탈착하고 재 장착한 경우 또는 후 · 측방 레이더를 교환하거나 시스템에서 보정을 요구하는 경우 등 후 · 측방 레이더 보정 또는 센서정렬 다르게는 센서 얼라이먼트, 어댑테이션으로 표현하는 코딩을 실시해야 한다.

① 사전준비

후 · 측방 레이더의 보정을 위해서는 차량에 후 · 측방 레이더가 정상적인 각도로 장착되어 있어야 한다. 그래서 후 · 측방 레이더가 바로 장착됨을 가장 우선적으로 확인해야 한다. 차량이 사고로 인해 후 · 측방 레이더의 보정이 필요한 경우 뒷 범퍼를 장착하기 전에 후 · 측방 레이더를 보정하고 뒷 범퍼를 장착한다. 즉 보정을 위해서는 범퍼가 탈착된 상태에서 진행한다.

○ 차량 설정

진단기를 이용해 코딩을 실시하기 전 차량에 장착된 후 · 측방 레이더의 장착상태를 확인 후 레이더 보정을 위한 타겟을 준비하고 설치해야 한다. 앞에서 국산차량의 레이더 각도 측정을 하는 방법과 같은 방법으로 측정가능하지만 해외 엔지니어들이 사용하는 레이더 각도를 측정하는 툴은 그림 3-31와 같은데 뒷 바퀴 휠을 기준으로 레이더의 각도를 측정한다.

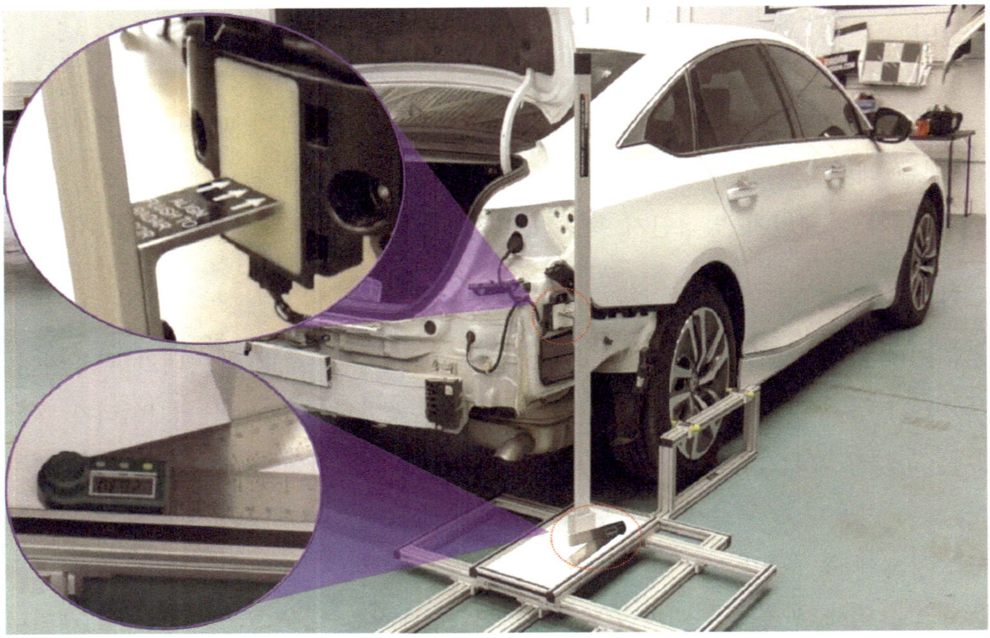

그림 3-31 후 · 측방 레이더 장착각 측정 툴 (출처: https://youtu.be/D_2H6AS2Jz8)

그림 3-31 후 · 측방 레이더 장착각 측정 툴은 차량의 뒷 바퀴 휠을 기준으로 각도를 측정하기에 정확한 측정을 하고 조정한다고 하기엔 다소 무리가 있는데 이는 차량의 휠 얼라이먼트에 문제가 있는 경우 잘못된 기준점으로 인해 오차범위를 넘는 각도의 조정이 이루어 질수 있기 때문이다.

후 · 측방 경보장치의 경우 일반적으로 각도의 범위가 오작동에 크게 영향을 주지 않지만 후 · 측방 충돌방지장치의 경우 후방으로 더 많이 감지를 해야하기에 각도의 범위를 벗어나면 정상적인 보정이 어려울 수 있다. 하지만 레이저를 이용하거나 실을 이용해 차량의 중심선을 긋는 것에 비해 간편하다는 장점이 있지만 각도측정에 오차가 있을 수 있다는 점을 꼭 기억하고 사용하면 되겠다.

대부분의 수입차량은 국산차량과 후 · 측방 레이더를 보정하는 방법이 다르지 않는데 차체에 부착된 차량은 후 · 측방 레이더의 장착각도를 확인하고 범퍼에 장착된 차량은 범퍼의 상태를 확인하면 코딩 준비작업이 끝나지만 아우디 & 폭스바겐 차량의 경우 별도의 도플러 시뮬레이터인 전파발생기를 이용해 보정을 해야한다. 이는 초기 국산차량에서 후 · 측방 레이더 보정시 두 가지 모드를 가지고 있었던 것과 같이 AS용 방법이 아닌 생산공장용 보정방법을 AS 현장에서 실시한다고 생각하면 되겠다.

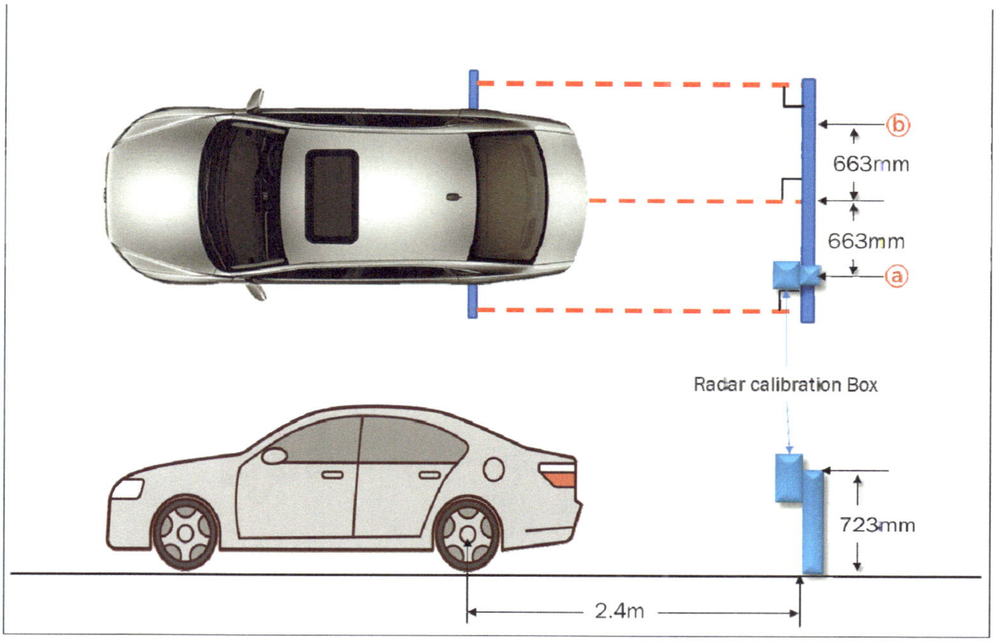

그림 3-32 후 · 측방 레이더 도플러 시뮬레이터 설치

그림 3-33 후 · 측방 레이더 도플러 시뮬레이터 설치 1

(출처:https://youtu.be/3j-ygLij4xE)

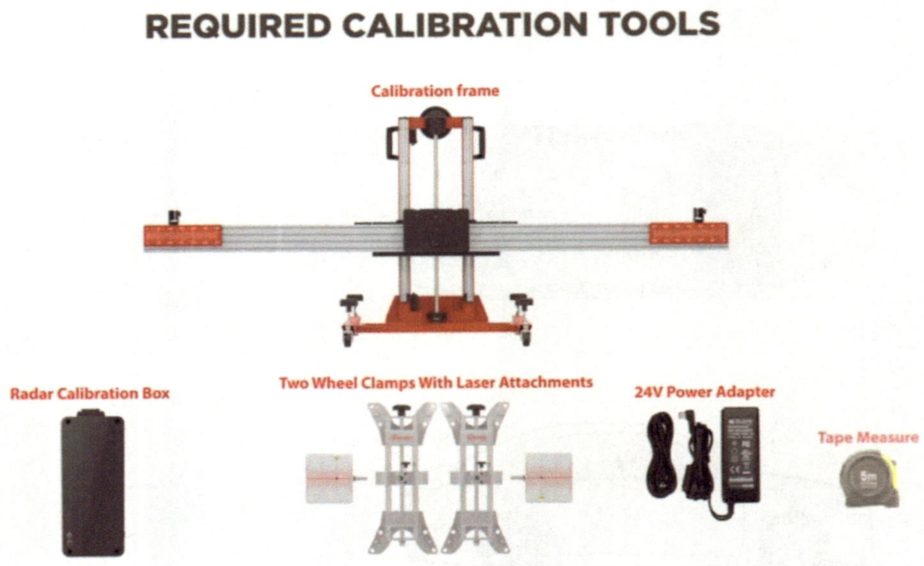

그림 3-34 후 · 측방 레이더 도플러 시뮬레이터

(출처: https://youtu.be/FEWUTsqh6Qw)

② 스캔툴 코딩

후 · 측방 레이더 모듈을 교환한 경우 해당 시스템의 배리언트 코딩이 우선적으로 진행하고 보정해야 하는데 최근에는 인터넷 서버에서 프로그램을 다운받아 코딩을 진행하고 있다. 그림 3-35에서 보는 것과 같이 기본적인 차량진단기능을 비롯해 소모품 관리에 관한 핫펑션 기능 외에 ADAS와 관련된 보정기능과 각종 제어기의 프로그래밍 기능을 지원하고 있다.

그림 3-35 ⓐ는 ADAS 관련된 기능 외 차량의 각종 제어기들도 차량에 대한 설정이 탑재되지 않은 상태로 부품이 공급되는데 이는 차량이 세계 각지로 수출되므로 그에 따라 적용되는 사양설정이 다양하기 때문으로 제어기 부품에서 베리언트 코딩과 같이 사양설정이 가능한 제어기가 있는 반면, 그렇지 않고 내부에 프로그램이 전혀 들어있지 않은 제어기가 공급되기도 하는데 그러한 경우 스캔툴 진단기 중 프로그래밍이 가능한 진단기를 이용해 프로그램을 설치해 제어기를 사용할 수 있다.

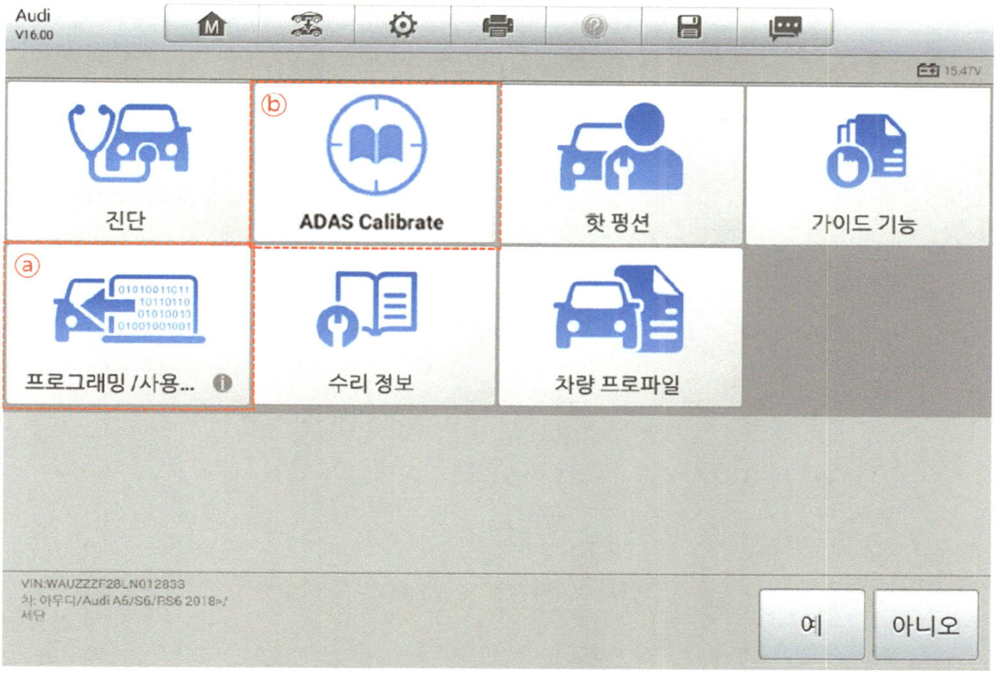

그림 3-35 스캔툴 ADAS 기능

후 · 측방 레이더 시스템 중 차량에 따라서 보정타겟이 불필요한 차량은 스캔툴 보정 기능으로 바로 진행하면 되지만 아우디 & 폭스바겐 차량의 경우 그림 3-32와 그림 3-34와 같이 차량을 평형한 곳이 주차하고 지정된 위치에 보정타겟을 설치하고 전자파 발생기인 도플러 시뮬레이터를 설치해야 하는데, 제조사에 따라 레이더 캘리브레이션 박스로 부르기도 한다.

기본적인 거리기준은 해당 차량의 정비지침서를 기준으로 차량에 따라 다소 차이가 있지만 뒷 바퀴 기준으로 2.4m로 보정 프레임을 설치하되 차량의 중심점과 타겟의 중심을 맞추고 바퀴에 고정클램프를 장착해 레이저 포인트를 이용해 보정 프레임과의 직각도를 설정한다.

전파 발생기를 보정 프레임에 장착하고 차량의 중심점에서 좌측부터 보정을 시작하는데 중심점에서 좌로 663mm 지점에 도플러 시뮬레이터를 위치시키고 스캔툴로 보정을 실시하고, 우측도 동일한 방법으로 차량의 중심점에서 우로 663mm 지점에 도플러 시뮬레이터를 위치시키고 스캔툴로 보정을 실시한다.

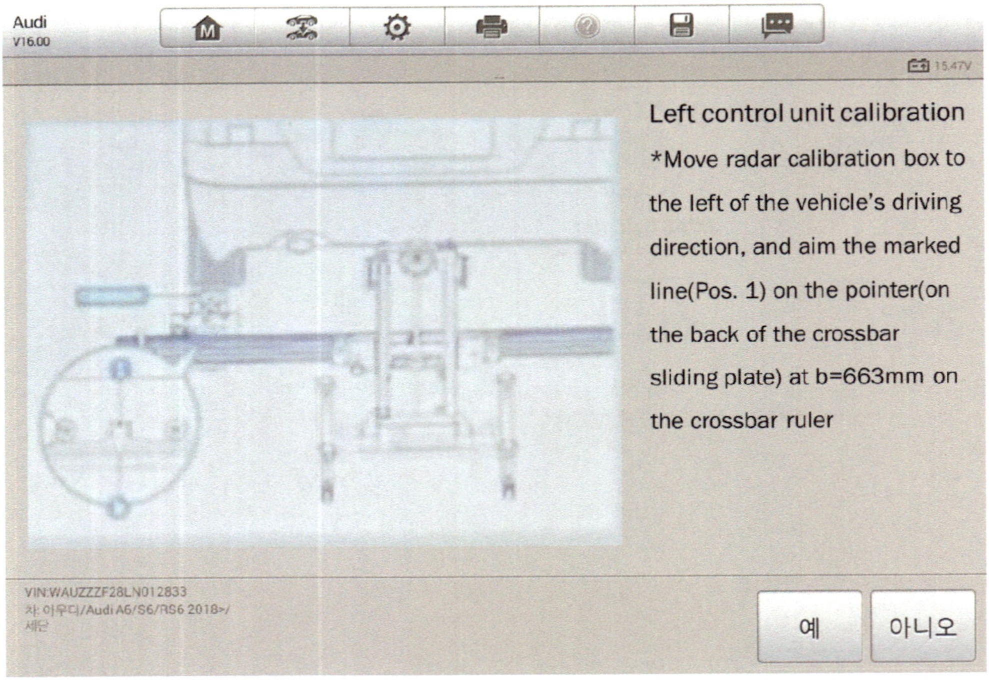

그림 3-36 LH 레이더 보정

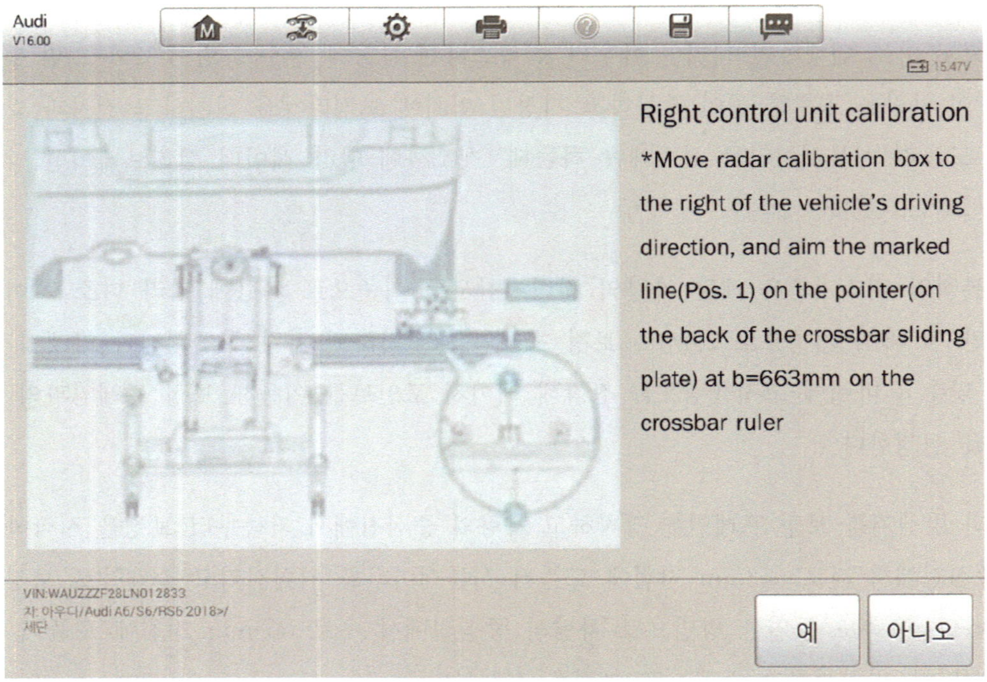

그림 3-37 RH 레이더 보정

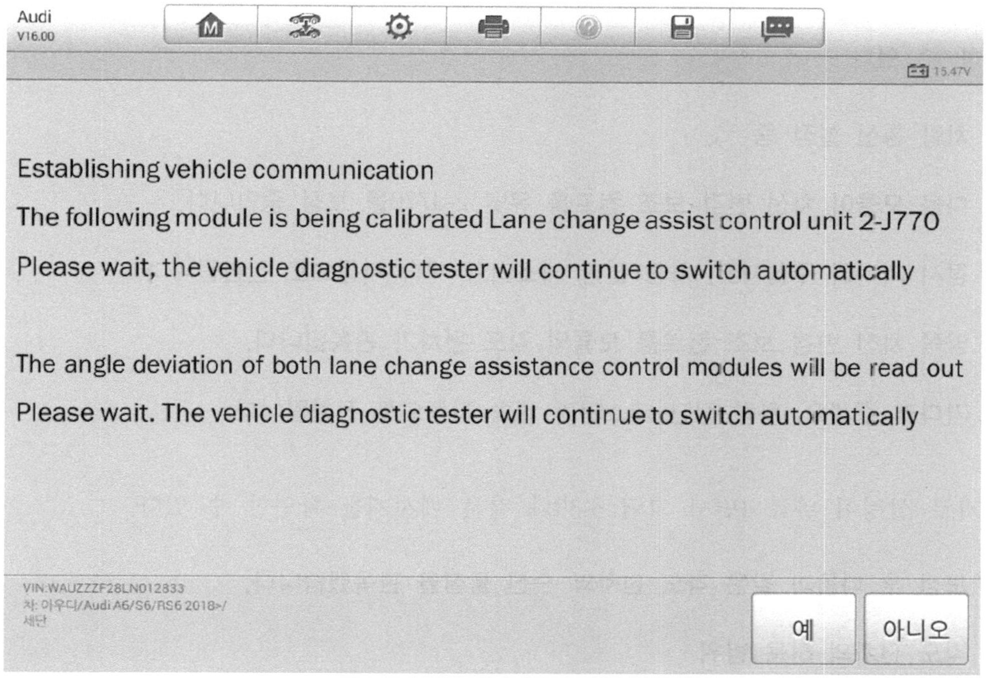

그림 3-38 아우디 A6 후 · 측방 레이더 보정 1

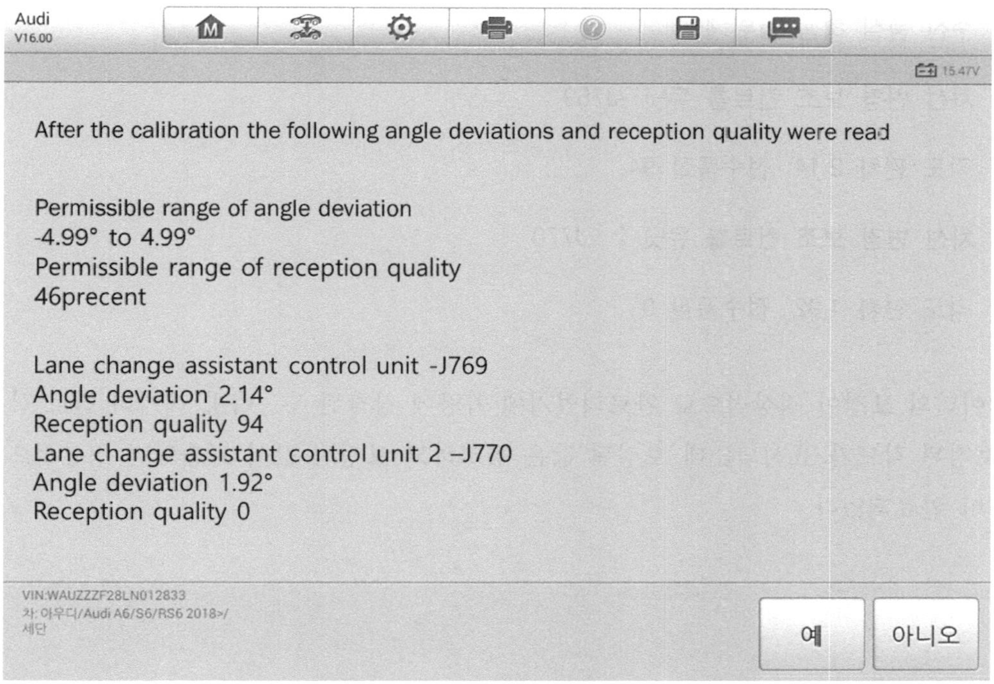

그림 3-39 아우디 A6 후 · 측방 레이더 보정 2

도플러 시뮬레이터를 이용해 보정을 시작하면 스캔툴에서 그림 3-38과 같은 메시지를 확인할 수 있다.

≫ **차량 통신 설정 중**

≫ **다음 모듈이 차선 변경 보조 컨트롤 유닛 2-J770을 보정 중입니다.**

≫ **잠시 기다려 주십시오. 차량 진단 테스터가 계속 자동으로 전환됩니다.**

≫ **양쪽 차선 변경 보조 컨트롤 모듈의 각도 편차가 판독됩니다.**

≫ **기다려 주세요. 차량 진단 테스터가 계속 자동으로 전환됩니다.**

추가로 설정이 완료되면서 그림 3-39와 같은 메시지를 확인할 수 있다.

≫ **보정 후 다음과 같은 각도 편차와 수신 품질을 판독했습니다.**

≫ **각도 편차의 허용 범위**

-4.99° ~ 4.99°

≫ **수신 품질 허용 범위** 46%

≫ **차선 변경 보조 컨트롤 유닛** -J769

각도 편차 2.14° **접수품질** 94

≫ **차선 변경 보조 컨트롤 유닛** 2 -J770

각도 편차 1.92° **접수품질** 0

레이더의 보정이 정상적으로 완료되었기에 차량에 장착된 후 · 측방 레이더 별로 각각의 보정된 각도가 표시되는데 보정된 값은 참고하고 보정된 값이 표출되면 정상적으로 보정이 완료되었다.

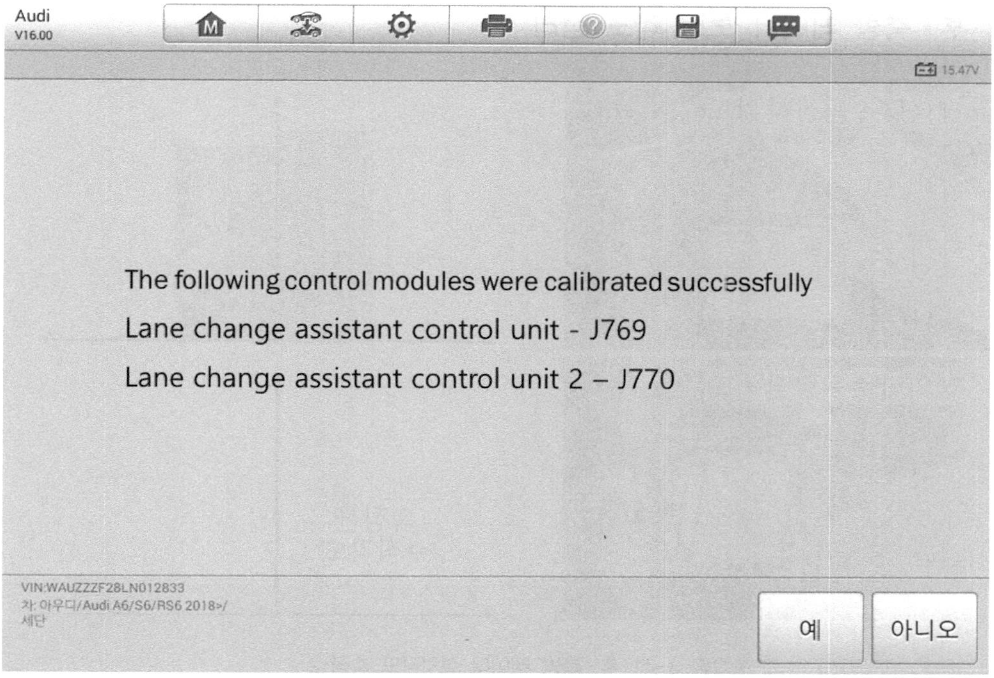

그림 3-40 아우디 A6 후 · 측방 레이더 보정 완료

※ 후 · 측방 레이더 보정 각도 정리

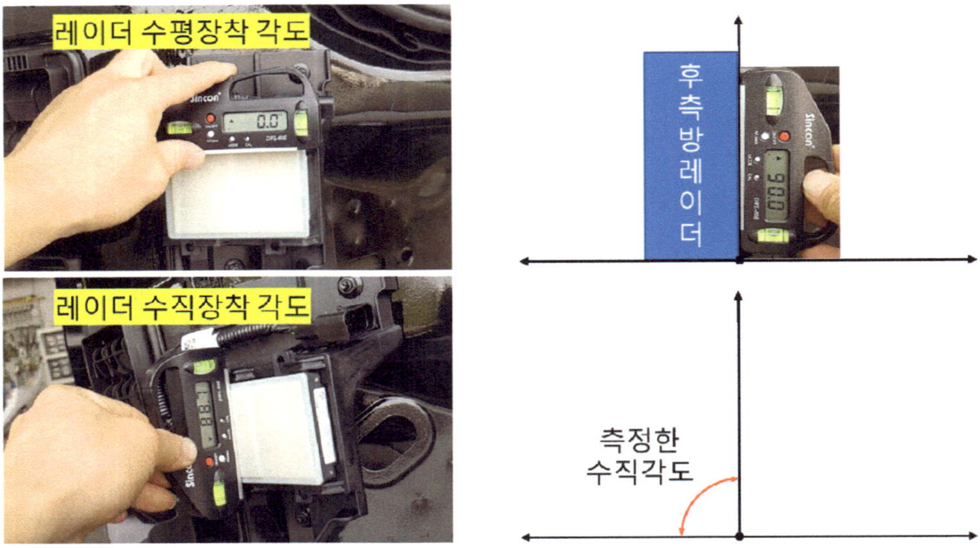

그림 3-41 후 · 측방 레이더 설치각도 측정 2

차량명	레이더 장착각도		레이더 연장각	정차 보정	주행 보정	비고
	수직	수평				
EQ900	88±1°	0°	40±3°	O		BSW
G90	88±1°	0°	40±3°	O		BCA
G80(RG3)	92±1.5°	0°	33±3°	O		BCA
G80(DH)20MY~	87±1.5°	0°	55±3°	O	O	BCW
G80(DH)~19MY	86.75±1°	0°	68±3°	O	O	BCW
G70(IK1)21MY~	90±1°	0°	38±2°	O		BCA
G70(IK1)~20MY	90±1°	0°	38±2°	O		BCW
GV80(JX1)	92±1.5°	0°	33±3°	O		BCA
GV70(JK1)	범퍼에 장착					BCA
GV60(JW1)	범퍼에 장착					BCA

표 3-1 제네시스 후 · 측방 레이더 특징

차량명	레이더 장착각도		레이더 연장각	정차 보정	주행 보정	비고
	수직	수평				
캐스퍼(AX1)	90°	0°	28°	O		BCW
i30(PD)	86.75±1°	0°	54±3°	O		BCW
벨로스터(JS)	90.25±1°	0°	55±3°	O		BCW
아이오닉(AE)	90±1°	0°	37±2°	O		BCW, BCA
아반떼(AD)19MY~	90±1.5°	0°	55±3°	O		BCA
아반떼(AD)~18MY	86.75±1°	0°	54±3°	O		BCW
아반떼(CN7)	90±1.5°	0°	44±3°	O	O	BCA
쏘나타(LF)	90±1°	0°	38±2°	O		BCW
쏘나타(DN8)	90±1.5°	0°	37±3°	O	O	BCA
그랜져(IG)20MY~	88±1°	0°	35±3°	O	O	BCA
그랜져(IG)~19MY	88±1°	0°	40±3°	O		BCW
그랜져(HG)	86.75±1.°	0°	65±3°	O		BCW
아슬란(AG)	87±1.5°	0°	65±3°	O		BCW
아이오닉5(NE)	범퍼에 장착				O	BCA
에쿠스(VI)	86.75±1°	0°	68±3°	O		BCW
코나(OS)21MY~	87±1.5°	0°	50±3°	O		BCA
코나(OS)~20MY	86.75±1°	0°	55±3°	O		BCW
투싼(TL)	90±1°	0°	37±2°	O		BCW
투싼(NX4)	90±1.5°	0°	45±3°	O	O	BCA
넥쏘(FE)	90±1.5°	0°	52±3°	O		BCA
싼타페(DM)	범퍼에 장착			O		BCW
싼타페(TM)21MY~	90±1.5°	0°	53±3°	O		BCA
싼타페(TM)~20MY	90±1.5°	0°	50±3°	O		BCW
맥스크루즈(NC)	90±1°	0°	37±2°	O		BCW
펠리세이드	86.75±1°	0°	54±3°	O	O	BCW, BCA
스타리아(US4)	범퍼에 장착			O		BCA

표 3-2 현대자동차 후 · 측방 레이더 특징

차량명	레이더 장착각도		레이더 연장각	정차 보정	주행 보정	비고
	수직	수평				
모닝(JA)21MY~	87.5°	0°	43°	O		BCA
쏘울(KS3)	87±1.5°	0°	50±3°	O		BCW
스팅어(CK)~19MY	90±1°	0°	53±3°	O		BCW
스팅어(CK)20MY~	90°	0°	37°	O		BCA
K3(BD)~21MY 4DR	90°	0°	54°	O		BCW
K3(BD)~21MY 5DR	87°	0°	52°	O		BCW
K3(BD)~22MY	90°	0°	52°	O		BCA
K5(JF)	범퍼에 장착			O		BCW
K5(DL3)	범퍼에 장착			O		BCA
K7(VG)	범퍼에 장착			O		BCW
K7(YG)	범퍼에 장착			O		BCA, BCW
K8(GL3)	범퍼에 장착			O		BCA
K9(KH)	범퍼에 장착			O		BCW
K9(RJ)	90°	0°	55±3°	O		BCA 좌우구분
니로(DE)	90±1°	0°	35±2°	O		BCA. BCW
스토닉(YB CUV)	범퍼에 장착			O		BCW
스포티지(QL)	90±1°	0°	53±2°	O		BCW
스포티지(NQ5)	90±2.5°	0°	28±2.5°	O		BCA
셀토스(SP2)	87±1.5°	0°	50±3°	O		BCA
EV6(CV)	범퍼에 장착			O		BCA
쏘렌토(UM)	86.75±1°	0°	62±3°	O		BCW
쏘렌토(MQ4)	87.5±1.5°	0°	40±3°	O		BCA
모하비(HM)~19MY	89±1°	0°	53±2°	O		BCW
모하비(HM)~19MY	90±1.5°	0°	40±2°	O		BCA
카니발(YP)	90±1°	0°	37±2°	O		BCW
카니발(KA4)	90±2.5°	0°	40±2.5°	O		BCA

표 3-3 기아자동차 후 · 측방 레이더 특징

CHAPTER 3 생각해 보기 Exercise

1. 후 · 측방 레이더의 ADAS 기능 3개를 예를 들어 설명하시오.

2. 자동차 사각지대에 대하여 설명하시오.

3. 후 · 측방 레이더의 성능에 대하여 설명하시오.

4. 차체에 장착된 후 · 측방 레이더에 대하여 설명하시오.

5. 범퍼에 장착된 후 · 측방 레이더에 대하여 설명하시오.

6. 현대자동차의 후 · 측방 레이더 보정에 필요한 도구와 용도를 설명하시오.

7. 아우디 & 폭스바겐의 후 · 측방 레이더 보정에 필요한 도구와 용드를 설명하시으.

8. 후 · 측방 레이더의 배리언트코딩에 대하여 설명하시오.

9. 후 · 측방 레이더의 보정방법 두 가지에 대하여 설명하시오.

10. 후 · 측방 경보장치의 보정각도와 후 · 측방 충돌방지장치의 보정각도에 대하여 다른 점을 설명하시오.

Chapter 04

전방 카메라와 차체수리

매 해마다 교통사고가 끊이지 않고 발생하는데 이러한 교통사고 원인 1의는 과속이나 신호위반, 중앙선 침범 등의 교통법규 위반이 아닌 전방 주시태만과 같은 안전운전 불이행 사고가 가장 많은 비중을 차지하고 있는데 도로교통법상으로 차량운전 중 DMB 시청이나 스마트폰을 사용하는 등의 전방 주시태만에 대해 벌금과 벌점 모두 강화되었지만 끊이지 않고 스마트폰의 보급 확대됨에 따라 더욱 많이 발생하고 있다.

전방 주시태만은 졸음운전과 스마트폰 사용, 운전미숙으로 잡담과 장난, DMB 시청, 흡연, 화장 등으로 다양하게 나타나고 있는데, 이는 음주운전브다 위험한 것으로 이러한 전방 주시태만을 줄이기 위해서는 차량에 탑승 시 차량과 스마트폰이 블루투스 기능으로 연결하고, 가급적 전화통화는 삼가며, 물론 스마트폰 메시지 기능 등을 사용하지 않는 것이 좋다. 또 더욱 중요한 것이 졸음운전으로 이를 예방하기 위허 실내공기를 자주 환기시키고, 졸음이 심하면 졸음쉼터나 휴게소 등에서 충분히 휴식을 취하고 운전에 임해야 한다.

대부분 운전자들은 전방 주시태만에 대하여 잘 알고 있지만, 막상 운전 중 실수를 할 수 있는데 이때 자동차가 운전자의 실수를 경고하거나 바로잡아주는 기능은 교통사고 예방에 큰 도움이 된다. 그래서 ADAS 기능 중 차선의 이탈을 경고하고 방지하는 LDW & LKA 기능이 있고 운전자의 운전습관을 확인해 졸음운전 또는 부주의 운전을 경고하고 휴식을 권하는 운전자 주의 경고(Driver Attention Warning) 시스템이 적용되어 운전에 도움을 주고 있는데 이는 차량에 전방을 향해 장착된 전방 카메라를 이용해 차선을 인식하고 차선의 이탈을 경고하고 방지할 수 있다.

전방 카메라에 차선을 인식하는 기능으로 차량의 차선 추종에 대한 판단으로 운전자의 졸음이나 부주의 운전을 경고할 수 있고 더 나아가 운전자의 전방 주시상태를 직접적으로 판단하기 위해 계기판 내에 적외선 카메라를 설치해 운전자의 시선 방향과 눈을 감는 등의 동작을 인식하고 운전자의 전방 주시태만이나 피로와 졸음을 판단해 안전상의 문제가 확인되면 팝업 메시지와 경고음을 발생시켜 운전자의 주의를 상기시킨다.

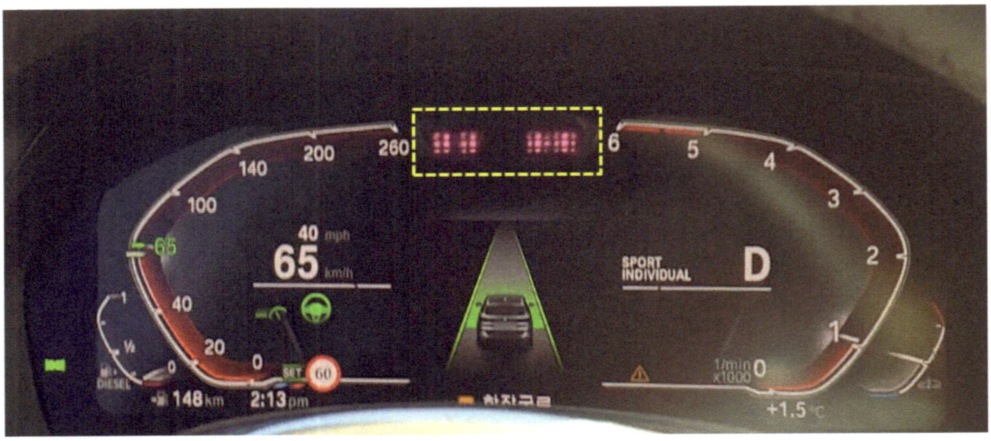

4-1 X5 IR 카메라

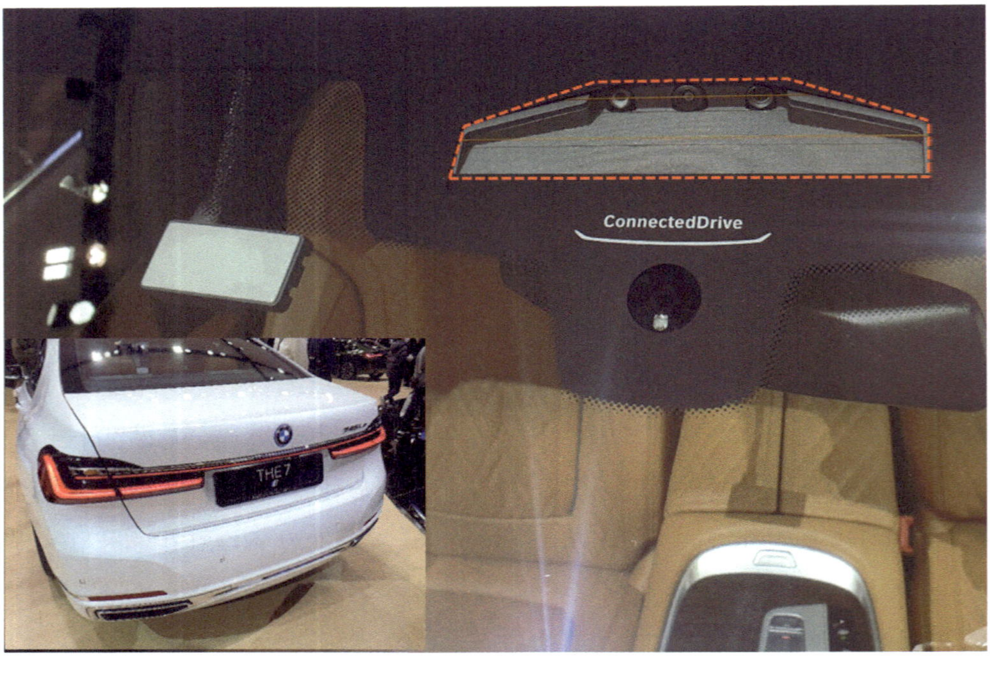

그림 4-2 ADAS MFC

그림 4-1은 IR 카메라가 장착된 차량으로 계기판 내에 장착된 IR 카메라가 운전자의 시선을 파악하여 운전자의 얼굴 방향과 시선의 움직임을 인식하고 눈감음 횟수와 시간 하품과 대화 여부까지 인식하는데, 자칫 운전자를 과도하게 감시한다는 의견도 분분하기

에 차량의 설정에서 전방 주시경고에 대한 부분을 on/off 할 수 있도록 되어 있다.

계기판 내의 IR 카메라는 운전자를 감시하고 경고만 하는 것에 비해 전방 카메라는 좀 더 능동적인 기능을 할 수 있는데, 전방 카메라로 차선이탈 경보와 방지보조, 전방 추돌 경보와 방지보조 등 다양한 기능을 가진 카메라라는 표현으로 MFC(Multi Function Camera)와 또 차선인식을 넘어서 도로교통정보와 차량과 보행자 등을 인식하여 여러 기능을 위한 다목적으로 사용하는 카메라 인 MPC(Multi Purpose Camera)로 표현되기도 한다.

4.1 전방 카메라

4.1.1 전방 카메라의 특징

다기능 카메라 또는 다목적 카메라로 부르는 전방 카메라는 인공지능의 알고리즘과 이미지처리에 대한 알고리즘이 결합하여 차량이 전방의 물체와 보행자 등을 안정적으로 감지할 수 있는 중요한 역할로 전방 카메라는 운전자보조 및 자동운전 중에 주변상황을 파악해야 하는데, 주변차량과 같은 물체와 보행자를 안정적으로 감지하고, 감지된 물체에 따라 적절하게 대응할 수 있어야 한다.

보조 및 부분 자동화 운전을 위한 다목적 전방 카메라는 이미지 처리를 위한 마이크로 프로세서를 활용해 알고리즘과 포괄적인 장면 해석 및 안정적인 개체 감지를 위해 기존 이미지 처리 알고리즘과 인공지능을 결합한다. 미리 프로그래밍된 알고리즘으로 전방 카메라는 차량과 자전거 그리고 보행자 또는 도로 표시와 같은 물체 범주의 일반적인 모양을 인식하고 나아가 연석과 중앙분리대 또는 가드레일 등의 다양한 도로 지형물을 인식한다. 이러한 2차원적인 인식수준에서 더 나아가 인공지능의 머신러닝 프로세스로 길가에 주차된 자동차와 주행하는 자동차를 분류하고 또 도로 위의 표면과 도로 옆의 표면을 구별하는 등의 향상된 다양한 기능으로 자율주행에 한 단계 더 나아가고 있다.

그림 4-3 MPC 이미지 처리(출처: https://www.bosch-mobility-solutions.com/)

그림 4-3은 위에서부터 전면 카메라를 통해 입력된 이미지를 분류와 빛 유동을 분석, AI 딥러닝이다. 이렇게 입력된 데이터로 차량을 제어한다. 전방 카메라는 차량의 전면 유리에 장착되어 차량의 전방 상황을 파악하게 되는데 앞에서 살펴본 전방 레이더나 후·측방 레이더의 경우 전면사고나 후면사고로 인해 범퍼 또는 차체의 손상으로 인해 레이더를 교환하고 그에 따라 배리언트 코딩과 보정 등의 작업이 필요하지만, 전방 카메라는 상대적으로 사고로 인해 보정을 하는 경우가 흔치않다.

그림 4-4 테슬라 전방 카메라 정보(출처: https://electrek.co/)

그림 4-4는 테슬라 모델3 차량의 전방 카메라 정보로 테슬라(社)는 자율주행 시스템에 서라운드 카메라 8대를 설치하고 전방 레이더와 12개의 초음파 센서로 구성되어 있는데 최근 레이더를 삭제하고 자율주행을 완성하는데, AI와 카메라만을 이용한다. 차량 전체를 둘러싼 8대의 카메라로 차량의 주변정보를 인식하고 그 정보를 AI로 분석하고 차량을 제어하게 된다.

4.1.2 전방 카메라의 성능

테슬라 모델 3는 이미 판매된 차량에 소프트웨어 업데이트(HW3.0)와 하드웨어 업데이트를 통해 레벨 3 이상의 완전한 자율주행을 약속하였다. 테슬라는 무선 소프트웨어 업데이트(OTA)를 통해 새로운 기능을 추가하고 차량 성능을 거의 다른 차인 것처럼 업그레이드하였는데 테슬라의 CEO인 일런 머스크가 말하는 '완전 자율주행'은 모델 3가 2017년 중반에 처음 생산된 작은 전기차로 자체 개발한 SOC를 도입한 덕분에 테슬라는 모델 3 구매자에게 완전 자율 주행(FSD) 소프트웨어 번들을 구매하면 간단한 서비스 센터를 통해 HW 2.5에서 HW 3.0으로 개조할 수 있다고 약속했다.

테슬라의 Autopilot에서 FSD(Full Self-Driving)는 우리나라뿐이 아니라 많은 나라에서 레벨 3단계 자율주행은 불법으로 규정되어 있다. 그로 인해 테슬라도 사람의 개입 없이 운전할 수 있도록 하지 않는다. 지금은 대부분 'Autopilot'기능 향상에 대한 업그레이드라고 할 수 있다.

카메라만을 가지고 최적의 운전자 지원 및 자동운전을 가능하게 하고 안전 기능을 활성화하려면 상당한 높은 사양의 컴퓨터 성능이 필요하다. 그러나 대부분의 자동차 제조사 및 관련부품 업체에서는 자율주행을 최적화하기 위해 차량의 주변환경을 감지할 수 있도록 카메라, 레이더, 라이더 및 초음파 센서와 같은 다양한 센서를 채택하고 있다.

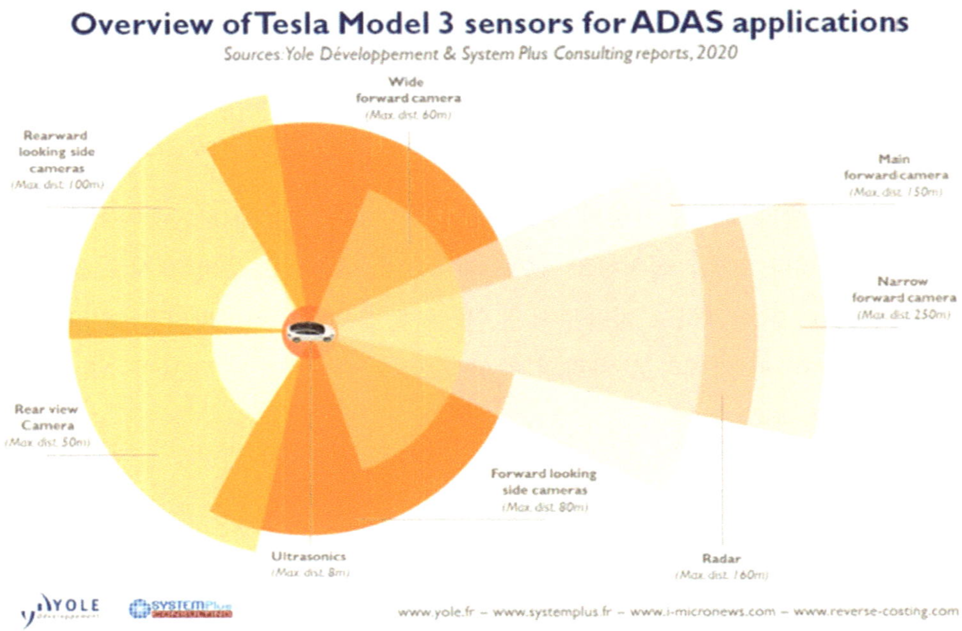

그림 4-5 모델3 카메라 작동(출처: https://www.eetasia.com/)

테슬라의 모델 3에 대한 주요 설계 목표는 ADAS 비용을 줄여 모델을 저렴하게 만드는 것으로 System Plus CEO 'Romain Fraux'가 설명한 바가 있는데, 모델 3의 자동차 센서는 8개의 카메라, 1개의 레이더 및 12개의 초음파 센서를 사용하고 있다. 반경 250미터 내에서 차량 주변을 360도 가시성 제공하는 8개의 카메라 이 비전 시스템을 보완하는 12개의 초음파 센서를 추가해 원거리에서 이전 시스템보다 거의 두 배의 정확도로 물체를 감지할 수 있다. 또한 처리 능력이 개선된 전방 레이더 시스템을 통합해 폭우,

안개, 먼지, 심지어 이전 차량 너머까지 볼 수 있는 중복 파장으로 주변 환경에 대한 추가 데이터를 제공한다.

차량의 전면에 장착된 카메라는 레이더를 지원하며 각기 다른 특성을 지니고 있는 3개의 카메라가 하나의 모듈로 장착되어 있으며, 원거리 카메라는 250m의 먼 거리를 감지하지만, 화각이 35°로 매우 좁은 특징을 가지며, 반대로 넓은 각을 가지는 단거리 카메라는 60m로 상대적으로 가까운 거리를 감지하지만 120°의 상대적으로 넓은 화각을 가지고 있다.

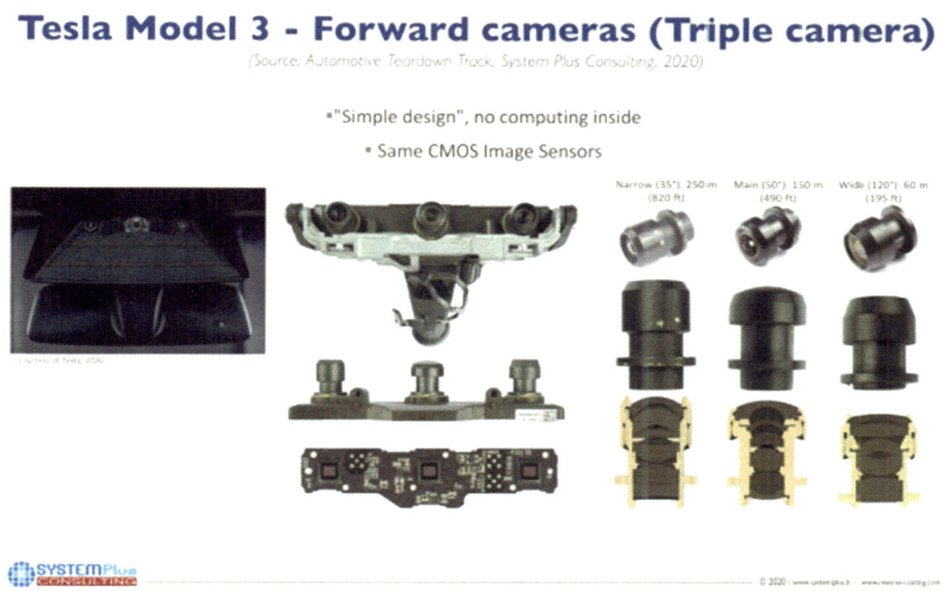

그림 4-6 전방 카메라(출처: https://www.eetasia.com/)

메인 카메라는 원거리와 단거리 카메라의 중간 성능을 가지고 있는데 감지거리는 150m로 원거리 카메라의 감지 거리 250m보다 짧지만, 단거리 카메라의 감지 거리 60m보다는 길다. 또 메인 카메라의 화각은 50°로 원거리 카메라의 화각 35°보다 넓지만, 단거리 카메라의 화각 120°보다는 좁다. 이러한 카메라 3대는 도로표지판을 읽고 전방의 사물과 보행자 등을 감지한다. 다른 카메라는 차량의 측면과 후면을 향하고 있으며 최대 100m 떨어진 곳까지 감지한다.

테슬라는 전방 시야 확보를 위해 3개의 On Semiconductor 이미지 센서가 있는 3중 카메라 모듈을 개발하였고, 모델 3는 2개의 전방 측면 카메라 그리고 2개의 후방 피어링 측면 카메라 및 리어 뷰 카메라를 사용한다. 이렇게 설계된 총 8개의 카메라는 2015년 On Semiconductor에서 출시한 것과 동일한 120만 화소의 이미지 센서를 기반으로 저가이며 고해상도는 아니라고 한다.

그림 4-8에서 보는 것과 같이 3개의 카메라가 장착되어 있다고 해 'Tri-Cam' 또는 'Triple forward camera'라고 부른다. 모델 3의 트리플 포워드 카메라는 1280×960 1.2Mp 해상도에서 3.75㎛ 픽셀 크기의 ON Semi AR0136A의 3개의 CMOS 이미지 센서가 있다. 그림 4-8은 테슬라 Tri-Cam과 ZF(社) Tri-Cam의 비교로 ZF의 S-Cam4에는 모노 카메라와 트리플 카메라의 두 가지가 있다.

ZF Tri-Cam 버전 S-Cam4는 Omnivision CMOS 이미지 센서와 Mobileye(社) Eye Q4 비전 프로세서를 갖추고 있다. Tesla에서 사용하는 PCB 기술은 BMW 차량에 적용된 카메라와는 차이가 있는데, BMW 차량의 카메라는 3개의 서로 다른 PCB에서 분리된 센서 조합으로 테슬라의 Tri-Cam은 별도의 처리 SoC 없이 모든 CMOS 센서를 PCB에 내장한다는 것이 대조적이다.

그림 4-7 전방 카메라 비교(출처: https://www.eetasia.com/)

ZF의 S-Cam4에는 Mobileye(社)의 비전 처리 기능이 포함되어 있지만, 테슬라 카메라는 On Semiconductor의 고성능의 이미지 센서를 선택해 감지된 데이터의 후처리를 추가하지 않는다. 비교 당시 기준으로 ZF의 Tri-Cam 가격을 165달러로 추정하는데, 테슬라의 Tri-Cam 가격은 65달러로 훨씬 저렴할 것으로 추정한다. 테슬라 차량의 전방 레이더는 Continental(社)의 레이더 모듈이 장착되어 있는데, ARS4-B 내부에는 NXP Semiconductors에서 제공하는 77GHz 레이더 칩셋과 32비트 MCU가 있다. ARS4-B 레이더는 아우디 Q3, 폭스바겐 Tiguan, 닛산 Rogue 등의 많은 차량에 적용되어 있다.

테슬라는 Autopilot과 정보 컴퓨터로 구성된 수랭식 듀얼 컴퓨팅 플랫폼으로 동일한 모듈에서 두 개의 서로 다른 보드에 구성되어 있는데 한쪽에는 인포테인먼트 ECU가 있고, 반대편에는 오토파일럿 ECU가 있다. 최초 모델 3에 설치된 HW2.5에서 Autopilot은 NVIDIA(社)의 SoC 및 GPU에 의해 활성화되었다. GPU용 NVIDIA의 고성능 집적회로와 Intel(社) 프로세서, NXP 및 Infineon 마이크로 컨트롤러, Samsung 및 SK Hynix Micron Technology 메모리, ST Microelectronics 오디오 증폭기 등을 완전한 모듈로 통합했다.

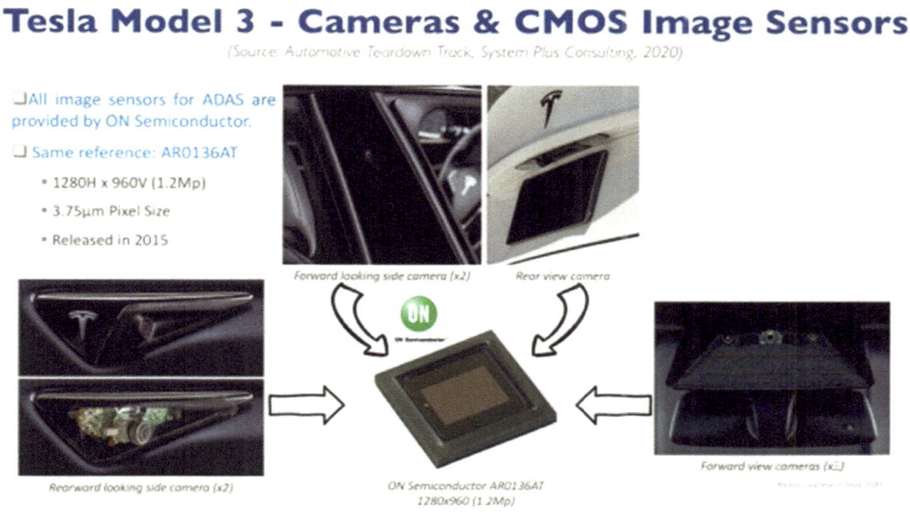

그림 4-8 전방 카메라 비교(출처: https://www.eetasia.com/)

테슬라는 HW2.5를 통해 2개의 NVIDIA Parker SoC, 1개의 NVIDIA Pascal GPU 및 1개의 Infineon TriCore CPU를 통합하였고, HW3.0으로 업그레이드되면서 새롭게 설계된 Tesla SoC 2개, GPU 2개, 신경망 프로세서 2개, 잠금 단계 CPU 1개를 통합하였다. 또 아우디 A8의 'Central driver assistance controller'에 비해 테슬라의 제어기가 훨씬

저렴한 특징을 가지고 있다.

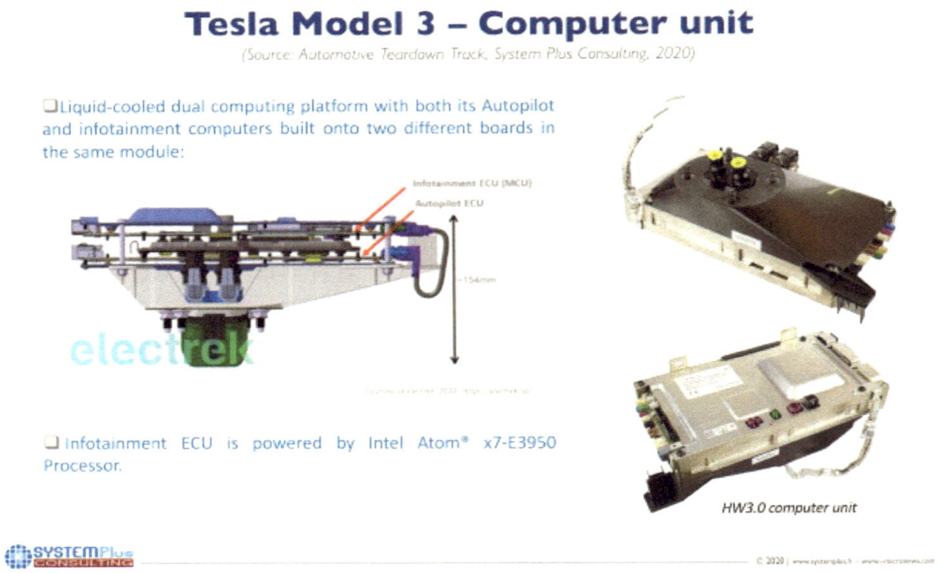

그림 4-9 Autopilot ECU(출처: https://www.eetasia.com/)

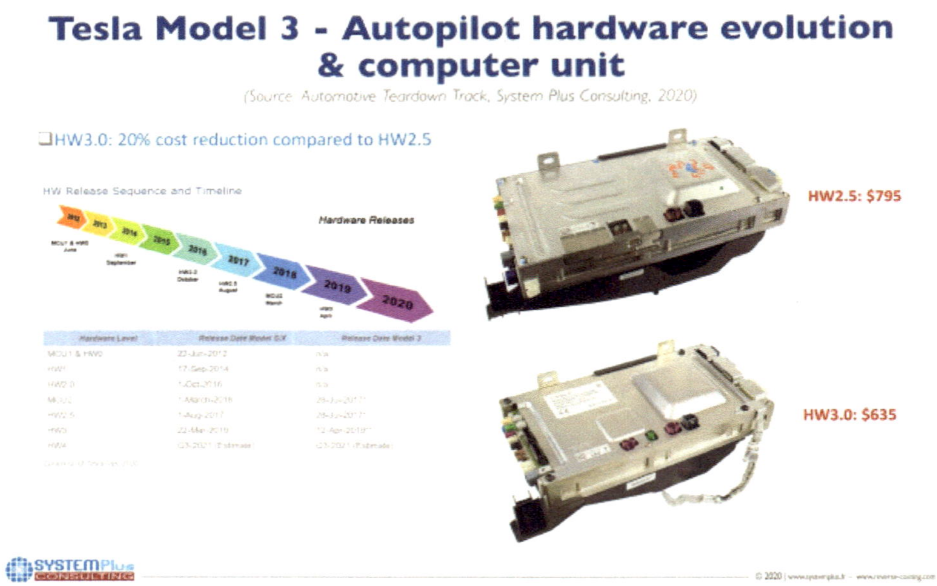

그림 4-10 Autopilot ECU 버전별 가격(출처: https://www.eetasia.com/)

추가로 초음파 센서를 이용해 차량의 주변 반경 8m 이내의 장애물을 감지한다. 모든 속도영역에서 작동하고, 차량의 사각지대 또한 감지한다. 초음파 센서가 수집한 데이터는 Autopilot에서 추월 시 자동 차선변경지원에도 사용되고, 또 GPS는 도로와 관련된 자동차의 위치를 감지하는데, 사용되어 Autopilot 기능을 완성한다.

4.2 차량별 특징

앞에서 살펴본 테슬라에서 생산된 차량은 전방 카메라 외 추가로 다양한 카메라가 장착되지만, 그 외의 국산차 수입차 모두 전방 카메라만이 장착되어 있다. 그로 인해 대부분의 차량에서는 테슬라와 같은 광범위한 기능을 갖고 있지 않은 특징을 가진다.

4.2.1 국산 자동차

1) 전방 카메라 장착위치

전방 카메라는 모든 차량이 전면 유리 상단에 장착되어 있는데, 차량에 따라서는 카메라가 부착된 유리면에 성애 등의 빙결을 방지하기 위한 열선이 설치되어 있지만, 전면 카메라 내부에는 원활한 작동을 위한 열선이 장착되어 전면 카메라의 정상 작동온도를 유지하기 위함으로 기온이 낮은 지역에서 차량을 주행할 때 외기 온도와 주행 풍에 의해 온도가 낮아지면서 작동온도 이하로 떨어지기 쉽기 때문이다.

기온이 높은 날씨에서 차량을 주행하거나 외부에 차량을 주차한 경우 실내온도가 매우 높게 상승하고 일사량으로 인해 전방 카메라가 과열되는 경우 다발생하고 있는데, 특히 전면 유리를 교환하는 경우 전방 카메라를 탈착해 재부착하는 과정에서 사용이 불가능 일이 비일비재하고 있어 전면 유리 교환시 전방 카메라를 교환해야 하는 일이 발생할 수 있다는 것을 엔지니어는 고객에게 고지하고 교환해야 한다.

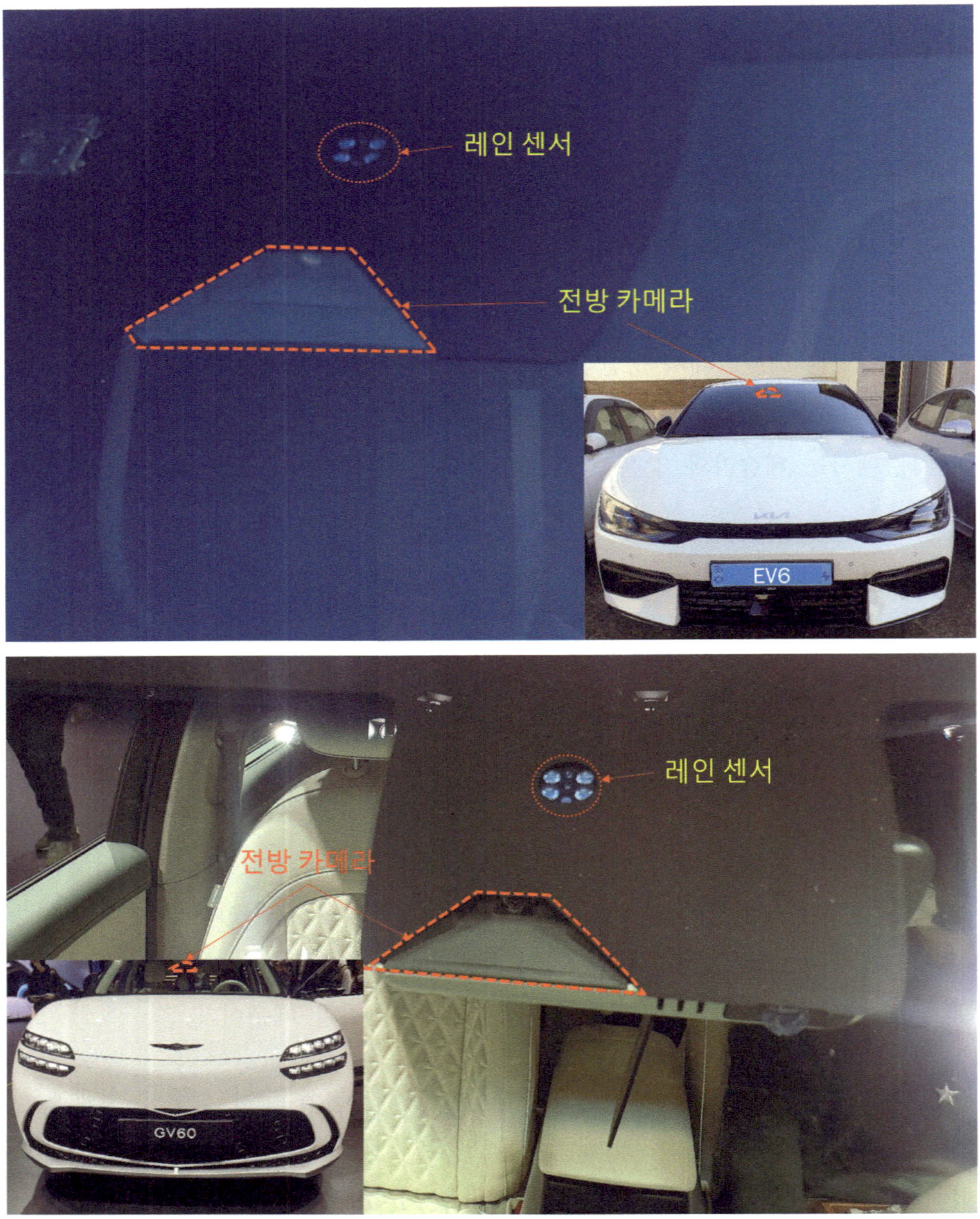

그림 4-11 국산차량의 전방 카메라 장착위치

2) 전방 카메라의 특징

국산 자동차에 적용된 전방 카메라는 현대모비스(社)와 만도(社)에서 생산한 제품이 주로 장착되어 있다.

가. 현대모비스

현대모비스(社)에서 생산하는 카메라는 전방 차선인식을 우한 전방 카메라와 서라운드 모니터용 카메라와 기존의 사이드 미러를 대신하는 CMS(Camera Monitoring System) 또 운전자를 전방 주시상태를 확인하는 DMC(Driver Monitoring System) 기존 후진시 후면을 보여주는 후방 카메라로 5가지의 카메라가 있다. 이러한 카메라는 각각의 작동 영역과 특징이 다르고 용도 또한 다르다.

현대모비스 전방 카메라는 MFC(Multi Function Camera)로 부르며 ADAS 기능을 수행하기 위한 카메라로 전방충돌 경보 및 방지 그리고 차선이탈 경보 및 보조 등의 다양한 기능을 가지고 있다.

MFC는 고급 이미지 인식을 위해 유로 NCAP 규정을 따르며 1.7 메가 픽셀의 높은 해상도와 100° 넓은 화각을 가지고 있지만, 감지거리는 알 수 없다.

나. 만도

현대자동차와 기아자동차에 적용된 레이더는 주로 만도(社)와 현대모비스(社)사의 제품으로 만도(社)는 만도헬라일렉트로닉스(社) 지분을 모두 인수하였는데 이는 자율주행 전장부품 전문기업으로 탈바꿈하기 위한 것으로 보인다.

4.2.2 수입 자동차

수입 자동차도 국산 자동차와 다르지 않은데 이는 자동차 ADAS 기술이 대부분 유사하기 때문이다. 수입 자동차의 경우 전방 카메라의 제작사가 다양하게 적용되어 있는데, 보쉬(社)사와 델파이(社), 콘티넨탈(社), LG전자(社), ZF(社), 모빌아이(社) 등으로 다양하게 적용되어 있다.

자동차 제조사에 따라 차이가 있기도 하지만 근본적인 것은 카메라의 제작사와 운영프로그램에 따라 달라지는데, 이는 전방 카메라 교환 후 보정 작업 시 제작사에 따라 어댑테이션이나 코딩 등의 작업방법이 달라지기 때문이다.

1) 전방 카메라 장착위치

수입차 전방 카메라의 장착위치는 국산차와 동일한 위치에 장착되어 있다. 국산차량의 전방 카메라는 주로 하나의 카메라가 장착되어 있지만, 수입차의 경우 차량에 따라서 카메라가 하나에서 두 개 또는 3개의 카메라가 장착되어 있다.

그림 4-12 포르쉐 마칸 전방 카메라(싱글)

전방 카메라가 장착된 형태에 따라 하나의 경우 싱글 카메라, 두 개의 경우 스테레오 카메라, 세 개의 경우 Tri-cam 이라고 부르는데 전방의 사물을 판단하기 위해 레이더를 이용하는 방법과 카메라를 이용하는 방법 이 두 가지를 함께 사용하는 것이 있는데 기본적으로 싱글 카메라가 적용된 차량은 카메라를 이용해 거리정보를 확인하기 힘들고 스테레오 카메라와 Tri-cam은 두 대 이상의 카메라로 인해 거리정보를 얻을 수 있다.

싱글 카메라에 비해 스테레오 카메라는 전방의 물체를 더 정확하고 빠르게 감지하고 물체의 크기와 거리를 판단해 이미지를 분석할 수 있어, 전방의 위험을 방지할 수 있다.

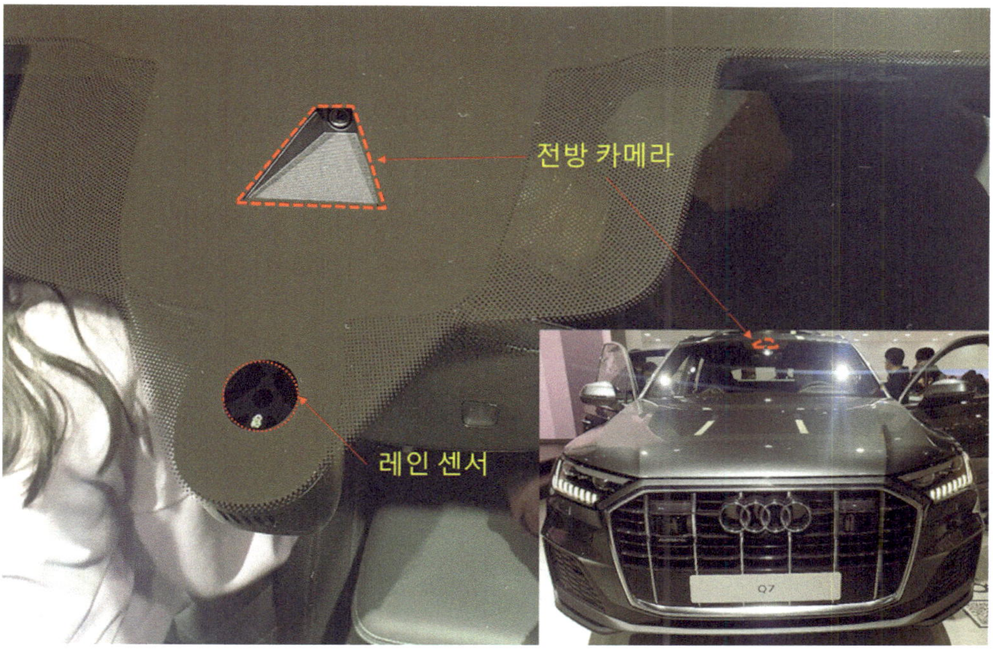

그림 4-13 아우디 Q7 전방 카메라(싱글)

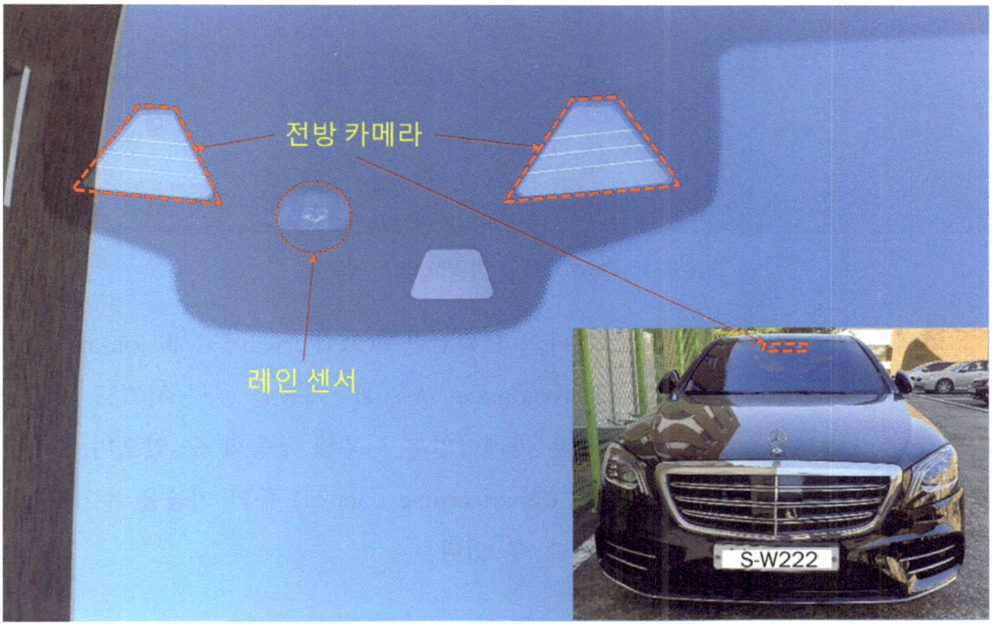

그림 4-14 벤츠 W222 전방 카메라(스테레오)

스테레오 카메라 또는 Tri-cam은 싱글 카메라와 라이더(Lidar) 또 레이더(Radar)의 기능을 모두 대체할 수 있다. 이는 테슬라의 CEO 일런 머스크가 주장하는 바이기도 하고 자율주행에 있어 차량에 적용되는 센서의 수를 줄이면서 효율은 높이고 차량의 가격 또한 낮출 수 있다는 것이 된다. 대부분의 차량이 단일 센서가 단일 시스템에 적용되어 단일 기능을 하고 있지만 최근 출시된 차량에서는 ADAS ECU를 적용하고, 스테레오 카메라와 Tri-cam 을 적용함으로써 조금 더 자율주행에 가까워지고 있다.

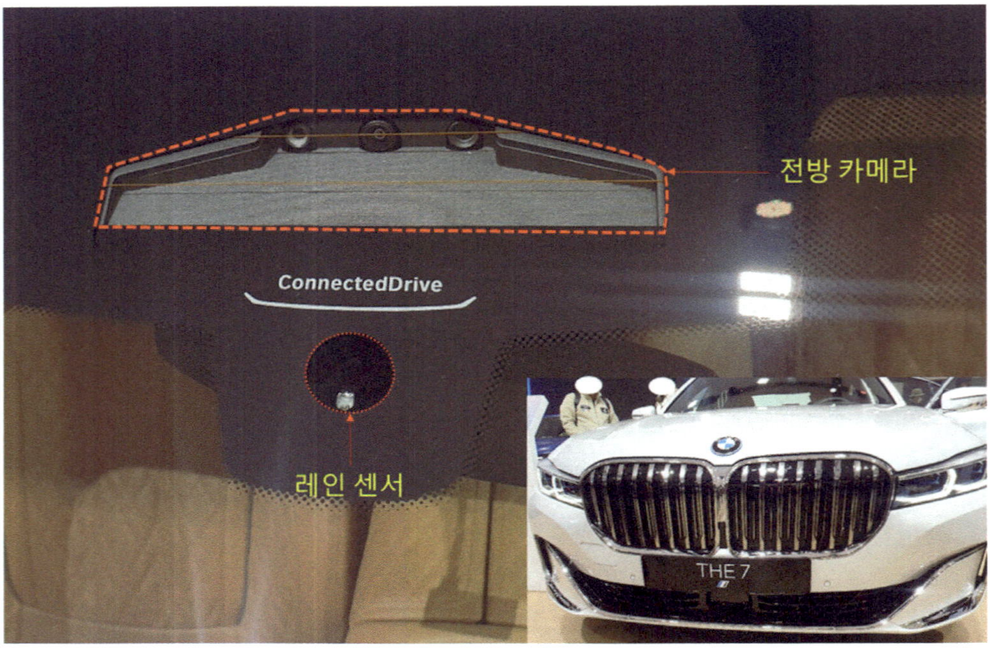

그림 4-15 BMW G11 전방 카메라(Tri-cam)

전방 카메라 또는 전방 레이더 중 하나의 모듈로만 FCW(Forward Collision-avoidance Warning)와 FCA(Forward Collision-avoidance Assist) 기능을 구동하기도 하지만, LDW(Lane departure warning)의 기능은 카메라만을 이용해 구동할 수 있으며, 전방 레이더와 전방 카메라를 함께 적용해 SCC(Smart cruise control) 등의 기능을 추가로 구동하며 FCA 기능을 더욱 정교하게 제어할 수 있다.

스테레오 카메라의 성능은 카메라 렌즈와 렌즈 간 거리로 이를 '베이스 라인'이라 하는데, 이로 인해 보행자나 차량 등의 물체를 감지할 수 있는 거리가 달라진다.

4.3 차량별 차체수리 및 코딩

자동차 운행을 하는 중에 교통사고는 당연히 발생할 수 있는데 전방 카메라에 영향을 줄 정도로 사고가 나는 경우는 흔치 않지만, 차량의 루프가 손상되어 전면 유리의 부착 부위가 손상되는 경우보다 전면 유리의 파손으로 인해 전방 카메라를 탈부착 또는 교환하는 경우가 대부분이다.

4.3.1 국산 자동차

1) 차체수리

전방 카메라가 장착된 차량은 기본적으로 차량의 차체수리부분은 크게 다르지 않지만, 전방 카메라 정렬과 코딩을 위해서는 전면 유리가 장착된 부분의 차체수리에 더욱 신경 써야 한다.

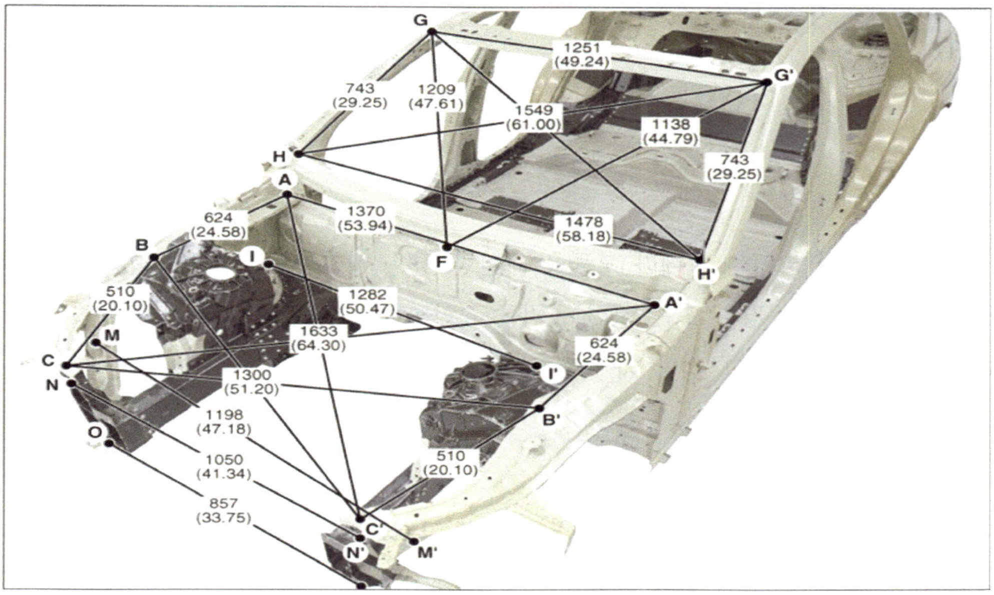

그림 4-16 전면 차체 치수도(출처: 현대자동차 차체수리 매뉴얼 https://gsw.hyundai.com)

전면 유리에 전방 카메라가 장착되므로 그림 4-16에서 보는 것과 같이 차체의 치수가 정확하게 판금작업이 이루어지고 패널의 각도 등을 잘 맞추어야 한다. 이는 작은 변형으로 전방 카메라의 코딩이 정상적으로 되지 않을 수 있기 때문이다. 패널 수리 작업 후 전면 유리가 완전히 고정된 상태에서 전방 카메라의 장착상태를 확인하고 정상적으로 설치되면 코딩을 실시한다.

그림 4-17 루프 패널 교환

2) 코딩

전방 카메라의 코딩은 카메라 모듈을 교환한 경우 배리언트 코딩을 전방 카메라를 탈거한 후 재장착하는 경우 또는 전면 유리를 교환한 경우와 신품 카메라 모듈 교환 후 배리언트 코딩을 완료하고 전방 카메라 영점설정인 공차 보정을 시행한다.

가. 사전준비

전방 카메라의 보정을 위해서는 차량에 전방 카메라가 정상적인 각도로 장착되어 있어야 한다. 그래서 전방 카메라가 바로 장착됨을 가장 우선적으로 확인한다.

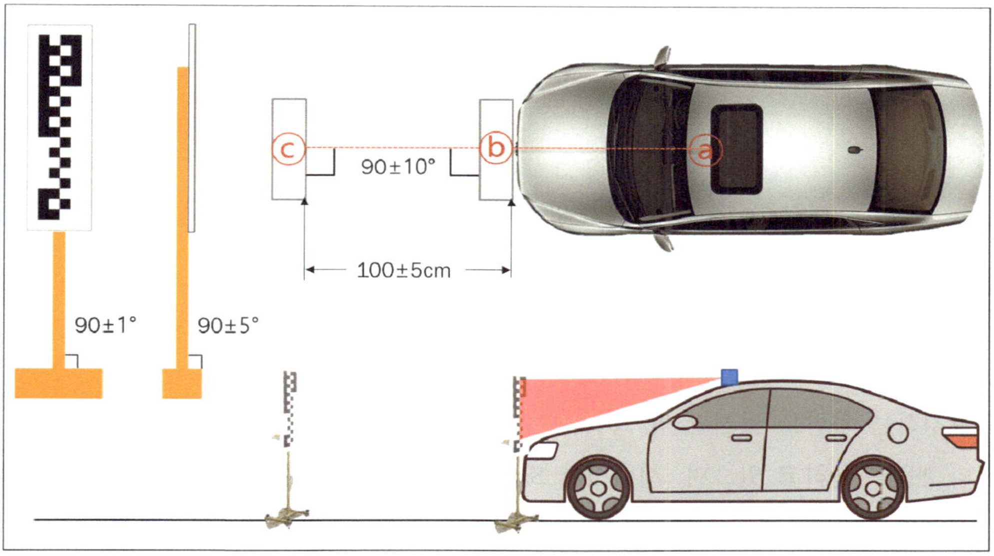

그림 4-18 전방 카메라 보정 타겟 설치

○ 차량 및 타겟 설정

평탄한 작업공간에 차량과 타겟을 정렬해야 하는데, 해당차량의 보정 타겟을 카메라 방향으로 축 방향 좌우 비틀림은 ± 10° 이내, 수직 방향 앞뒤 기울기는 ± 5° 이내, 가장 중요한 좌우 기울기는 ± 1° 이내로 위치시킨다.

그림 4-18은 이를 좀 더 쉽게 표현한 것으로 좌우 비틀림에 대해서는 여유가 있지만, 좌우 기울기는 매우 중요해 허용오차 각도가 가장 작아 주의해야 한다.

전방 카메라 보정은 근거리 타깃 보정과 원거리 타깃 보정으로 두 번의 보정을 실시해야 하므로 차량의 중심점을 표시해 두고 타겟을 차량의 중심점에 맞추어 차량의 앞 범퍼에 위치시켜 근거리 보정을 하고 차량의 앞 범퍼에서 일정거리를 두고 타겟과 범퍼와의 간격을 확인해서 타겟의 위치를 옮기고 보정을 실시한다.

그림 4-19 전방 카메라 보정 타겟 기울기 확인

국산차량 대부분이 보정 타겟을 설치하는 위치가 동일하지만 일부차량의 경우 타겟의 설치 오차범위가 다르기도 하고 초기에 출시된 차량의 경우 차량의 보닛에 타겟을 위치시켜 보정하는 차량도 있지만 약 2016년을 기준으로 이후에 출시된 차량은 그림 4-18의 보정 타겟을 사용하고 있으며, 제네시스 또는 현대자동차의 경우 2021년식부터 보정 타겟을 사용하는 정차모드의 보정이 아닌 주행모드 보정만을 지원하기도 한다.

대부분 차량의 정차보정은 보정 타겟의 높이를 90±1cm로 설정하고, 근거리 보정은 범퍼에서 0±5cm 간격으로 보정 타겟을 위치시킨 후 1차로 보정을 실시하고, 원거리 보정을 위해 보정 타겟을 100±5cm로 위치시키고 2차 보정을 하면 완료되는데, 차량의 봇넷이 짧은 포터2 차량의 경우 범퍼 앞에 바로 위치시키는 것이 아니라 일정한 거리를 두는데 이는 차량의 특성에 따라 전방 카메라와의 일정한 거리를 유지하기 위함이다.

나. 스캔툴 코딩

① 배리언트 코딩

전방 카메라를 신품으로 교환한 경우 전방 카메라를 차량의 설정에 맞추기 위해 배리언트 코딩 즉 옵션사양에 대한 설정을 해야 정상적으로 작동할 수 있다. 차량이 출시될 때 적용된 옵션에 따라서 기능적인 부분이 차이가 발생하는데, 전방 카메라 교환시 차량의 사양을 확인하기 위해 전방 카메라를 교환하기 전 전방 카메라의 사양정보를 우선적으로 확인해야 한다.

차량의 사양에서 운전석의 위치가 좌측인지 우측인지 같은 쉽게 파악할 수 있는 사양은 문제가 되지 않지만, 전방 카메라의 옵션이 차선이탈방지 보조장치인 LKA가 적용되었는지 아니면 차선이탈 경보만 해주는 LDW가 적용되었는지 구분이 쉽지 않다. 최근에 출시된 차량에서는 차로 유지 보조기능을 추가로 지원하고 전·측방 레이더가 추가되면서 운전자 회피시 조향보조와 자동 회피 조향보조 기능인 FCA-LS(Lane change Side lane)까지 지원하므로 전·측방 레이더의 장착 여부를 확인해야 하는 등의 옵션사양에 대해 설정하는 것이 만만치 않을 수 있다.

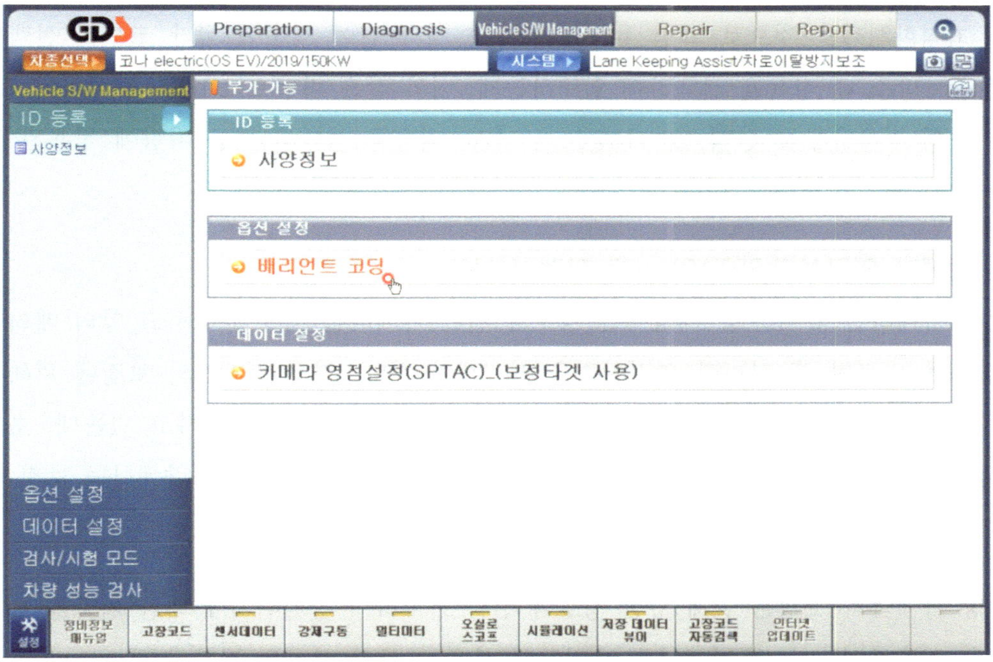

그림 4-20 전방 카메라 부가기능

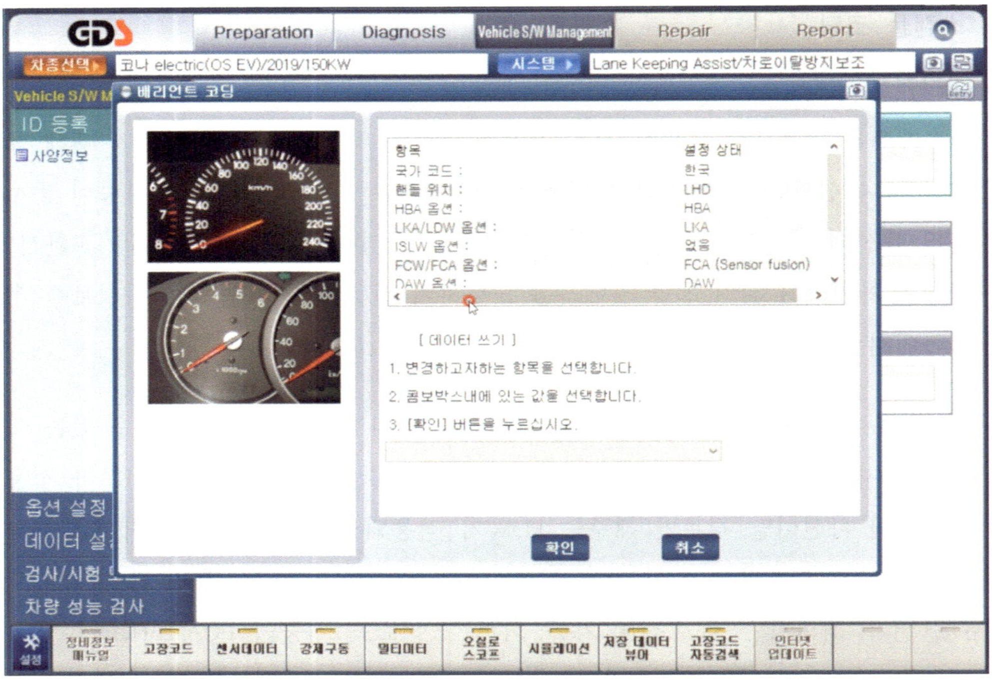

그림 4-21 전방 카메라 배리언트 코딩

전방 카메라의 배리언트 코딩은 전방 카메라 교환 후 차량의 옵션에 따라 적용된 기능을 최적화시키는 것으로 그림 4-21에서 보는 것과 같이 적용된 국가 코드를 선택해 아래 캄보박스 내 항목을 선택하여 입력하는데, 이와 같은 방법으로 HBA 하이빔어이스트 기능의 적용유무를 선택, 또 LKA 또는 LDW 적용을 선택하는 등 차량에 적용된 옵션사양에 따라 설정해야 한다.

② 카메라 영점설정(SPTAC)_보정 타겟 사용

전방 카메라를 탈거하고, 재장착한 경우와 전반 카메라를 새로 교환하고 앞의 배리언트 코딩을 완료한 후 카메라 영점설정을 실시해야 한다. 전방 카메라의 보정을 위해서는 차량에 따라 보정하는 방법이 다르지만 대부분 보정 타겟을 이용하고 있는데, 초기에 출시된 차량은 보닛 상단에 타겟을 설치하고 보정하지만 대부분 차량에서는 보정 타겟을 이용해 근거리 보정과 원거리 보정으로 구분해 진행한다.

전방 카메라의 보정은 실제 차선 정보와 전방 카메라의 감지위치에 대한 기준을 보정 타겟을 이용하여 이동된 좌표만큼 보정하여 좌우 차선의 인식을 정확히 함으로써 차선이탈 경보기능과 보조기능 등의 신뢰도 향상을 위해 필요한 작업이다.

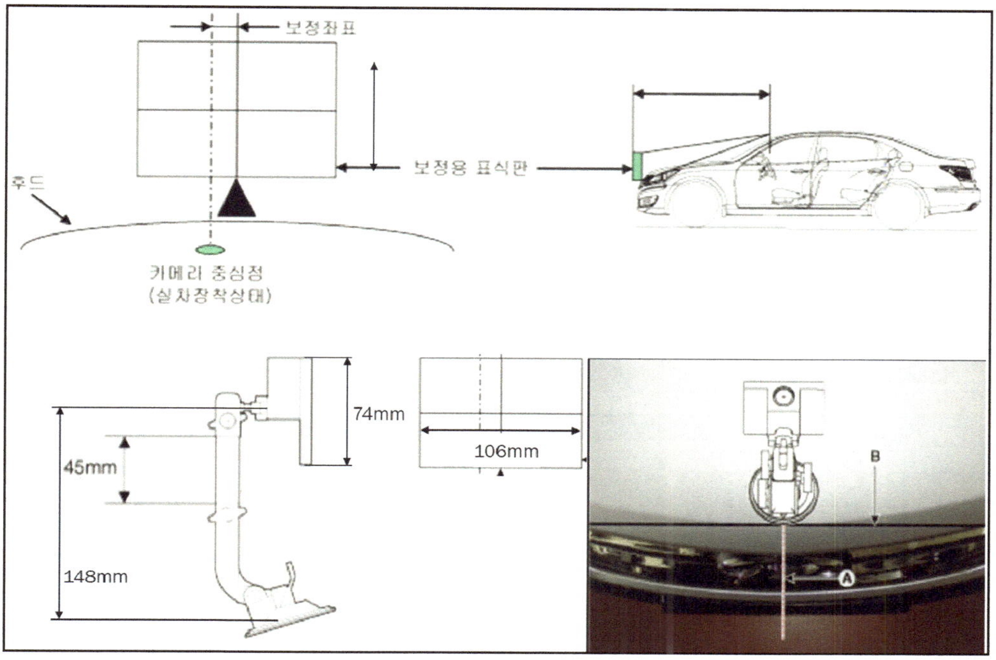

그림 4-22 전방 카메라 초기형 보정 타겟

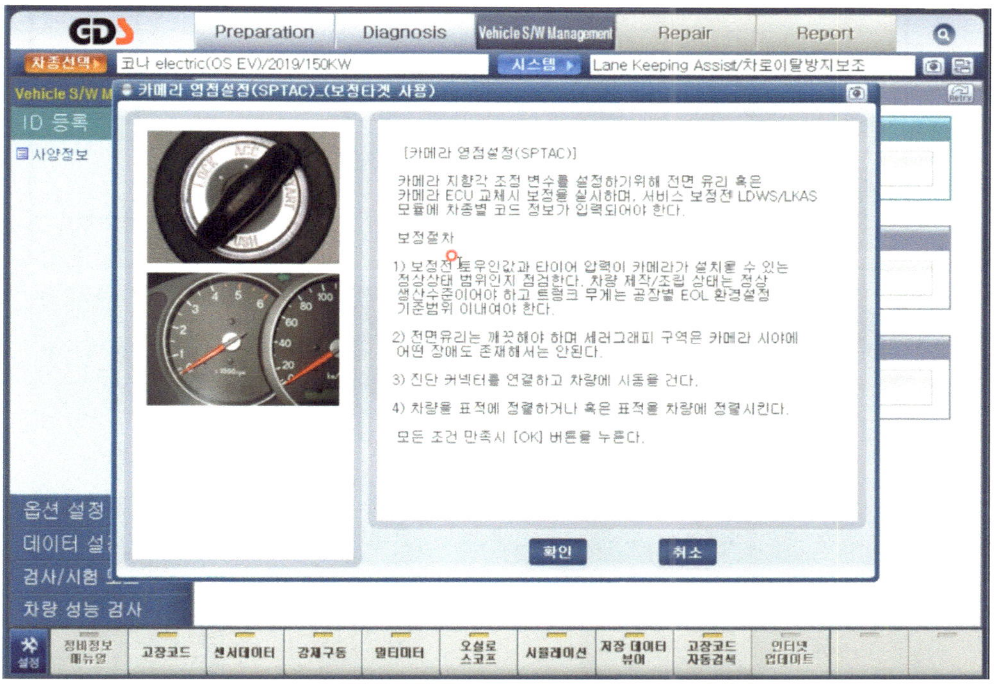

그림 4-23 전방 카메라 보정 사전준비

차량의 전방 카메라가 정상적으로 장착된 상태로 차량의 휠얼라이먼트를 우선적으로 확인하고 차량의 전면 유리에 부착된 이물질이 없어야 하는데 특히 전방 카메라의 위치에 이물질을 확인하고 깨끗한 상태로 보정을 실시한다.

- 근거리 보정

근거리 보정은 보정 타겟의 높이를 90±1cm로 설정하고 차량의 중심축 선상에서 앞 범퍼와 간격과 비틀림 정도 직각도 등을 확인하고 설치한다.

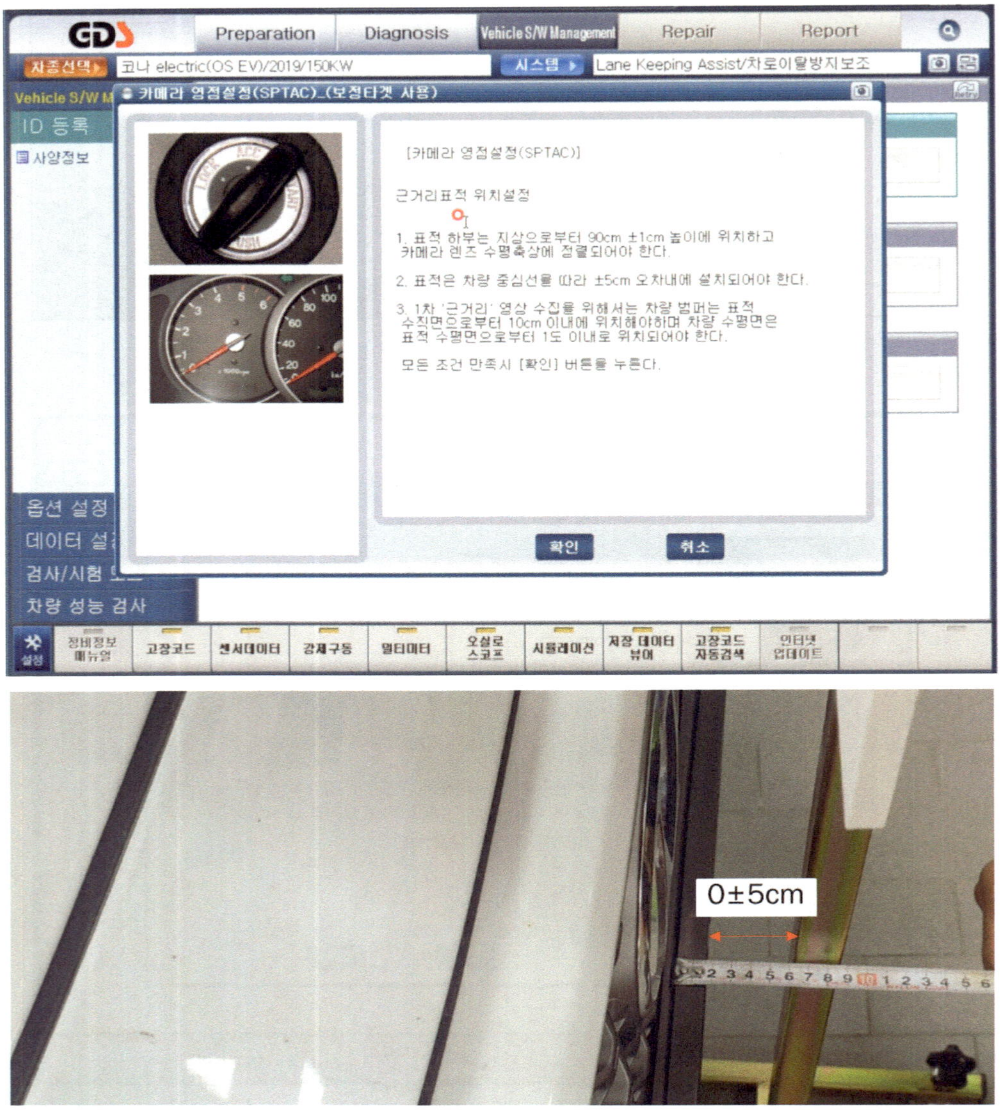

그림 4-24 전방 카메라 근거리 보정

그림 4-25에서 보는 것과 같이 보정 타겟을 근거리 설정위치에 고정하고 스캔툴 진단기를 이용해 확인을 선택하면 1분여 시간이 소요되고 보정이 완료되면 원거리 보정단계로 진입한다.

- 원거리 보정

근거리 보정이 완료되면 바로 원거리 보정단계로 진입을 하게 되고 보정 타겟을 원거리 보정에 필요한 위치로 옮겨 고정시키고, 스캔툴을 이용해 원거리 보정을 실시한다.

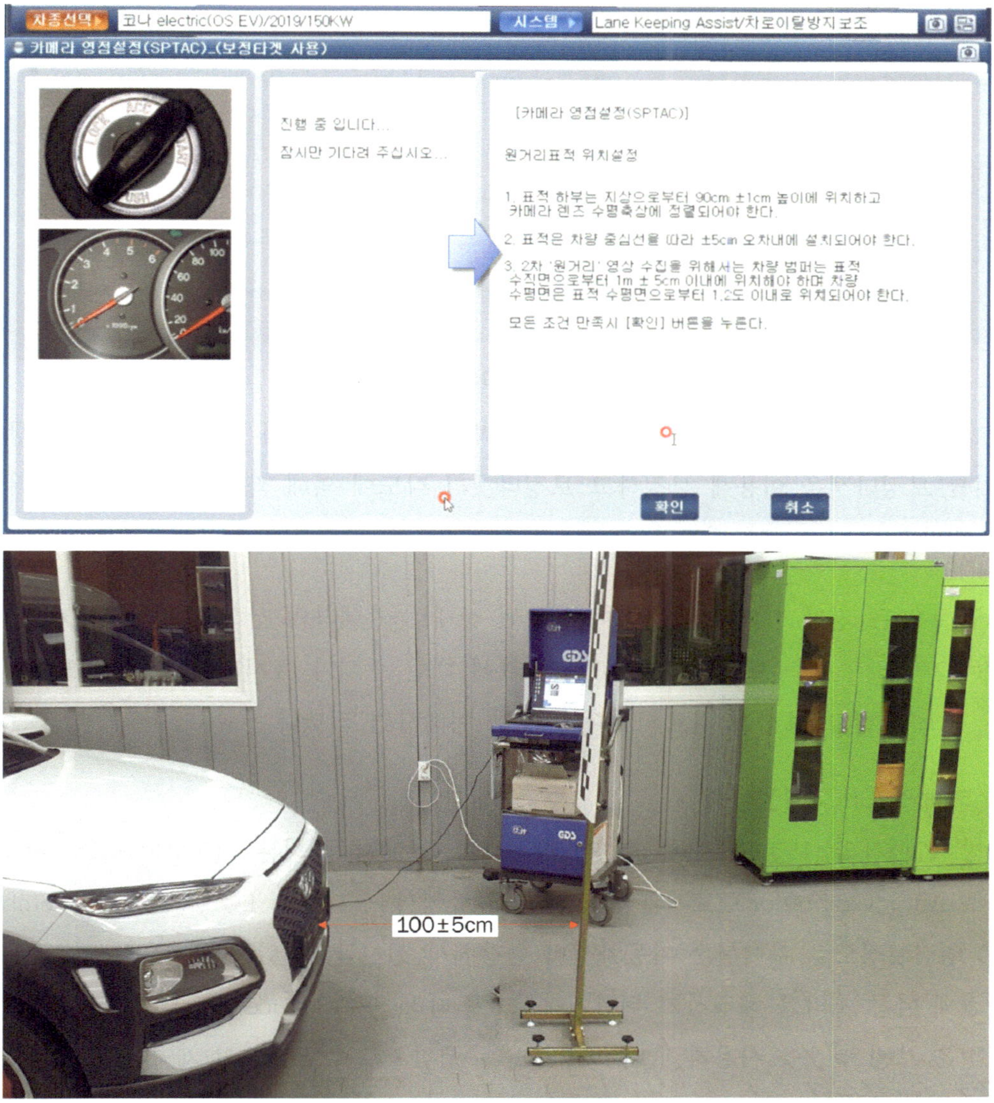

그림 4-25 전방 카메라 원거리 보정

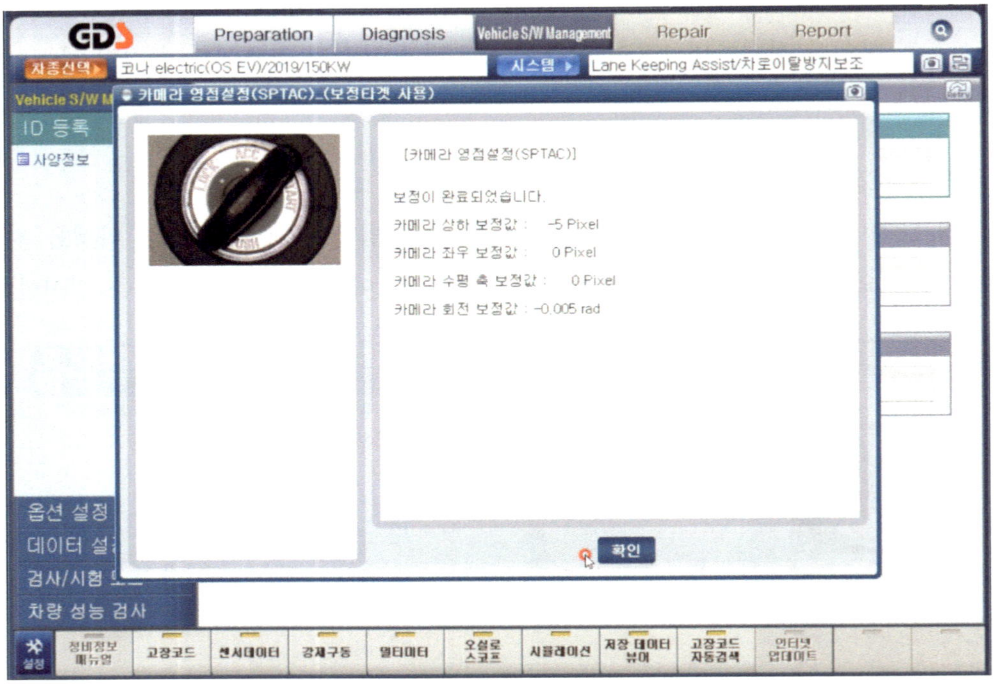

그림 4-26 전방 카메라 보정완료 후 보정 데이터

전방 카메라의 영점설정은 기존에 인식된 좌표와 실제 좌표가 틀어진 경우에 발생하고 이를 보정타겟을 이용해 보정하고 보정타겟의 각도에 의해 좌표를 인식하그 이러한 값을 기반으로 차선이탈 경보와 차선이탈 보조기능을 실행하게 된다.

그림 4-26은 전방 카메라의 보정이 완료된 상태로 카메라의 상하 보정 값과 좌우 보정 값 그리고 수평축 보정 값, 회전 보정 값에 대한 수치가 표시되어 있다. 해당 보정 값은 참고만 하고 보정이 완료되었다는 것만 이해하면 되겠다.

③ 카메라 SPC 영점설정

전방 카메라의 보정은 보통 3가지 방식으로 앞에서 살펴본 SPTAC(Service Point Target Auto Calibration) 보정과 주로 생산공장에서 실시하는 EOL(End Of assembly Line) 영점설정으로 차이점은 자동차정비 현장에서 실시할 수 있는 방법으로 협소한 작업공간에 따른 제약을 해결하기 위함이다. 그에 따라 SPC(Service Point Calibration) 영점설정은 보정 타겟을 사용하지 않고 차량을 주행함으로써 공간적인 제약을 줄일 수 있지만, 시간적인 효율은 떨어진다.

최근 출시된 일부 차량에는 SPC 영점설정이 적용되어 있는데, 이는 차량의 생산라인에서 사용하는 EOL 방식은 차량을 생산 시 시간을 줄일 수 있는 장점이 있지만 이를 정비현장에 적용하기는 쉽지 않다. 그에 따라 국산차량의 경우 정비 편의성을 위해 공간적인 제약을 극복할 수 있는 주행보정방식이 적용되었다.

SPC 영점설정은 전방 카메라 부가기능에서 설정할 수 있는데 차량에 따라 적용 여부가 다르다.

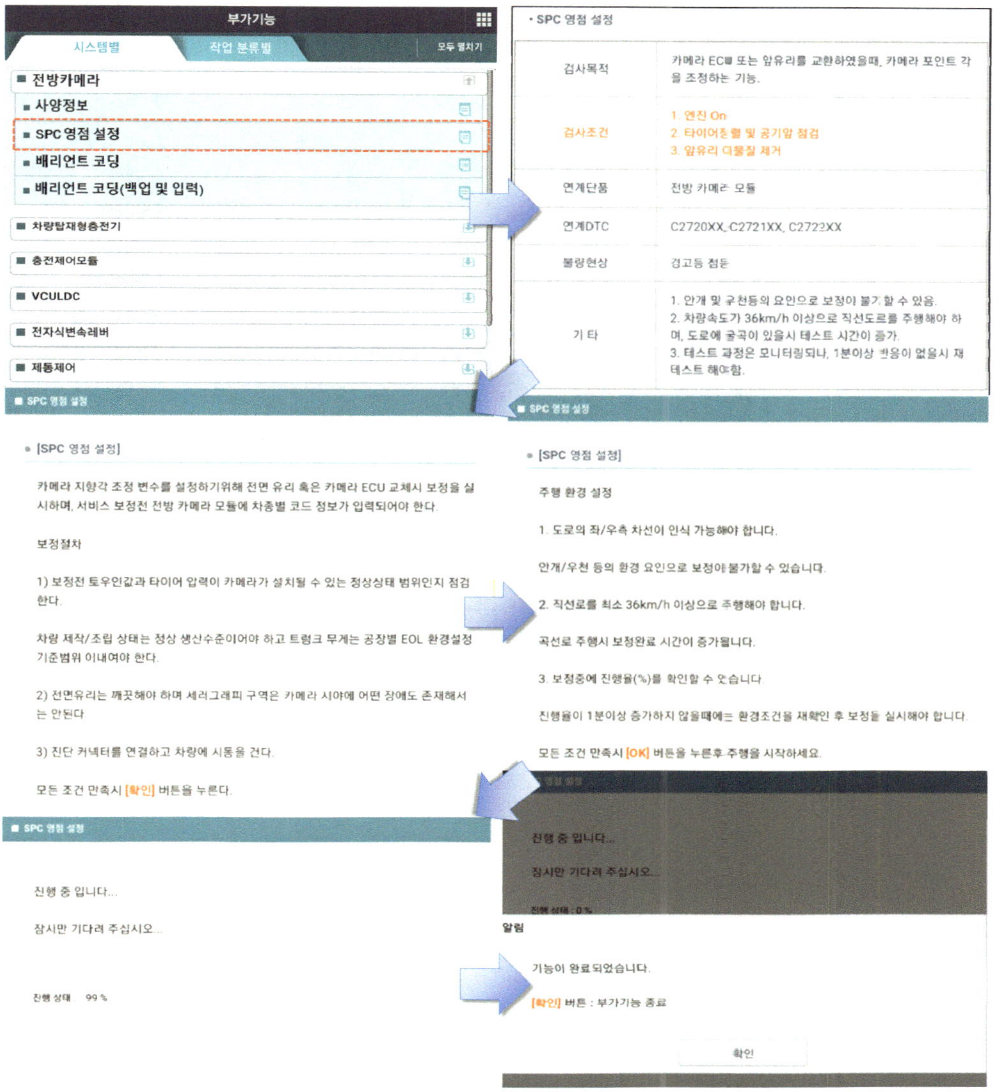

그림 4-27 전방 카메라 설치각도 측정 2

3) 기능확인

보정이 완료되면 전방 카메라와 관련된 기능이 정상작동 여부 확인을 위해 차량을 시험 운전하면서 차량의 관련 경고등이 사라지는지 확인한다. SPC 주행보정을 실시하는 경우 차량을 시험 운전하면 주행보정이 완료되면 그림 4-28과 같은 경고등이 자동으로 사라지면 주행보정이 완료된 것이다.

그림 4-28 전방 카메라 관련 경고등

4.3.2 수입 자동차

수입차량의 경우 앞에서 살펴본 국산차량과 크게 다르지 않지만, 차량의 제조사에 따라 보정에 필요한 타겟의 형상이 다른 것이 특징이고, 차량에 따라서는 보정 타겟으로 정차 보정 후 차량을 시운전하면서 주행보정을 하는 차량이 있다. 결국 자동차 제작사에 따른 부분보다 카메라 제조사에 따라 보정방법이 달라지는 것이다.

1) 차체수리

전방 카메라가 장착된 차량은 기본적으로 차량의 차체수리 부분은 크게 다르지 않지만, 차량의 전면 유리가 정상적으로 잘 고정되어야 전방 카메라의 장착각도가 정확하므로 차체수리가 매우 중요하다고 할 수 있다.

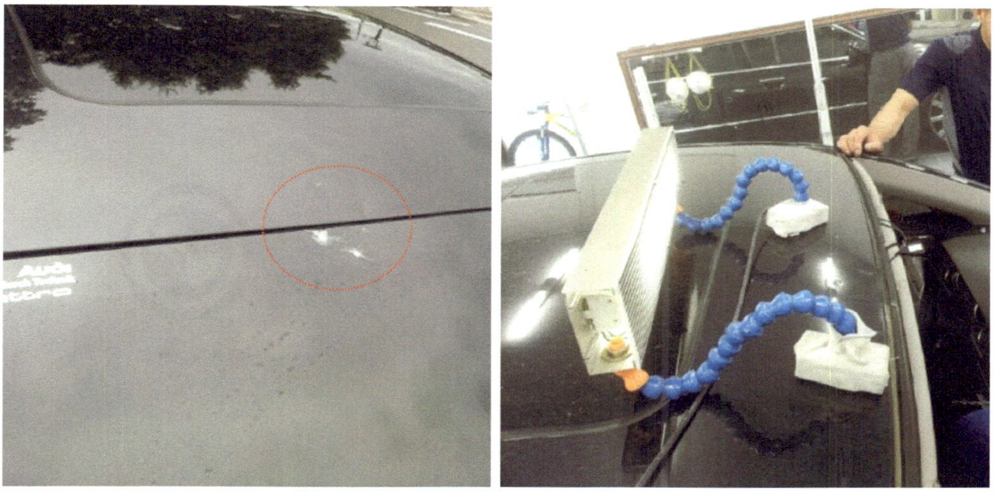

그림 4-29 아우디 A8 전면 유리 교환 및 루프 패널 수리

차량의 A 필러와 루프 패널 등은 전면 유리를 고정하는 부분으로 손상이 발생하면 전면 유리가 정상적으로 장착될 수 없어 정확한 수리되어야 한다. 전면 유리의 장착상태를 확인하고 전면 유리에 부착된 전방 카메라의 장착상태를 확인하고 코딩을 실시하면 되겠다.

2) 코딩

전방 카메라의 코딩을 위해서는 제조사별로 보정 타겟의 형상과 거리 등 차이가 있어 해당 차량의 정비매뉴얼을 확인해 그에 맞는 준비를 하고 코딩을 시작한다.

가. 사전준비

전방 카메라의 보정을 위해서는 차량에 전방 카메라가 정상적인 각도로 장착되어 있어야 한다. 그래서 전방 카메라가 바로 장착됨을 가장 우선적으로 확인해야 한다.

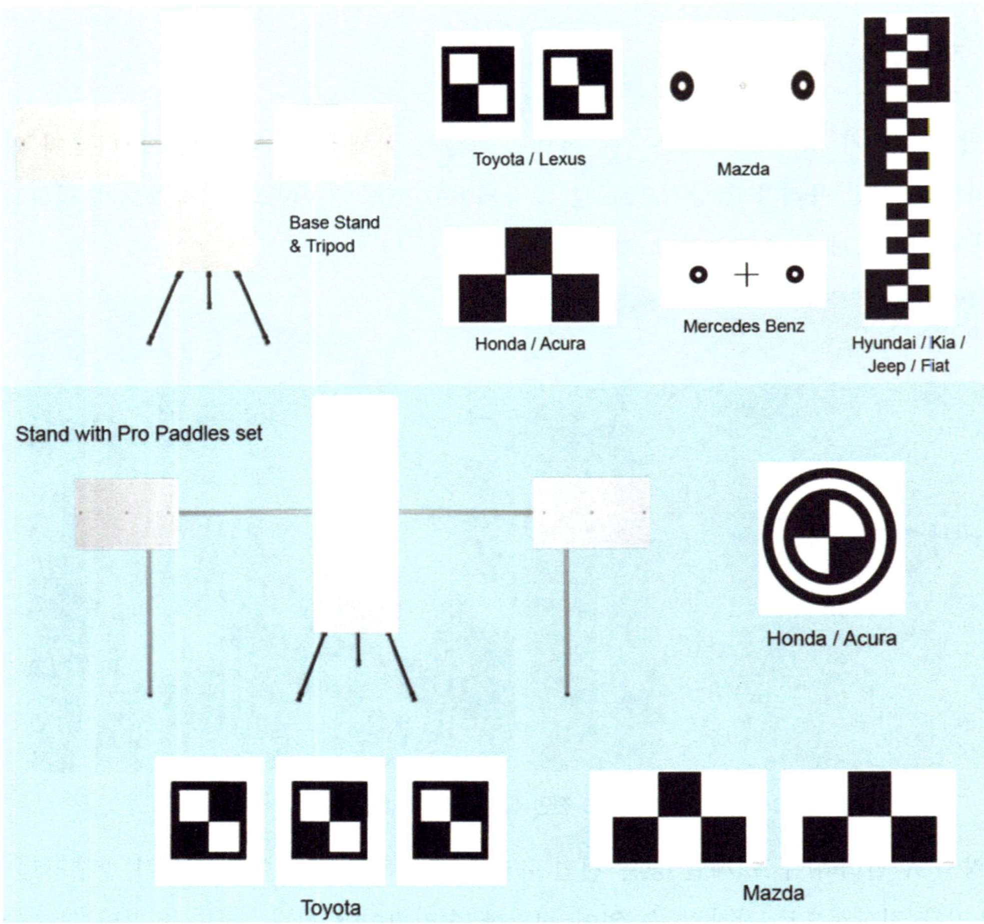

그림 4-30 전방 카메라 보정 타겟 종류 1

(출처:https://oemtools.com/adas/)

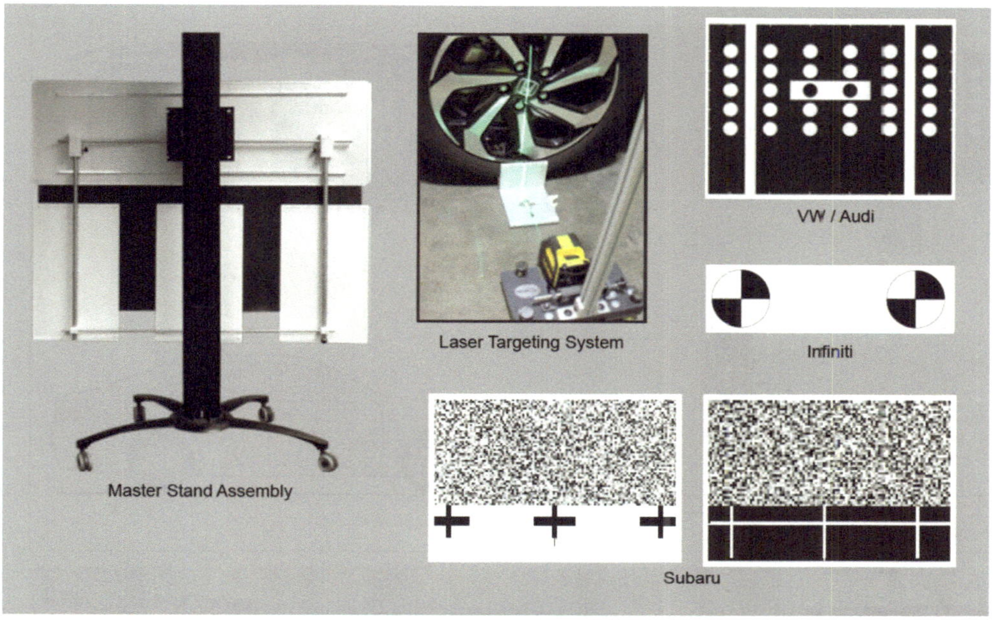

그림 4-31 전방 카메라 보정 타겟 종류 2

(출처:https://oemtools.com/adas/)

○ 차량 설정

진단기를 이용해 코딩을 실시하기 전 차량에 장착된 전방 카메라의 장착상태를 확인 후 보정을 위한 타겟을 준비하고 설치해야 한다. 앞에서 국산차량의 경우 차량의 중심선을 기준으로 보정 타겟을 설치하였지만 수입차량의 경우 대부분 차량의 뒷 바퀴 또는 앞 바퀴를 기준으로 타겟과의 거리 설정 및 직각으로 설정하는 등 차이가 있으니 해당 차량의 정비지침서 또는 스캔툴 진단기의 지침에 따라 보정 타겟을 설치한다.

그림 4-33과 4-34에서 보는 것과 같이 차량에 따라서 보정 타겟의 종류가 다르므로 차량에 보정에 적합한 보정 타겟을 선택해야 하고 차량과 보정 타겟의 거리 또한 차량마다 차이가 있어 제작사의 정비매뉴얼 또는 스캔툴 진단기의 지시에 따라야 하는데, 제조사의 매뉴얼과 스캔툴 진단기의 지시사항이 차이가 날 수 있는 것은 사용하는 보정 타겟이 다르기 때문이다. 즉 차량의 제작사 매뉴얼 상의 타겟은 제작사의 전용 보정 타겟을 사용하고 별도의 스캔툴 제조사의 타겟은 다양한 차량의 보정을 위해 멀티로 사용하도록 되어 있어 약간의 차이가 있는 점을 주의해야 한다.

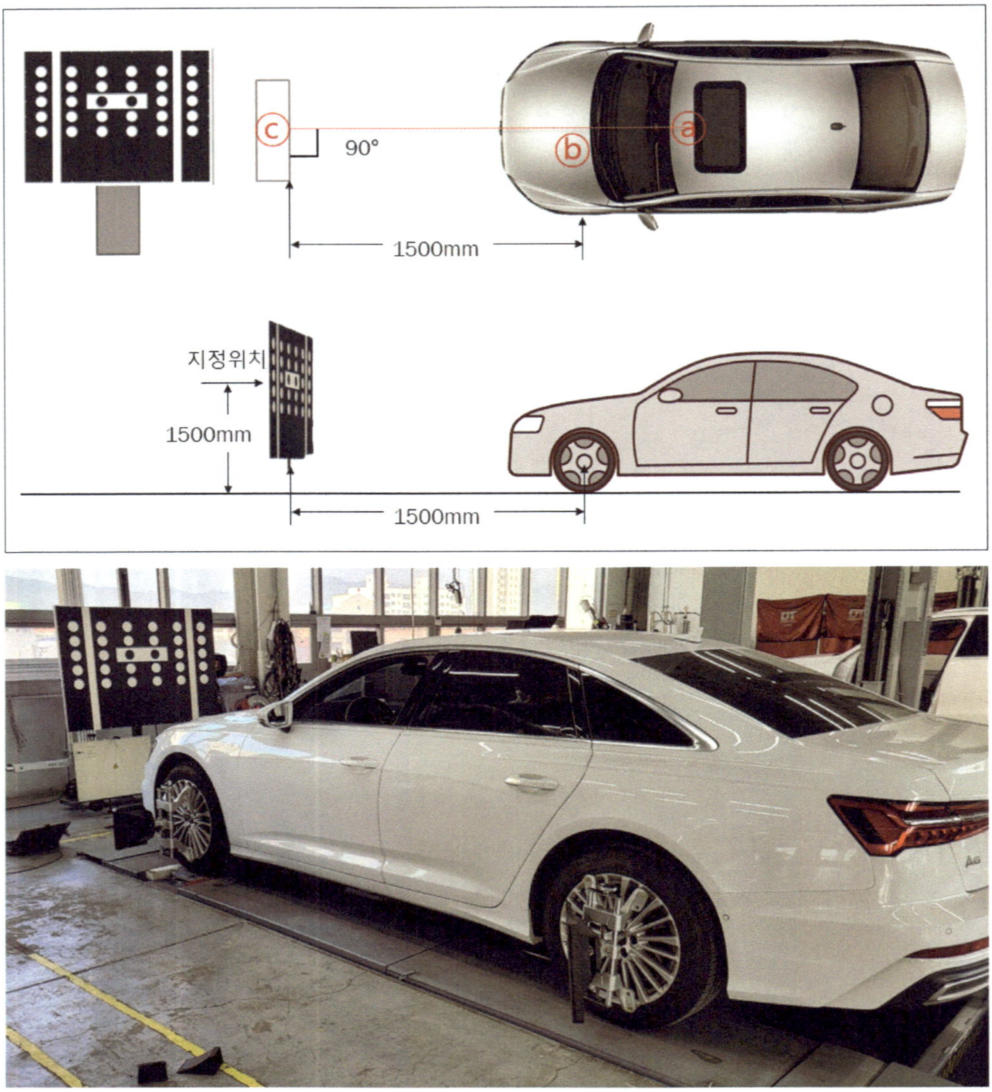

그림 4-32 전방 카메라 보정 타겟 설치(아우디 & 폭스바겐)

② 스캔툴 코딩

전방 카메라 모듈을 교환한 경우 해당 시스템의 배리언트 코딩이 우선적으로 진행하고 보정해야 하는데 최근에는 인터넷 서버에서 프로그램을 다운받아 코딩을 진행하고 있다. 기본적인 차량진단기능을 비롯해 소모품 관리에 관한 핫펑션 기능 외에 ADAS와 관련된 보정기능과 각종 제어기의 프로그래밍 기능을 지원하고 있다.

ADAS 관련된 기능 외 차량의 각종 제어기도 차량에 대한 설정이 탑재되지 않은 상태로 부품이 공급되는데, 이는 차량이 세계 각지로 수출되므로 그에 따라 적용되는 사양설정이 다양하기 때문으로 제어기 부품에서 베리언트 코딩과 같이 사양설정이 가능한 제어기가 있지만 그렇지 않고 내부에 프로그램이 전혀 들어있지 않은 제어기가 공급되기도 하는데 그러한 경우 스캔툴 진단기 중 프로그래밍이 가능한 진단기를 이용해 프로그램을 설치해 제어기를 사용할 수 있다.

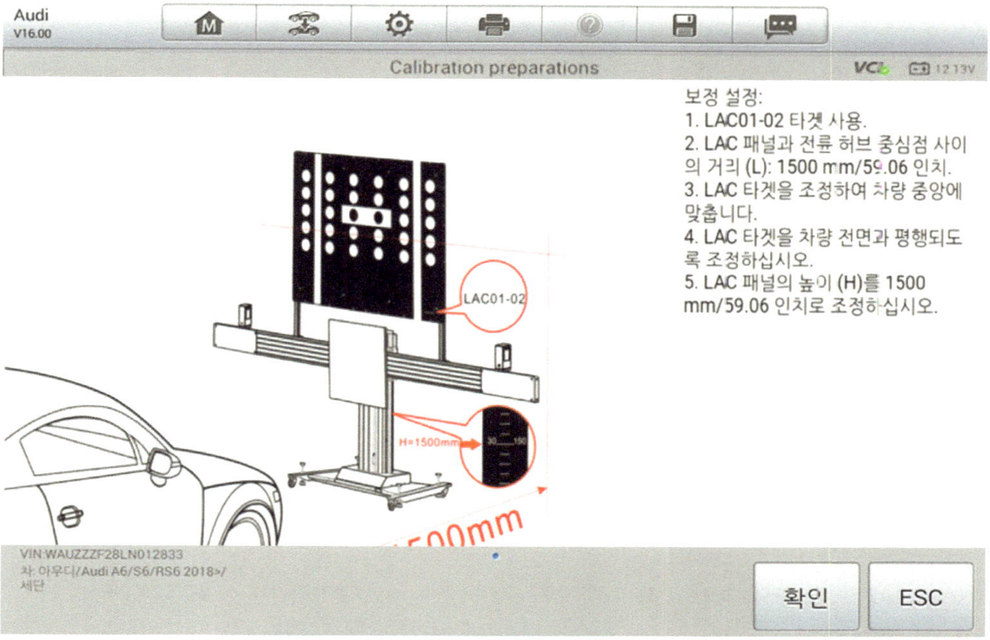

그림 4-33 스캔툴 ADAS 타겟 설정

전방 카메라 시스템 중 차량에 따라서 보정 타겟이 불필요한 차량은 스캔툴 보정 기능으로 바로 진행하면 되지만 아우디 & 폭스바겐 차량의 경우 그림 4-35와 4-36과 같이 차량을 평형한 곳이 주차하고 지정된 위치에 보정 타겟을 설치한다.

기본적인 거리 기준은 해당 차량의 정비지침서를 기준으로 차량에 따라 다소 차이가 있지만, 앞바퀴 허브 중심을 기준으로 1,500mm로 보정 타겟을 설치하되 차량의 중심점과 타겟의 중심을 맞추고 바퀴에 고정클램프를 장착해 레이저 포인트를 이용해 보정 프레임과의 직각도를 설정한다. 전방 카메라 보정 타겟의 높이를 지면에서 1,500mm 지점에 위치시키고 스캔툴로 보정을 실시한다.

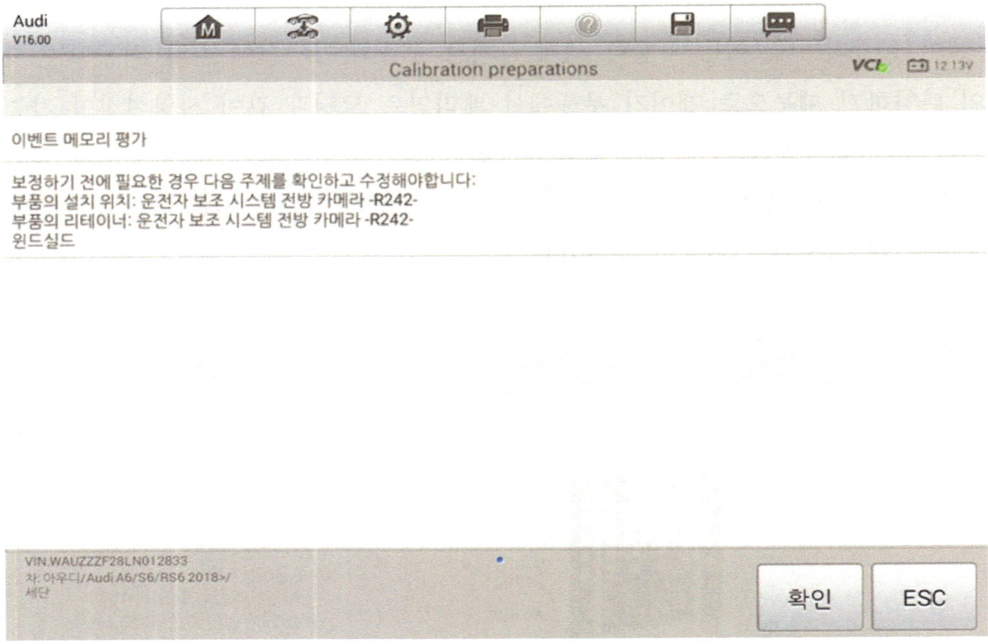

그림 4-34 전방 카메라 스캔툴 보정

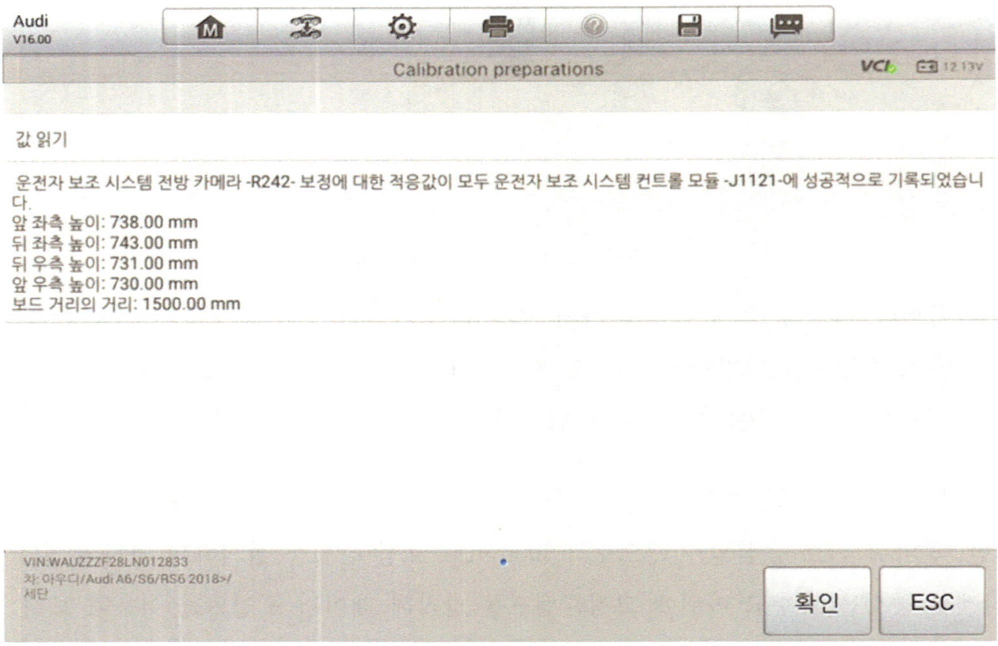

그림 4-35 차량 높이 입력

전방 카메라의 정밀한 보정을 위해서는 차량의 높이가 정확히 입력되어야 하는데 이는 차량의 기울기에 따라 전방 카메라의 소실점이 달라질 수 있기 때문이다.

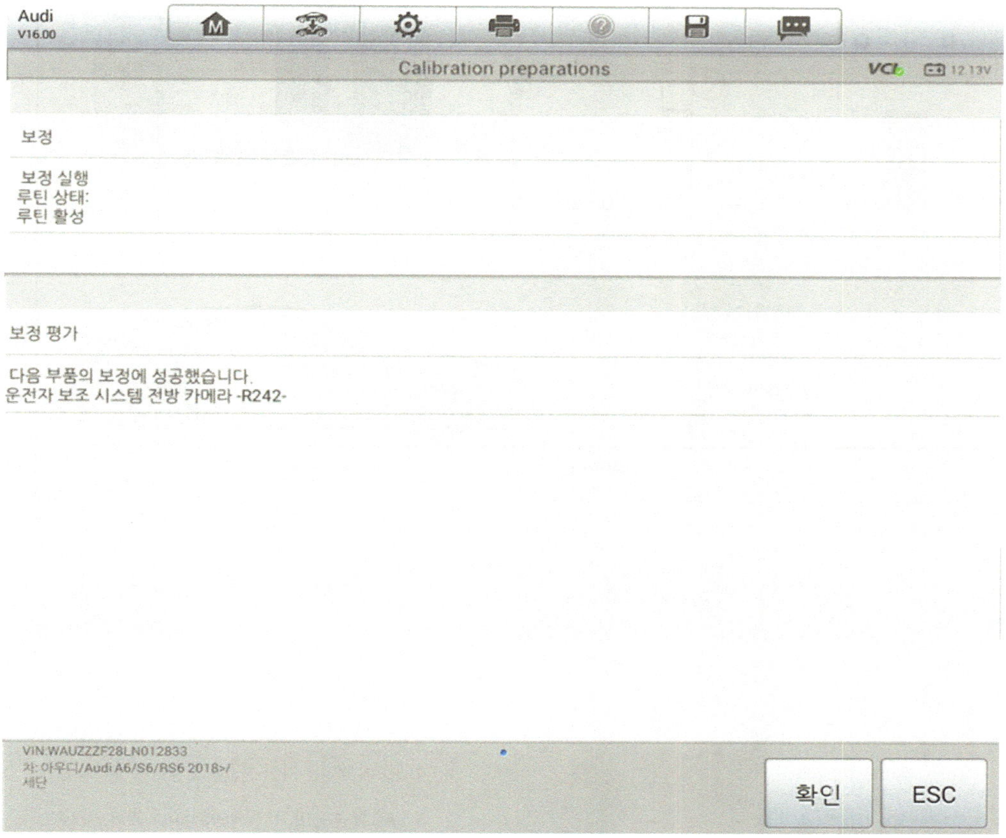

그림 4-36 아우디 · 폭스바겐 차량 전방 카메라 보정

아우디와 폭스바겐의 차량은 동일 계열사로 인해 보정 타겟과 설치방법이 같은데 이는 우리나라의 현대 · 기아 차량이 동일한 보정 타겟과 설치방법이 유사한 것과 같다.

그림 4-37은 벤츠 차량의 보정 타겟으로 앞에서 살펴본 아우디 · 폭스바겐 차량과 보정 타겟 형상이 다소 차이가 있다는 것을 알 수 있는데 보정 타겟의 설치 방법은 동일하지만 차량과의 거리는 아우디 · 폭스바겐 차량은 전륜 휠의 허브 중심에서 보정 타겟과의 거리를 규정하였지만, 벤츠 차량은 앞 범퍼에서 보정 타겟과의 거리를 측정해 위치시켜야 한다.

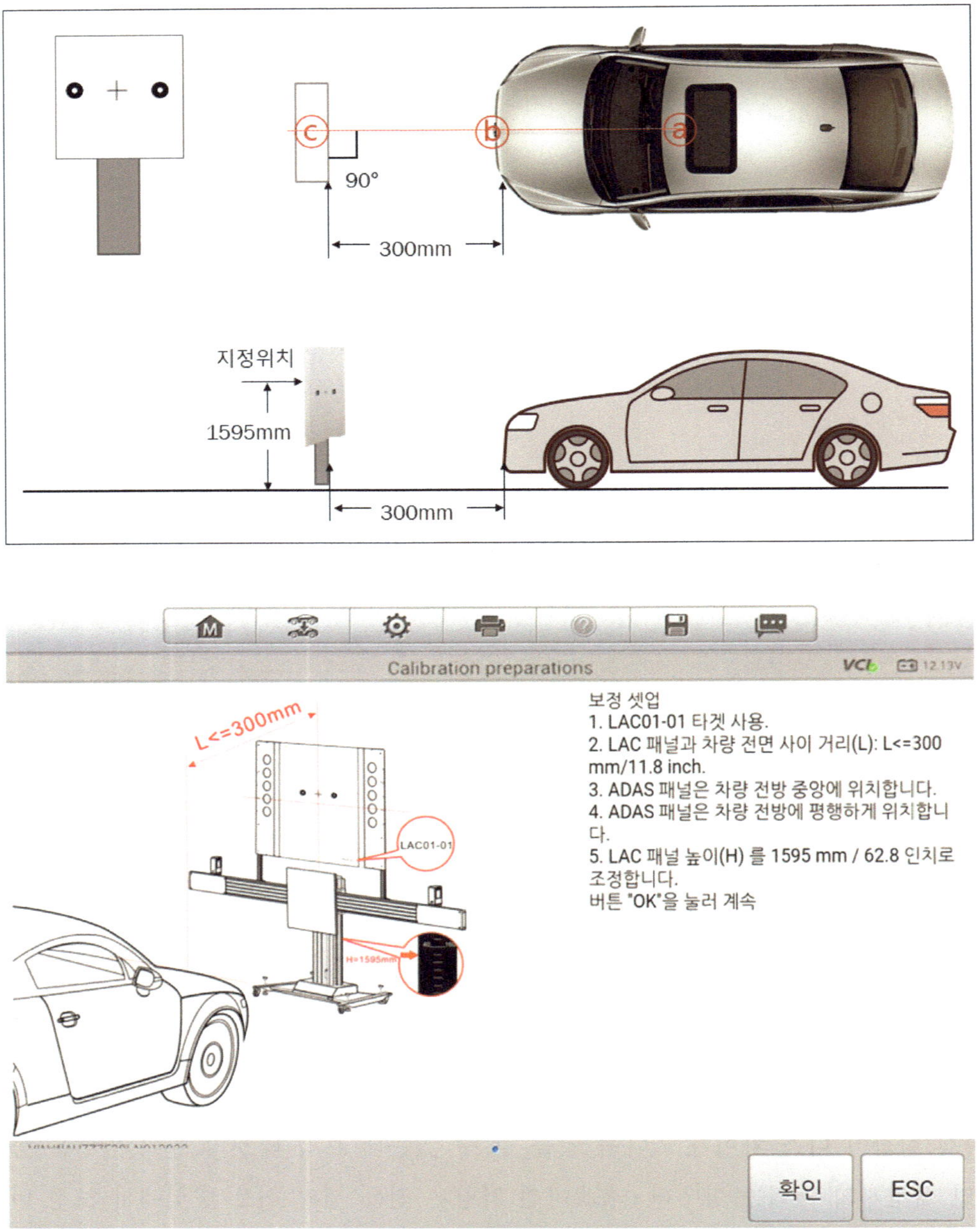

그림 4-37 벤츠 전방 카메라 보정 타겟 설치

스캔툴 진단기를 이용해 전방 카메라 보정을 선택하면 그림 4-37에서 보는 것과 같이 카메라 보정에 필요한 보정 타겟의 설정방법이 표시되는데, 앞의 앞바퀴 허브 중심에서의 거리가 아닌 전 범퍼를 기준으로 거리를 측정하고 측정한 거리를 입력한다.

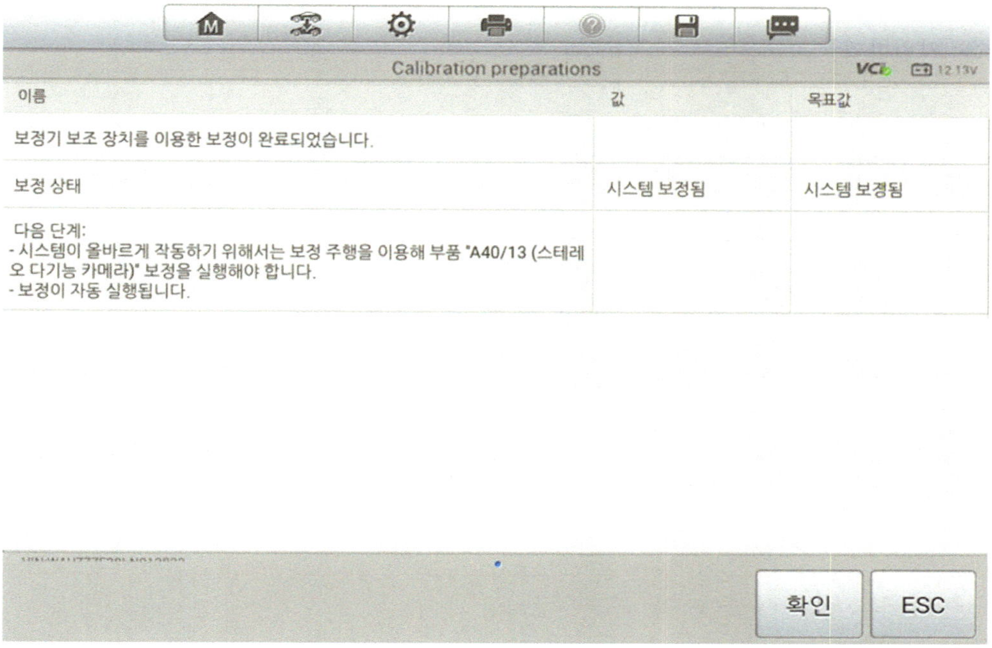

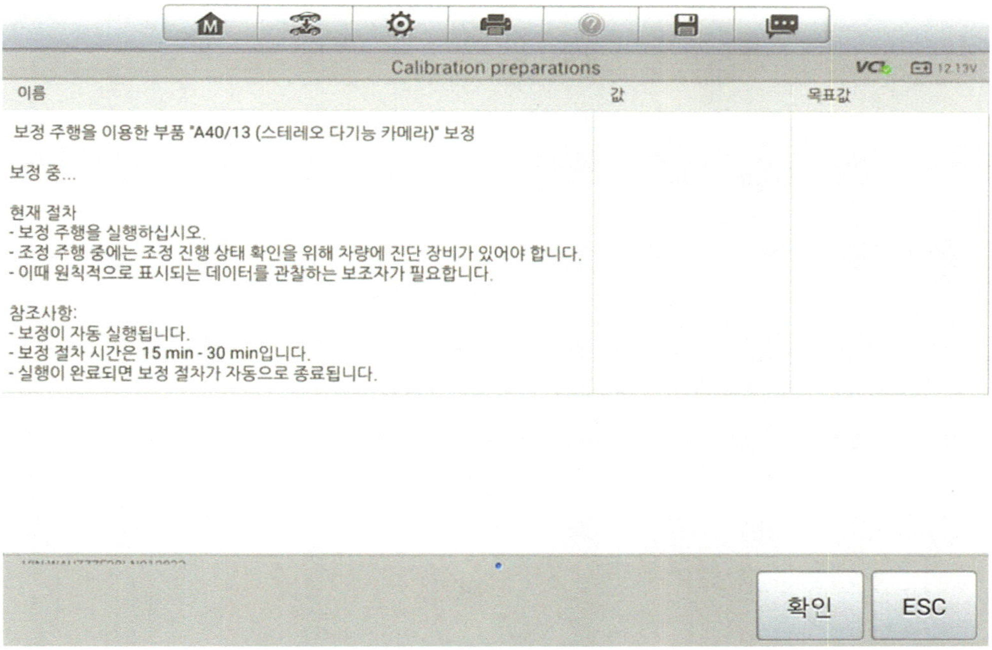

그림 4-38 벤츠 전방 카메라 보정

아우디 · 폭스바겐, 벤츠 사와 같은 대부분의 독일 차량은 정차보정 즉 정적보정으로 전방 카메라의 보정을 하지만 BMW 차량의 경우 정차보정이 아닌 주행보정 즉 동적보정만을 지원한다.

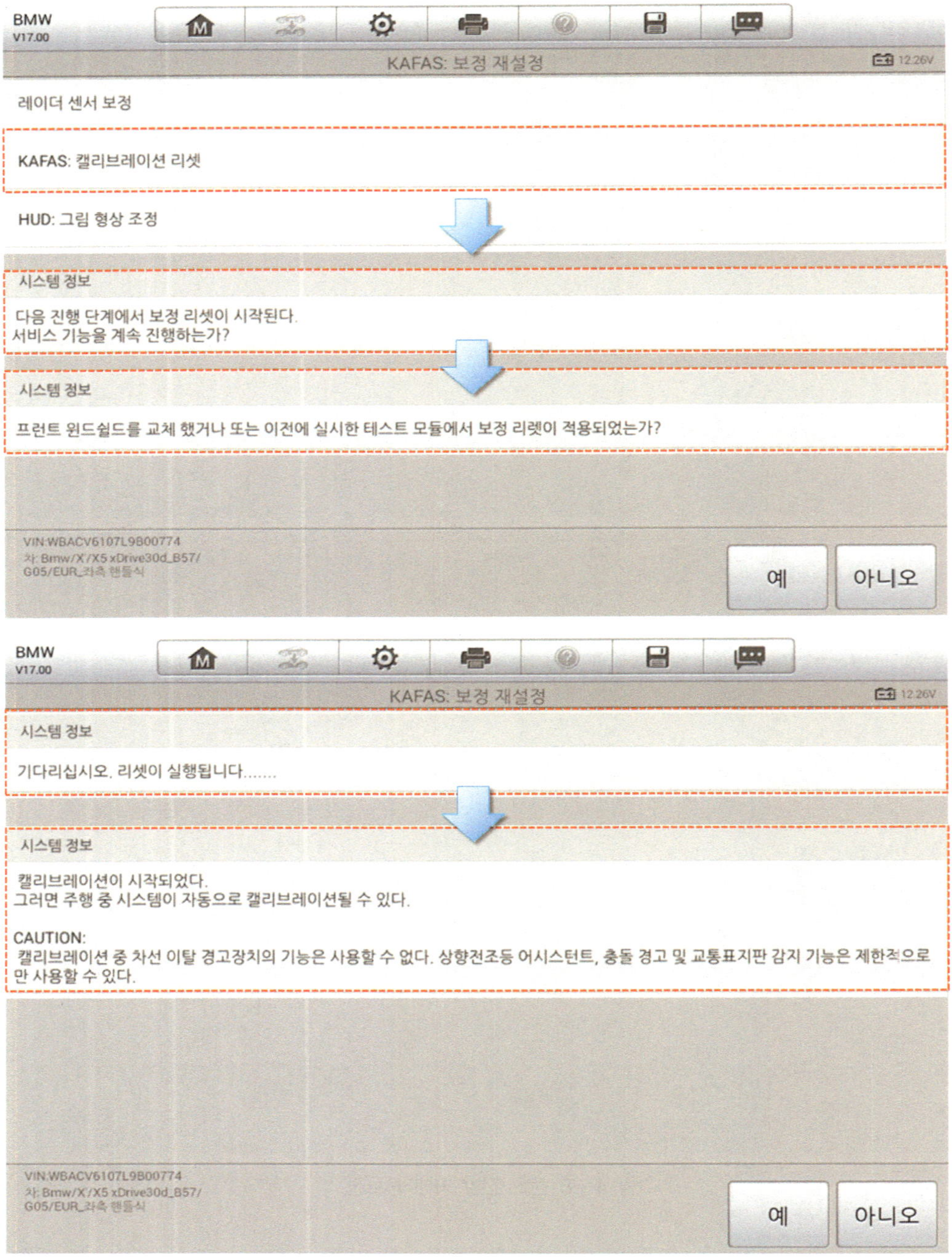

그림 4-39 BMW 차량 전방 카메라 보정

BMW 차량은 전방 카메라를 보정하기 위해 스캔툴 진단기를 연결하고 카메라 보정 기능을 실행하면 전방 카메라 보정 값에 대한 리셋이 실행되고 주행보정 모드로 진입한다. 이때 차량을 주행하면서 보정이 되는데, 국산차량의 주행보정과 같은 방식으로 차량을 주행하면서 보정이 완료되면 경고등이 사라지고 차량에 따라서는 고장코드를 확인하고 과거 고장으로 변경되었으면 삭제하고 그렇지 않으면 보정이 정상적으로 이루어지지 않았기에 다시 보정을 실시한다.

3) 기능확인

보정이 완료되면 전방 카메라와 관련된 기능이 정상작동 여부 확인을 위해 차량을 시운전하면서 차량의 관련 경고등이 사라지는지 확인한다. 주행보정을 실시하는 경우 차량을 시운전하면 주행보정이 완료되면 그림 4-40과 같은 경고등이 자동으로 사라지면 주행보정이 완료된 것이다.

그림 4-40 X5 G05 전방 카메라 관련 경고등

전방 카메라와 관련해 놓치기 쉬운 부분이 휠얼라이먼트로 전방 카메라의 보정이 정상적으로 이루어져도 휠얼라이먼트가 불량해 차량이 한쪽으로 쏠리면 불편함이 발생하게 된다. 국산차량은 별도의 타겟으로 보정이 쉽지만 수입차량은 휠얼라이먼트와 함께 연결하여 보정타겟을 사용하는 것이 더욱 효율적이기 때문이다.

ADAS 시스템에서 어라운드 뷰와 같은 카메라 보정을 위해서는 넓은 공간이 필요하지만, 전방 레이더 보정과 후방 레이더 보정 또 전방 카메라 보정은 상대적으로 적은 공간이 있어야 하고 차량의 휠에서 보정 타겟 간의 거리를 측정하고 기준을 잡기에 휠얼라이먼트가 필수적인 요소가 되어 휠얼라이먼트와 ADAS 보정 타겟 툴을 일원화시켜 사용하는 경우가 많다.

그림 4-41 ADAS 보정 타겟과 휠얼라이먼트

※ 전방 카메라 보정 정리

전방 카메라의 보정방법은 총 3가지이다.

① EOL(End Of assembly Line) 보정

EOL 보정은 주로 차량을 생산하는 라인의 가장 끝 부분에 전방 카메라 보정을 위한 보정방법으로 보정 타겟과 차량과의 거리가 있어 넓고, 긴 공간이 필요하다.

② SPTAC(Service Point Target Auto Calibration) 보정

자동차정비 현장에서 사용하는 보정방법으로 보정 타겟을 이용해 EOL 보정에 비해 적은 공간에서 타겟을 이용해 설정할 수 있는 장점을 가지지단, EOL 보정에 비해 시간이 많이 걸리는 단점이 있다.

③ SPC(Service Point Calibration) 보정

SPTAC 보정과 같은 자동차정비 현장에서 사용하는 보정방법이지만 차이점은 보정 타겟을 사용하지 않고 차량을 시험 운전하면서 주변환경을 인식시켜 보정하는 것으로 보정을 위한 작업환경이 필요하지 않지만, 차량을 운행해서 보정 해야 하기에 고객의 차량을 엔지니어가 운전하면서 발생하는 사고의 위험과 보정을 위한 시운전 시간을 많이 소요한다는 단점을 가지고 있다.

차량명	높이 (cm)	근거리 (cm)	원거리 (cm)	주행 테스트	
EQ900	90±1	0±5	100±5	O	60km/h LKA
G90	90±1	0±5	100±5	O	60km/h LKA
G80(RG3)	90±1	0±5	100±5	O	60km/h LFA
G80(DH)	90±2	0±10	100±5	O	60km/h LKA
G70(IK1)	정차보정 無, 주행보정 실시			O	36km/h LFA
GV80(JX1)	90±1	0±5	100±5	O	60km/h LFA
GV70(JK1)	90±1	0±5	100±5	O	60km/h LFA
GV60(JW1)	90±1	0±5	100±5	O	60km/h LFA

표 4-1 제네시스 전방 카메라 보정 특징

차량명	높이 (cm)	근거리 (cm)	원거리 (cm)	주행 테스트	
캐스퍼(AX1)	정차보정 無, 주행보정 실시			O	36km/h LFA
i30(PD)	90±1	0±5	100±5	O	60km/h LKA
벨로스터(JS)	90±1	0±5	100±5	O	60km/h LKA
아이오닉(AE)	90±2	0±10	100±5	O	60km/h LKA
아반떼(AD)19MY~	90±1	0±5	100±5	O	60km/h LKA
아반떼(AD)~18MY	90±1	0±5	100±5	O	60km/h LDW
아반떼(CN7)	90±1	0±5	100±5	O	60km/h LKA
쏘나타(LF)16MY~	90±1	0±5	100±5	O	60km/h LKA
쏘나타(LF)~15MY	90±1	0±5	175±5	O	60km/h LDW
쏘나타(DN8)	90±1	0±5	100±5	O	60km/h LFA
그랜져(IG)20MY~	90±1	0±5	100±5	O	60km/h LFA
그랜져(IG)~19MY	90±2	0±10	100±5	O	60km/h LKA
그랜져(HG) A	차량 후드에 보정 타겟 장착			O	LDW
그랜져(HG) B	90±2	0±5	174	O	LDW
아슬란(AG)	90±1	0±5	100±5	O	60km/h LDW
아이오닉5(NE)	정차보정 無, 주행보정 실시			O	36km/h LFA
에쿠스(VI)	차량 후드에 보정 타겟 장착			O	LDW
코나(OS)21MY~	정차보정 無, 주행보정 실시			O	36km/h LFA
코나(OS)~20MY	90±1	0±5	100±5	O	60km/h LFA
투싼(TL)	90±1	0±5	100±5	O	60km/h LKA
투싼(NX4)	정차보정 無, 주행보정 실시			O	36km/h LFA
넥쏘(FE)	90±1	0±5	100±5	O	60km/h LFA
싼타페(DM)16MY~	90±1	0±5	100±5	O	60km/h LDW
싼타페(DM)~15MY	차량 후드에 보정 타겟 장착			O	LDW
싼타페(TM)	90±1	0±5	100±5	O	60km/h LKA
펠리세이드	90±1	0±5	100±5	O	60km/h LKA
스타리아(US4)	정차보정 無, 주행보정 실시			O	36km/h LFA
포터2 20MY~	90±1	130±5	230±5	O	LKA & FCA

표 4-2 현대자동차 전방 카메라 보정 특징

차량명	높이 (cm)	근거리 (cm)	원거리 (cm)	주행 테스트	
모닝(JA)21MY~	90±1	0±5	100±5	O	60km/h LFA
쏘울(KS3)	90±1	0±5	100±5	O	60km/h LKA
스팅어(CK)	90±1	0±5	100±5	O	60km/h LKA
K3(BD)	90±1	0±5	100±5	O	60km/h LKA
K5(JF)	90±1	0±5	100±5	O	60km/h LDW
K5(DL3)	90±1	0±5	175±5	O	60km/h LKA
K7(VG)	차량 후드에 보정 타겟 장착			O	LDW
K7(YG)	90±1	0±5	100±5	O	LDW & LKA
K8(GL3)	정차보정 無, 주행보정 실시			O	36km/h LFA
K9(KH)	차량 후드에 보정 타겟 장착			O	LDW
K9(RJ)	90±2	0±5	100±5	O	60km/h LKA
니로(DE)	90±1	0±5	100±5	O	60km/h LFA
스토닉(YB CUV)	90±1	0±5	100±5	O	60km/h LDW
스포티지(QL)	90±1	0±5	100±5	O	60km/h LDW
스포티지(NQ5)	90±1	0±5	120±20	O	60km/h LFA
셀토스(SP2)	90±1	0±5	100±5	O	60km/h LFA
EV6(CV)	90±1	0±5	120±20	O	60km/h LFA
쏘렌토(UM)	90±1	0±5	100±5	O	LDW & LKA
쏘렌토(MQ4)	90±1	0±5	100±5	O	60km/h LFA
모하비(HM)16MY~	90±1	0±5	100±5	O	60km/h LDW
카니발(YP)17MY~	90±1	0±5	100±5	O	60km/h LDW
카니발(YP)~16MY	90±1	0±5	174±5	O	60km/h LDW
카니발(KA4)	90±1	0±5	120±20	O	60km/h LFA
봉고3 20MY~	90±1	0±5	100±5	O	LKA & FCA

표 4-3 기아자동차 전방 카메라 보정 특징

CHAPTER 4 생각해보기 Exercise

1. 전방 카메라의 ADAS 기능 3가지 예를 들어 설명하시오.

2. 자동차 사각지대에 대하여 설명하시오.

3. 전방 카메라의 종류와 성능에 대하여 설명하시오.

4. 테슬라 모델3 차량에 적용된 카메라에 대하여 설명하시오.

5. 전방 카메라 보정에 영향을 줄 수 있는 차체 패널을 예를 들고 각각에 대해 설명하시오.

6. 전방 카메라의 스캔툴 코딩 기능 중 배리언트 코딩에 대하여 설명하시오.

7. 아우디 & 폭스바겐의 전방 카메라 보정에 필요한 도구와 용도를 설명하시오.

8. 전방 카메라의 배리언트 코딩에 대하여 설명하시오.

9. SPTAC(Service Point Target Auto Calibration) 보정과 EOL(End Of assembly Line) 보정에 대하여 설명하시오.

10. SPC(Service Point Calibration)에 대하여 설명하시오.

Chapter 05

주차편의와 차체수리

매 해마다 교통사고가 끊이지 않는데 그 중 주차 사고의 비율은 꽤 높은데 최근 보험개발원 통계를 보면 자차나 대물사고 중 주차 사고의 비율은 약 30% 수준이다. 우리나라는 인구 대비 자동차 수가 많고, 이면도로나 좁은 주차장 등의 복잡하고 협소한 도로 사정으로 인하여 주차 중 사고가 자주 발생하고 있다.

초보운전자와 같이 운전이 능숙하지 않은 이에게 가장 큰 문제는 주차로 도착장소에 대리주차와 같은 발렛 파킹을 해주는 곳이라면 부담이 적을 수 있으나 주차공간이 협소한 대형 할인점의 경우 가장 힘들어하는 곳 중 하나로 꼽힌다. 언제 어디서나 발렛파킹이 되면 좋겠지만 쉽지 않은데, 이러한 운전자의 불안을 보조하기 위한 장치로 초음파 센서를 이용한 후방 경보기가 있고, 후방의 위험사항을 영상으로 보여주는 후방 카메라와 디스플레이 또 차량을 마치 하늘 위에서 보는 듯한 영상을 운전자에게 보여주는 어라운드 뷰 시스템이 탑재되어 있다.

최근에는 주차를 자동으로 해주는 원격주차 시스템 및 자동주차 시스템이 장착되었는데 차량에 따라 차이가 있고 하차 후 차량이 알아서 주차공간을 찾아 주차하는 등의 자율주행을 기반으로 한 주차도 지원하지만 흔하지는 않다.

자율주행차량이라면 필수적으로 갖추어야 할 기능으로 자리 잡을 것으로 기대하는데, 최근 많이 이용하고 있는 카 쉐어링에서 공유 차량의 픽업 장소와 반납 장소가 다른 경우에 차량을 적적히 배분하기 위해 자율주행을 이용할 수 있는데 이를 자동주차라고만 단정하기에 그 기능이 크고 용도가 광범위해지기 때문이다.

차량의 주차 중에 발생하는 교통사고는 비교적 사소하지만, 심야시간에 불법 주정차한 차량으로 인하여 발생하는 교통사고는 치명적이다. 이때 자동주차기능이 차량 안전한 곳으로 자동발렛 주차하면, 불법 주정차 차량으로 발생하는 교통사고 및 교통체증은 현격히 줄어들 것이다. 미래에 스마트시티 등에서는 운전자가 직접 운전대를 잡고 있거나 주차 때문에 시간을 허비하는 일은 줄어들 것이다. 또 차량의 자율주행기술과 자동주차기술이 합해져 주차관제 센터와 연결을 통해 주차공간을 할당받거나 주차된 차량을 찾아 호출하는 등의 고난이도의 프로그램이 필요하게 되는데, 차량의 원격잠금이나 해제장치들의 기술개발도 필요하다.

5.1 주차편의 장치

5.1.1 후방경보 장치

차량을 주차시 사이드 미러나 룸 미러와 같은 거울에 의존해 주차하다 보면 미처 발견하지 못한 물체와의 추돌이 발생할 수 있는데, 이는 거울에 보이지 않는 사각지대로 인해 주차 중 교통사고가 발생할 수 있어 이를 보조하기 위한 후방 경보장치가 장착되었다.

후방 경보장치는 차량의 뒷 범퍼에 부착된 초음파 센서를 이용해 센서의 위치에 따라 감지하고 소음을 발생해 운전자에게 경보하고 계기판이나 내비게이션 등으로 차량과 물체와의 간격을 표시해주는 등 주차에 도움을 주고 있으며, 더 낳아가 차량의 전 범퍼에도 초음파 센서를 장착해 차량의 전·후방에 대한 물체를 감지해 운전자에게 경보해주고 있다.

후방 경보장치에 사용되는 초음파는 사람의 귀에 들리지 않는 소리(음파)로 진동수가 2만 Hz의 소리로 사람이 아닌 개나 고양이, 돌고래, 박쥐와 같은 동물들은 초음파 영역의 소리도 들을 수 있지만, 사람은 들을 수 없는 영역이다.

차량의 초음파 센서는 진동자에서 초음파를 발생시켜 외부로 발산하고, 이 초음파가 물체에서 반사되어 되돌아오는 시간을 측정해 물체까지의 거리를 감지하고, 제어기에 신호를 보내면 제어기에서 감지거리에 따라 소음의 정도를 다르게 표현해 거리감을 운전자가 알 수 있도록 하고 디스플레이 장치에 표시한다.

초음파 센서는 매우 간단한 원리로 물체의 크기나 모양 및 위치를 인식할 수 있지만, 레이더 센서와 달리 비교적 먼 거리의 물체를 감지하지는 못하므로 주차보조 수단으로 사용하고 이러한 감지거리를 보완한 울트라 초음파 센서가 적용된 차량도 있다.

최초에는 차량의 후방만을 감지하여 후방감지기 또는 후방경보기 등으로 호칭하였으나 차량의 전방을 감지하는 기능이 추가되면서 주차거리경보 PDW-R(Parking Distance Warning-Reverse)로 명칭이 변경되기도 하였으나 초음파 센서의 수가 늘어났을 뿐 작동원리는 같다.

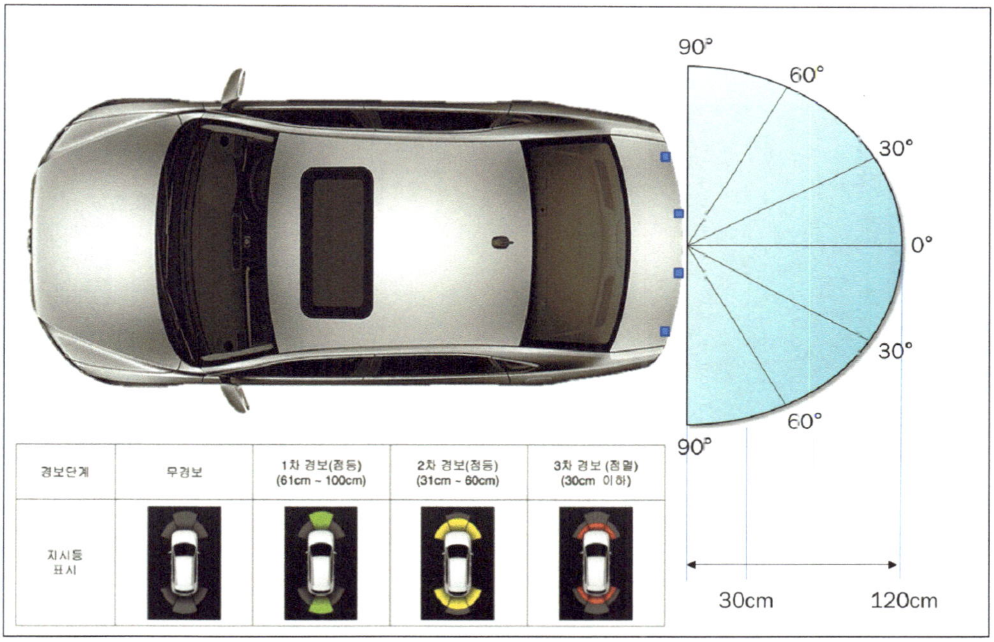

그림 5-1 PDW-R 감지거리 및 경보단계

5.1.2 후방 카메라와 내비게이션

차량에 내비게이션이 개발되어 차량에 장착되면서 영상을 보여줄 수 있는 디스플레이가 장착되었고 그로 인해 차량의 후방을 보여주기 위한 카메라가 장착되었다. 결국 후방 카메라의 장착은 차량에 내비게이션이 장착되기 시작하면서 시작되었고 차량에 기본적으로 장착되는 내비게이션이 아니라 외부에서 판매하는 내비게이션을 장착하는 경우에도 후방 카메라를 당연히 선택하는 것이 되었다.

차량을 후진하기 위해 후진기어를 조작하면 후방 카메라가 작동해 운전자에게 후방의 정보를 제공하는데, 후방 카메라로부터 차량후방 영상 신호를 받은 AVN 유닛에 디스플레이 된다.

후방 카메라 기능은 최초에는 단순히 차량의 후방을 보여주는 것에서 시작하였지만 차량의 조향각 센서의 신호를 받아 차량의 주차라인과 조향각에 따른 예상 주행방향을 보여주는 기능을 추가하고 초음파 센서와 후측방 레이더의 정보를 함께 표시해 편리성을 더해 주기도 한다.

그림 5-2 후방 카메라 (출처: http://webmanual.hyundai.com)

5.1.3 AVM

자동차에 전후좌우 4개의 카메라를 설치하고 제어기를 통해 영상을 합성해 마치 하늘에서 내려다보는 것과 같은 영상 또는 3D 영상을 디스플레이 해주는 장치가 있는데, 이를 높은 곳에 본다는 의미로 '탑 뷰(Top view)' 또는 '버드 아이 뷰(Bird's eye view)' 라고도 부르며 현대·기아자동차에서는 AVM(Around View Monitor) 또는 SVM (Surround View Monitor)라고 한다.

AVM에 적용된 카메라는 일반적인 카메라 보다 넓은 화각을 가진 카메라 모듈을 사용하는데, 그로 인해 다소 왜곡이 발생하는데 차선이나 주차선이 휘어져 보이거나, 매끄럽지 않게 연결되어 어지러움증이 발생하기도 하지만 최근에는 관련기술이 향상되면서 왜곡현상을 찾아보기 힘들다.

AVM은 앞에서 살펴본 초음파 센서와 함께 적용하여 주차를 보조하고 있어 주차시 발생하는 교통사고의 위험성을 크게 감소시켜 준다. 다만 가격이 비싸 주로 고급차량에 적용되어 있는데, 자동차의 제작사가 아닌 자동차 용품마켓에서 AVM을 구입해 장착도 가능하다. 이는 역설적으로 많은 운전자들이 주차로 인해 불편을 겪고 있으면, 그에 따라 애프터 마켓이 활성화되는 것이다.

자동차제작사에 장착하는 옵션 중 차량 제조시에 장착되지 않고, 자동차 판매사에서 추가로 장착하기도 하는데, 대표적인 것이 우리나라에 수입된 차량 중 사이드미러를 접는 기능이 없어 판매사가 추가하는 '딜러 옵션'으로 국산차량에서는 블랙박스나 틴팅(썬팅)이라고 생각하면 되겠다.

그림 5-3 AVM

5.1.4 자동주차

자동주차 기능은 크게 두 가지로 구분할 수 있는데, 운전자가 차량에 승차한 상태에서 주차를 보조하는 기능과 운전자가 탑승하지 않은 상태에서 차가 스스로 주차하는 기능이다.

1) 주차보조

운전자가 탑승한 상태에서 주차구역을 확인하고 차량이 주차구역을 확인하면 차량이 스스로 주차하지만 만약에 발생할 수 있는 사고를 예방하기 위해 운전자는 차량에서 주위를 살펴야 한다.

주차보조는 주로 스티어링 휠을 조작하기에 SPAS(Steering Park assist system)로 부르며, 수직/수평주차의 경우 운전자는 SPAS 기능을 작동시킨 상태로 주차공간 옆을 지나면 SPAS는 주차공간을 탐색하고 탐색이 완료되면 운전자에게 음성으로 주차공간이 확인되었다는 안내 음성과 메시지를 디스플레이로 알려준다.

운전자는 차량의 안내에 따라 변속레버만을 조작하고, 스티어링 휠에서 손을 떼고, 만일의 경우를 대비해 브레이크 페달을 밟을 준비만 하면, 차량이 천천히 움직이고 스티어링 휠은 자동으로 조작된다. 만일 차량이 장애물과 충돌할 위험이 판단되는 경우에는 운전자에게 경고음을 통해 경고하고 운전자가 변속레버를 지시와 다른 위치에 인가하거나 정해진 속도 이상으로 가속하거나 스티어링 휠을 강제 조작할 경우, 운전자에게 시스템 해제를 안내하고 기능을 해제한다. 또 주차보조가 종료 시 종료를 안내하고, 기능을 해제한다.

차량에 따라서는 중형차량과 소형차량에 적용되었는데, 운전이 미숙한 운전자를 위해 이미 오래전 개발되고 탑재되었지만, 차량이 서행하면서 주차되고 주차장 조건에 따라 주차공간이 인식되지 않는 등의 문제가 있고 이 기능이 추가되면서 차량의 가격이 비싸지는 단점으로 인하여 많이 사용되지는 않았다.

그림 5-4 SPAS(QR 코드 스캔시 영상실행)

2) 원격주차

원격주차는 이름 그대로 사람이 탑승하지 않은 상태에서 차가 스스로 주차하는 기능이다. 주차 구역까지 운전자가 차를 몰고 가서 원격주차 기능을 실행하고 차량이 주차 공간을 파악하고 운전자는 차량에서 내려 차가 스스로 자동주차하는 '원격전자동주차시스템(RSPA)'과 건물 출입구, 마트 입구 등에서 내리면 차가 알아서 주차장을 찾아 들어가서 빈 공간에 주차하는 보다 완벽한 의미의 '오토발렛파킹(AVP)'이다.

RSPA(remote smart parking assist)는 하차 후 스마트키 또는 스마트폰으로 원격 주차하는 '원격 스마트 주차'와 차량에 탄 채로 차량 스스로 주차하게 하는 '스마트 주차'로 나눠진다. 우선 원격 스마트 주차는 운전자가 차에서 내리고, 스마트키나 스마트폰을 통해 차를 멀리서 조종하는 방식이다. 조종한다고는 하지만 버튼만 누르면 차는 알아서 주차 포지션으로 이동한다. 입차나 출차, 직각 주차, 평행 주차 모두 가능하다. 스마트 주차는 차량에 장착된 RSPA 작동 버튼을 누르기만 하면 차량 스스로 공간을 찾아서 주차한다.

차량에 따라서는 리모컨으로 전진과 후진만 지원하는 기능을 탑재하여 기능을 조금 축소한 아쉬움이 있기도 하는데, 이런 일련의 기능은 자동차의 전후 · 측방에 주차공간을 탐색하고 장애물을 감지하는 12개의 초음파 센서를 이용하는데 앞에서 살펴본 레이더 센서의 경우 고속주행 시 비교적 먼 거리의 장애물을 감지하는데 유용하다.

저속주행으로 좁은 골목이나 지하주차장과 간은 협소한 공간에서는 초음파 센서가 유용하기에 차량의 앞뒤 범퍼 전후방 방향으로 장착된 전방 후방 감지기의 초음파 센서의 수량보다 증가한 앞뒤 범퍼의 코너와 측면에도 초음파 센서를 장착해 차량의 주변 사물을 모두 감지하고 이 주변 공간 정보는 차량 제어기로 전달되는데, 이 제어기는 차량의 BCM(Body Control Unit)에 통합되어 있기도 하다.

자동차가 자율주행이 가능해지는 이유 중 아니 자율주행으로 가는 길목에 전동화가 있는데, 첫 번째로 꼽을 수 있는 것이 스티어링 휠이다. 최초에는 사람의 힘만으로 조향을 하였지만, 엔진에서 발생된 유압이 조향을 보조해주는 파워 스티어링이 적용되었고 이후 환경오염이 되는 오일의 사용을 피하고 유압을 상시로 만들고 엔진에 부하가 되는 오일펌프를 삭제하면서 전기모터로 조향을 도와주는 장치인 MDPS(Motor Drive Power Steering)를 사용하면서 차량의 제어기가 스티어링 휠을 조작하기 쉬워졌다.

또 차량의 변속기 레버가 기계식레버에서 전자식 레버인 E-shift(Electronic gear shifter)로 쉽게 제어할 수 있고, 제동장치를 제어하는 VDC(Vehicle Dynamic Control)와 전자식 주차브레이크 EPB(Electronic parking brake) 등을 이용해 차량을 제어하기 때문이다. 결국 차량의 다양한 장치들이 전동화 자동화가 되면서 자율주행에 한발씩 다가가고 있다.

주차장에서 차량이 공간을 파악하고 주차하는 원격주차는 주변공간을 파악하는 것에 비해 AVP(Automated Valet Parking)은 자율주행의 축소판이라 할 수 있는데 '인지-측위-판단-제어' 기능이 모두 적용되고, 주차빌딩과 같은 다층 구조에서도 정확한 위치를 파악하기 위해 '차량 대 인프라(V2I)' 통신도 필요하다. 오차범위 20㎝ 이내의 고정밀지도(HDmap)와 고해상 장애물 데이터를 검출하는 '라이다' 센서와 전후 8개, 전후 · 측방 4개의 장 · 단거리 초음파 센서 차량의 주위를 감시하는 서라운드 뷰 카메라를 장착해야 한다.

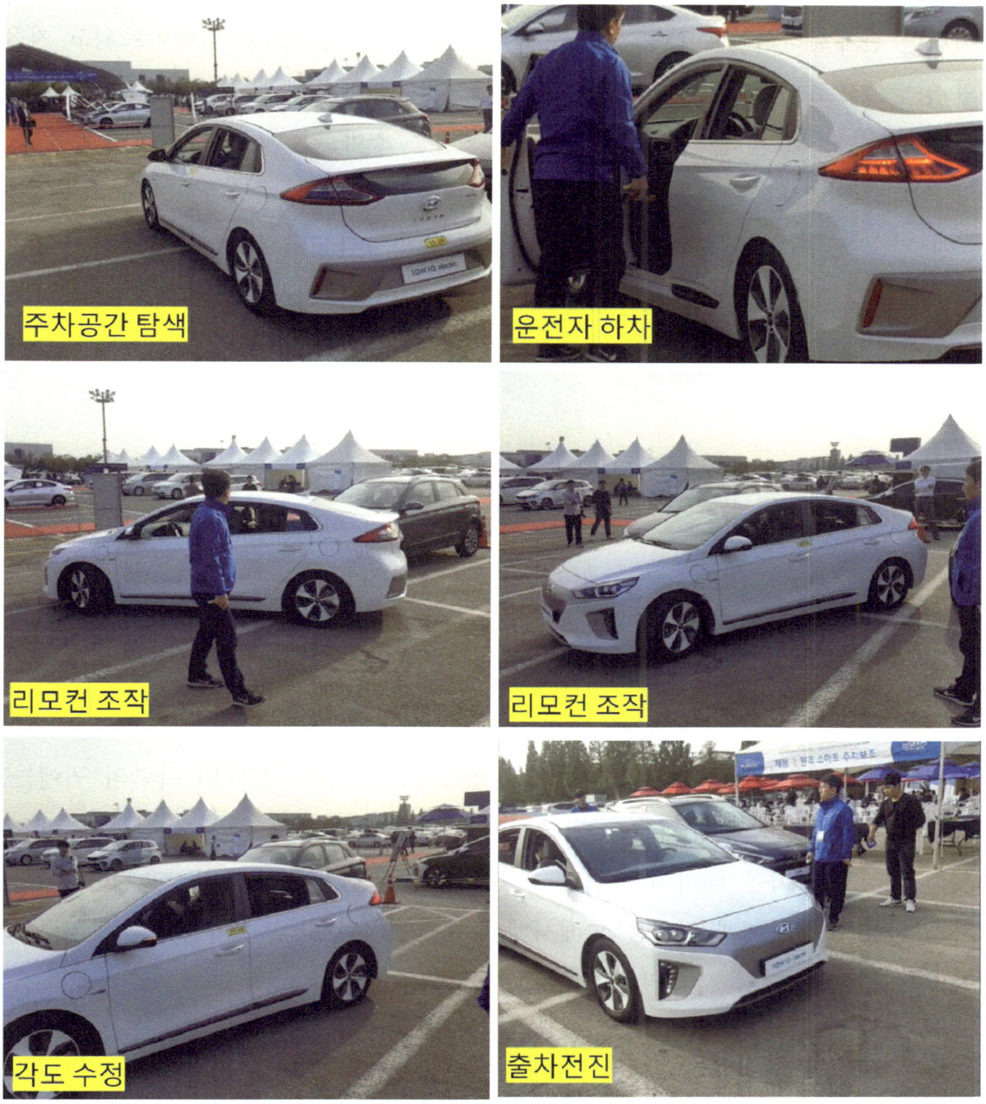

그림 5-5 RSPA

결국 AVP는 자동차만 똑똑해져서 완성되는 것이 아니라 주변의 시설들과 연결을 통해 완성되는데, 차량과 인프라 간의 적외선 · 근거리무선통신(블루투스), 전자태그

(RFID), 무선인터넷(와이파이)과 초고속 무선 근거리 통신망(UWB) 등 다양한 수단을 통해 연결되어야 하고, 차량과 인프라 간의 소통으로 주차건물 내 모든 트래픽을 관리하는 '통합관제센터'가 필요하고, HD맵과 주차공간 정보 등을 지속적으로 업데이트하는 '로컬관제센터'도 필요하다.

이러한 관제센터의 데이터는 클라우드 서버를 통해 끊임없이 업데이트되고 자율주행차와 양방향으로 소통되어야 하고 관제센터는 자율주행차에 특정 경로를 따라가라는 명령을 내릴 수도 있다. 운전자 아니 차량 사용자는 스마트폰과 같은 디바이스 등을 통해 차량 상태를 파악하고 자동 주차와 출차 명령을 내리면서 주차비도 자동결제 하게 된다. 이 기술이 현실화되면 주차 구역 내 겹겹이 주차가 가능하여, 주차공간의 활용도를 높일 수 있고 낳아가 사람이 몰리는 도심지를 벗어난 곳에 주차공간을 만들어 도심을 좀 더 유용하게 사용할 수 있다.

5.1.5 주차편의 장치의 성능

1) 초음파 센서

초음파 센서는 우리 주변에서도 흔히 찾아볼 수 있는데 가습기나 식기세척기 또 어군탐지기 등에 다양하게 사용되고 있는데 압전소자로 전류를 보내면 사람의 귀에는 들리지 않는 20kHz 이상의 주파수를 발생시켜 음파를 발산하고 주변에 사물이 이 음파에 부딪혀 센서로 돌아올 때까지의 시간을 측정해 장애물과의 거리가 산출된다. 이를 제어기가 판단해 운전자에게 경고음과 메시지 등으로 보여주고 운전자를 보조하거나 차량을 직접 제어하는 용도로 사용된다.

초음파 센서의 감지범위는 평면의 경우 검출이 용이하지만, 원형막대는 거리에 따라 쉽게 검출되지 않을 수 있는데 그림 5-6에서 보는 것과 같이 붉은색 영역은 원형 막에를 검출할 수 있는 영역이고, 파란색 영역은 평면을 감지할 수 있는 영역으로 원형막대의 감지범위가 협소하다는 것을 알 수 있다. 또 공기 온도와 압력, 습도에 따라 그 성능이 차이가 날 수 있다는 것을 고려해야 한다.

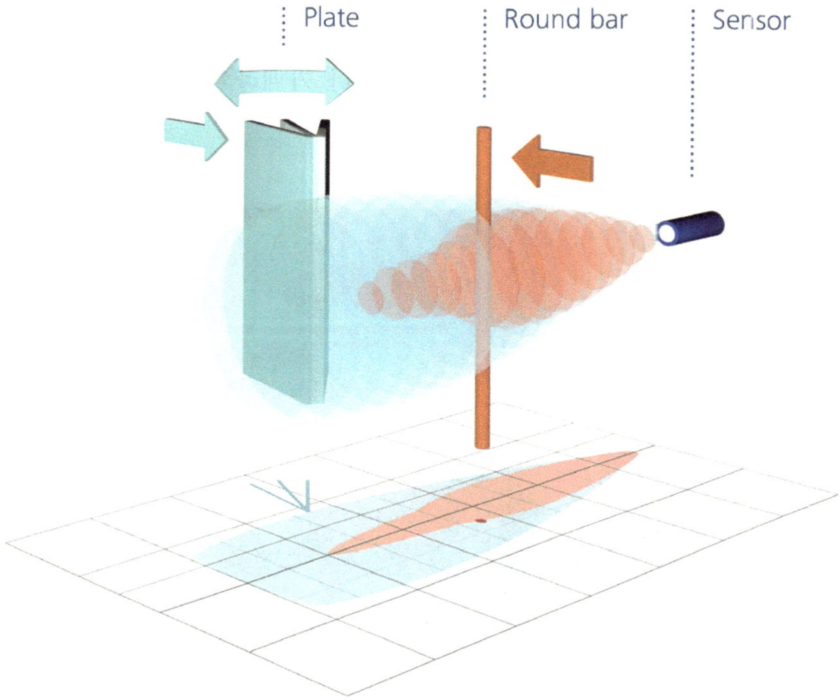

그림 5-6 초음파 센서의 감지범위(출처: https://www.microsonic.de/)

2) AVM 카메라

AVM(Around View Monitor)은 마치 차량을 위에서 보는 듯한 화면을 운전자에게 보여줌으로서 주차안전을 보조해주는 장치로 차량에 장착된 4대의 카메라로 차량의 주변 영상이 촬영되면 이를 AVM 제어기에 의해 처리되어 차량의 상단에 한 대의 카메라가 있는 것처럼 화면을 합성하고 내비게이션과 같은 디스플레이 장치로 보낸다.

기본적으로 4대의 카메라에서 수집된 영상정보를 하나의 화면으로 합성하는 영상처리 기술이 AVM의 핵심기술이 된다. 대부분의 차량은 차량의 전면 범퍼 중앙 주로 라디에이터 그릴 중앙에 전방 카메라가 위치하고 뒷부분은 주로 트렁크 중앙 위치 부분에 후방 카메라가 위치하고 또 측면 카메라는 주로 사이드 미러에 위치하고 있는데, 전·

후방 카메라의 위치는 크게 문제되지 않지만, 측면의 카메라의 경우 차량이 승용차인 경우와 MPV, 승합차, 트럭 등은 사이드 미러의 위치가 상이하고 사이드 미러가 전방에 가까운 경우가 많아 4대의 카메라로는 차량의 전방위를 보여주지 못하고 사각지대가 발생할 수 있다. 그래서 추가적인 카메라가 필요하거나 카메라의 장착위치가 달라져야 한다.

그림 5-7 전방위 카메라(출처: http://www.aceview.kr/)

그림 5-7은 카메라의 장착위치를 다르게 하고 영상처리를 다르게 하여 입체영상으로 큰 대형 차량에서 사각지대를 없앤 AVM 시스템이다. 이러한 AVM 시스템에서 차량의 주차를 위해 단순히 비춰주는 수준에서 차량이 주행하면서 주변상황을 상시로 녹화함으로써 소방차나 구급차와 같은 긴급차량 등에 안전을 위해 적용할 수 있다.

일반적인 AVM은 2D 화면을 구현하고 주로 차속이 30km/h 이내의 속도에서 구현하지만, 3D 방식은 차량의 속도와 관계없이 영상을 구현할 수 있는 등의 차이가 있고 필요에 따라 차량의 운행영상을 서버로 전송함으로써 실시간으로 차량의 운행정보를 관재할 수 있는 특징을 가지고 있다.

5.2 시스템별 점검 · 진단

주차편의 장치는 후방 경보기에서 시작해 전방을 포함한 주차편의 장치로 발전하고 낳아가 자동주차까지 발전하였지만, 시스템을 점검하고 진단함에 있어 크게 다르지 않고 후방 카메라 역시 전방위 카메라 시스템인 AVM으로 변화하였으나 점검범위가 넓어진 것 외 큰 차이가 없다고 하겠다.

5.2.1 전 · 후방 경보기

전 · 후방 경보기에서 센싱은 앞뒤 범퍼에 장착된 초음파 센서이고 이 초음파 센서의 신호를 받아 경보음을 발생하고 물체와의 거리를 보여주는 것은 국산차량의 경우 BCM (Body Control Module)이 된다.

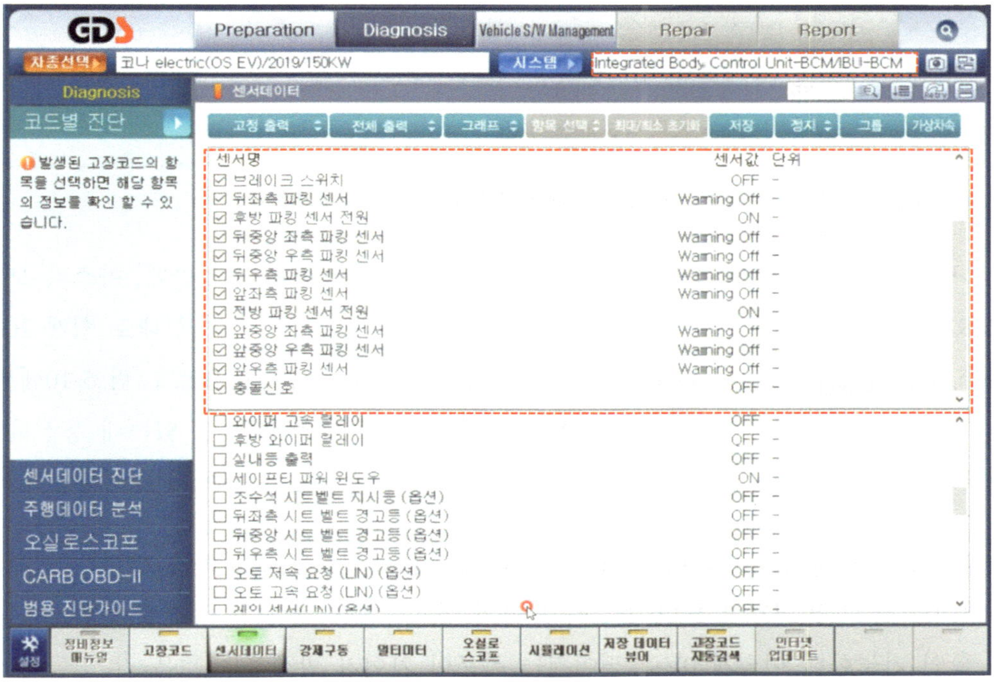

그림 5-8 BCM 내 주차감지

초음파 센서의 점검은 센서의 신호가 입력되는 여부를 단순히 센서의 감지를 확인해서 진단하는 방법도 있지만 실제로 센서에서 감지는 되지만 제어기인 BCM에 센서의 신호가 입력되는지 확인하고 입력이 되는데 BCM이 제어하지 않는지 또는 센서의 전원이 정상적으로 인가되는지 확인이 필요하다.

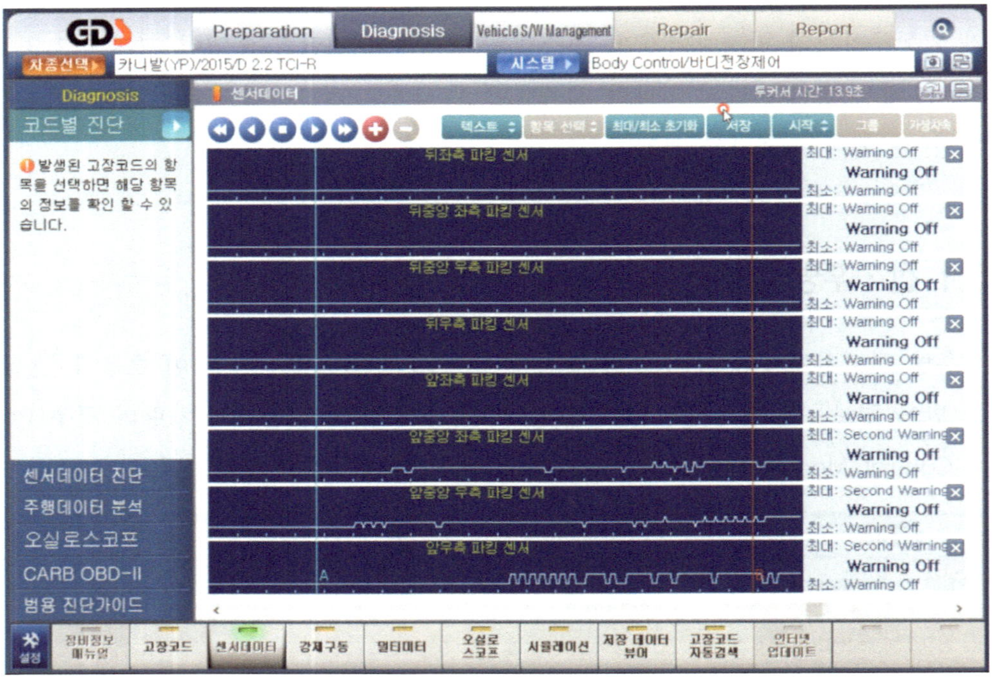

그림 5-9 물체 감지 시 전후방 파킹센서 데이터

차량의 범퍼에 장착된 초음파 센서는 BCM과 LIN 통신을 하고 있는데, 마스터 모듈인 BMS가 먼저 신호를 보내면 슬리브 모듈인 초음파 센서가 대답하는 형태로 쉽게 표현해 대장 모듈이 질문을 하면 부하 모듈이 대답하는 형태의 통신방법으로 그림 5-10에서 보는 것과 같이 오실로 스코프 진단장비를 이용해 파형을 측정할 수 있는데 통신파형의 앞부분이 마스터 모듈에서 보낸 신호이고 뒷부분이 슬리브 모듈의 신호이다.

LIN 통신 파형에서 마스터 모듈과 슬리브 모듈의 신호를 구분하는 방법은 전체통신 파형에서 0V로 떨어진 부분이 마스터 모듈의 신호와 슬리브 모듈의 신호가 다르다는 것을 확인 가능한데 이렇게 0V로 떨어지는 부분이 차이가 발생하는 것은 각 모듈에서 사용하는 전원과 접지에 따른 선과 선 사이의 전위차 때문에 이와 같은 파형이 측정된다.

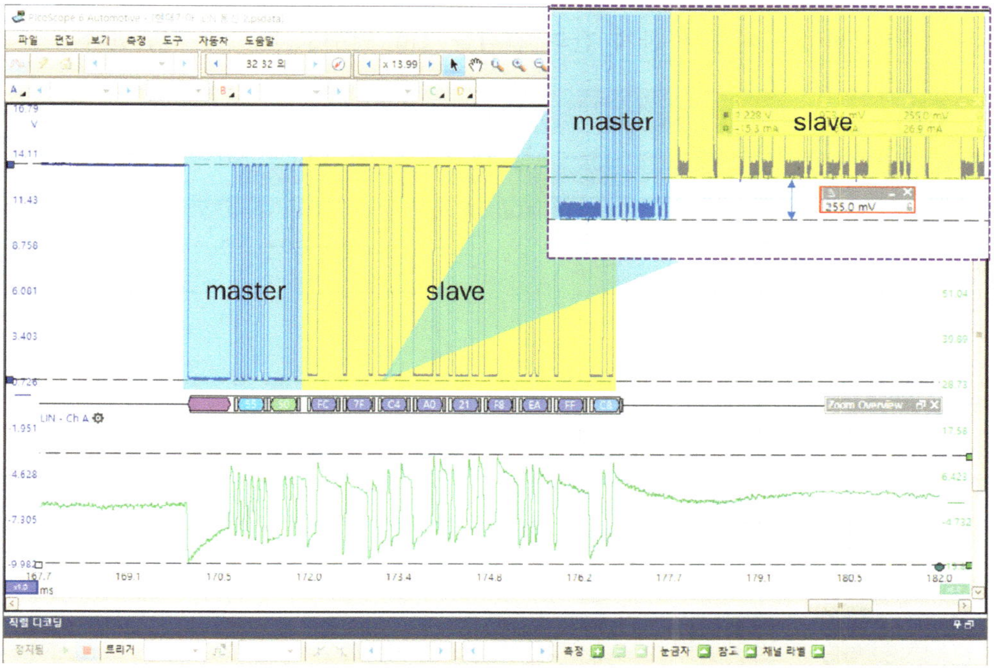

그림 5-10 LIN 통신파형

전 · 후방 경보시스템의 점검 및 진단은 고장증상에 따라 구분하여 정리하면

① 시스템 자체가 작동불량 시

- 전원(퓨즈)과 접지, 후진 신호 등을 후 제어기 확인

② 일부 감지 불량 시

- 제어기(BCM)에서 센서데이터로 센서의 입력신호 확인
- 미입력 시 센서의 전원과 통신라인 확인
- 가능한 경우 좌 · 우 센서 교환 후 작동 확인 및 교환

5.2.2 자동주차

자동주차 시스템이 적용된 차량에서 차량의 진단과 점검방법은 앞에서 살펴본 전 · 후방 경보기와 다르지 않다. 다만 초음파 센서의 수량이 자동주차 기능이 적용된 차량이 더 많이 장착되어 있는 부분이고 또 초음파 센서의 감지능력이 조금 더 차이가 있는데,

전 · 후방 경보기에 장착된 초음파 센서는 경보를 위한 단계만 표시하지만, 자동주차에 적용된 초음파 센서는 차량과 물체 간의 간격을 'cm' 단위로 빠르게 전달한다.

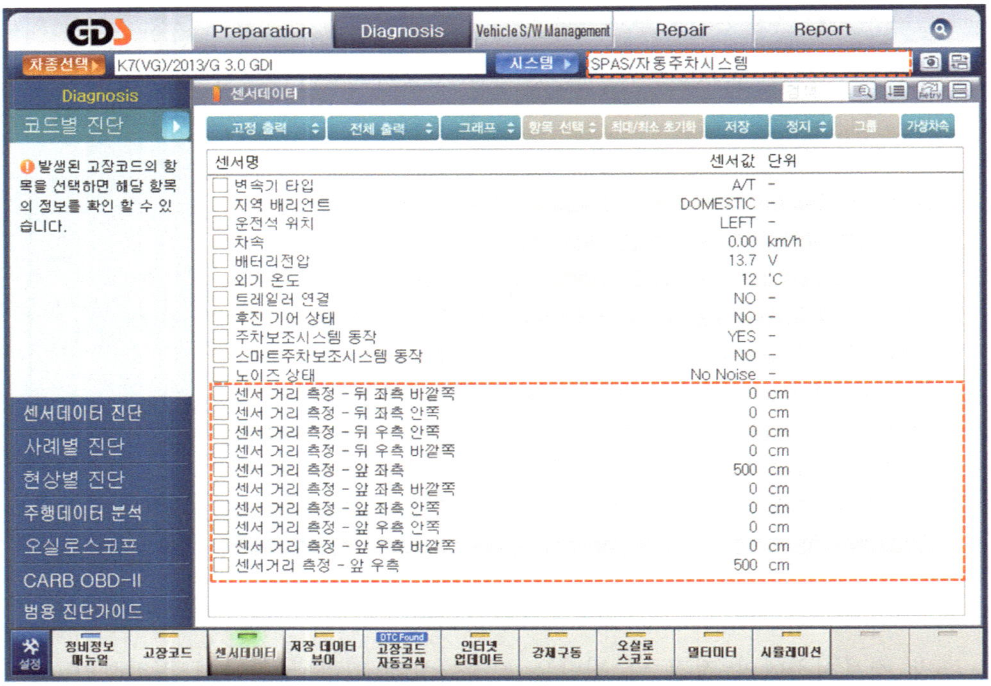

그림 5-11 자동주차 센서데이터

전 · 후방 경보시스템의 감지 단계는

- Warning off : **미감지**
- First warning : **첫 번째 경보단계**
- Second warning : **두 번째 경보단계**
- Third warning : **마지막 경보단계**

이와 같이 차량과 물체와의 거리를 경보하는데 이는 경보음과 모니터에 표현해 주는 간격이 칸을 경보하기 때문에 해당 경보영역에 물체가 감지되었는지만 확인하기 때문이고 자동주차 기능에서는 좀 더 상세한 정보가 필요하기에 그림 5-11에서 보는 것과 같이 빠르게 감지되는 것을 확인할 수 있다.

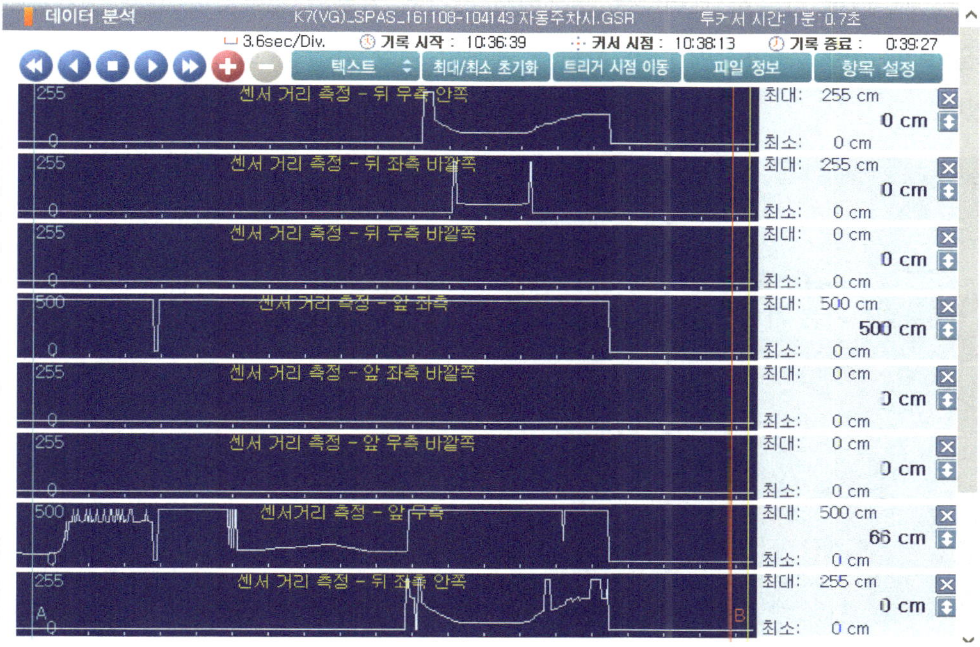

그림 5-12 국산차량의 전방 카메라 장착위치

자동주차가 적용된 차량의 시스템 점검방법은 전 · 후방 경보기와 같다.

① **시스템 자체가 작동불량 시**

- 전원(퓨즈)과 접지, 후진 신호 등을 후 제어기 확인

② **일부 감지 불량 시**

- 제어기(BCM)에서 센서데이터로 센서의 입력신호 확인
- 미입력 시 센서의 전원과 통신라인 확인
- 가능한 경우 좌 · 우 센서 교환 후 작동 확인 및 교환

5.2.3 RVM

후방 카메라가 적용된 시스템을 RVM(Rear View Monitor)라는 명칭이 있지만, 흔히 후방 카메라라고 하고 뒤에서 살펴볼 AVM 또는 SVM(Surround View Monitoring)과 쉽게 구분하기 위해 후방과 전방위 카메라로 쉽게 부른다.

RVM은 차량이 후진을 위해 기어를 조작하면 후방 카메라 센서가 차량의 내비게이션

과 같은 모니터에 단순히 보여주는 부분에서 시작해 차량의 조향각에 따라 주차가이드 라인을 보여주면서 조향각에 따라 차량이 움직일 예상 라인을 보여주는 기능이 추가되어 있다.

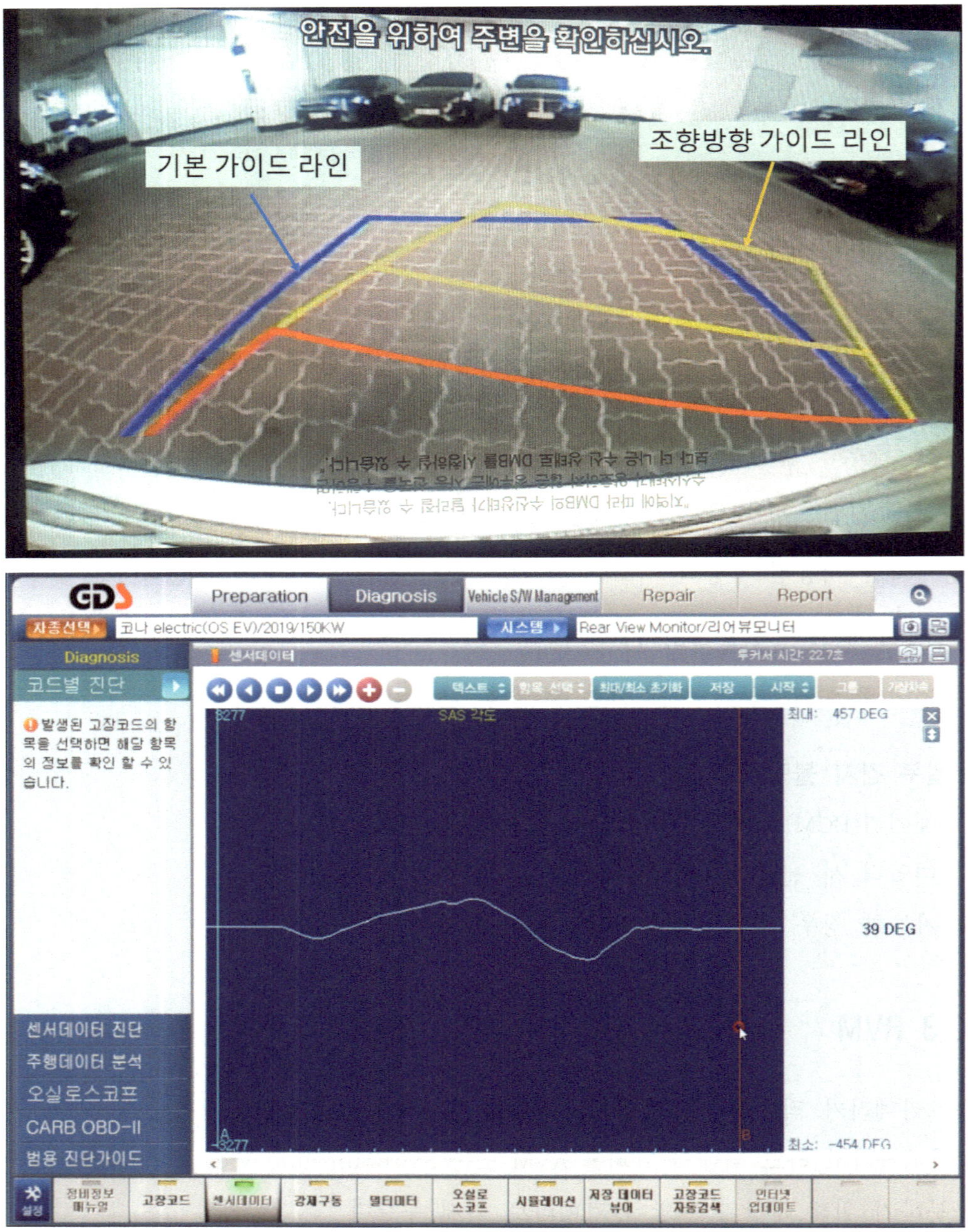

그림 5-13 조향각에 따른 주차라인

RVM의 작동상태의 점검에 있어 차량의 증상을 구분해서 점검과 진단한다.

① **후진 시 모니터 미반응**

- 후진 신호 입력 확인(후진등 퓨즈 외)

② **후진 시 모니터에서 파란색 화면 표출**

- 파란색 화면이 표출되는 것은 영상신호가 입력되지 않는 것
- 카메라 센서의 전원과 접지 확인
- 카메라 센서와 내비게이션 유닛(모니터) 간의 통신선 확인
- 카메라 센서 교환

③ **주차라인 미작동**

- 내비게이션 모듈과 조향각 센서가 간의 통신라인 확인
- 조향각 센서 전원, 접지 확인
- 조향각 센서 교환

5.2.4 AVM

RVM 시스템은 단순히 후방의 화면을 보여주었다고 하면 AVM은 차량에 장착된 카메라 센서의 신호를 합성해 모니터에 보여주는 것으로 내부 로직부분은 다소 어렵다고 할 수 있지만, 차량을 정비하는 부분은 크게 다르지 않다.

AVM은 차량의 전방과 후방 그리고 좌·우측에 카메라가 하나씩 장착되어 있어 단순히 후방만 비춰주던 RVM에 비해 카메락 센서가 3개 더 추가된 점과 이 카메라 센서의 정보가 AVM 모듈을 거처 합성되고 합성된 영상을 내비게이션(모니터) 모듈로 전달해 운전자에게 보여주는 점이 차이가 있어 카메라 센서가 추가된 것과 화면을 합성하는 AVM 모듈이 추가된 것으로 인해 차량의 증상에 따라 점검 진단방법이 다소 차이가 있다.

또 카메라 모듈과 AVM 제어기를 교환한 경우 영상정보의 정확한 합성을 위해 공차 보정과 같은 코딩이 필요하다. 우선 AVM 점검과 진단에 대해 알아보고 뒤에 AVM 공차 보정을 살펴보도록 하자.

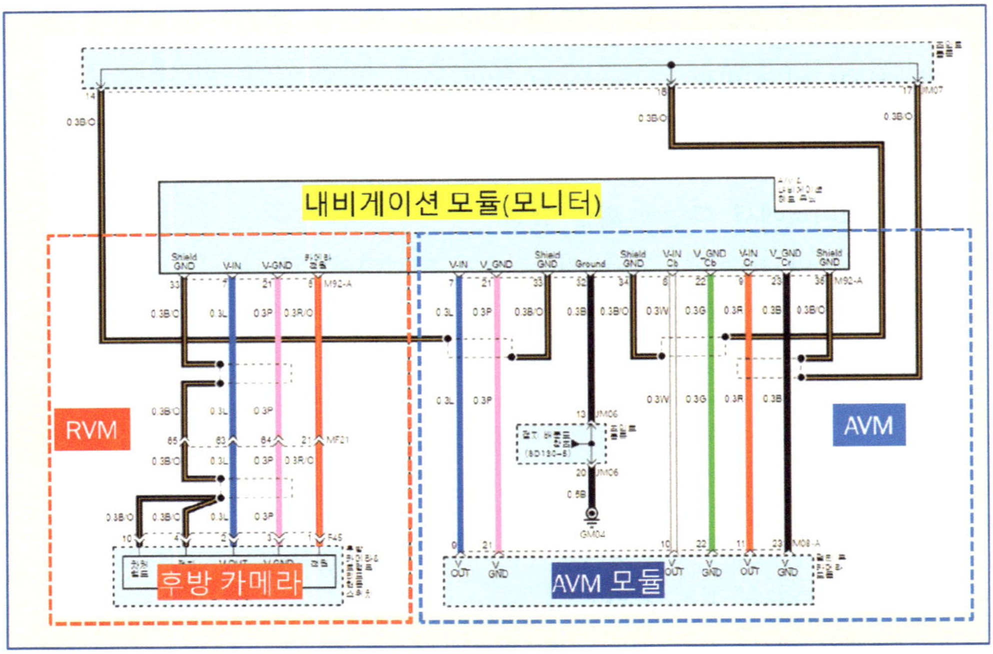

그림 5-14 적용 옵션에 따른 RVM과 AVM

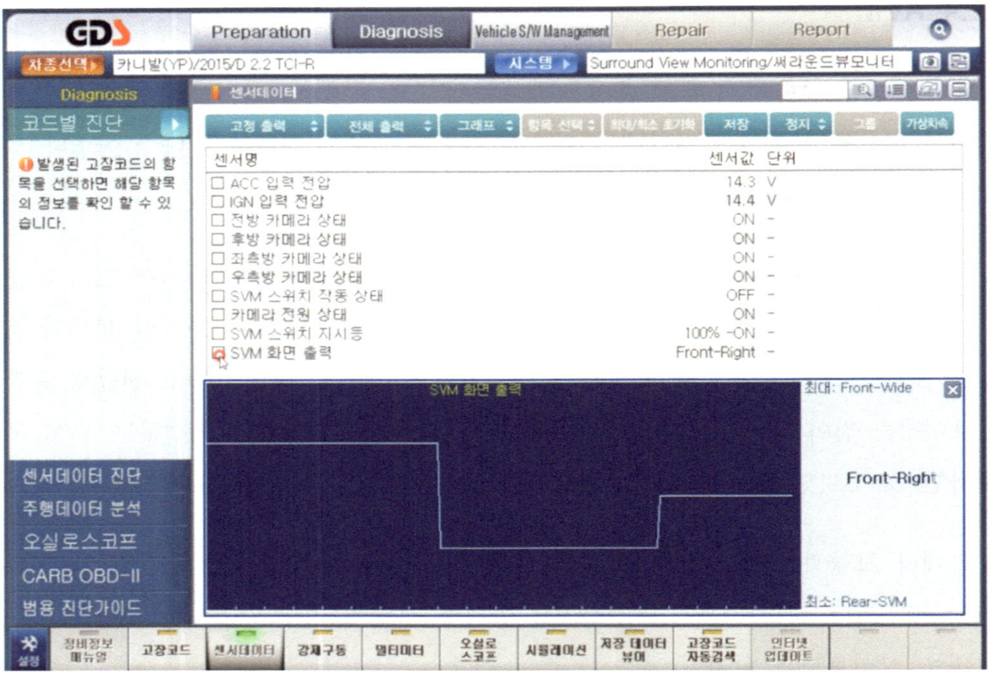

그림 5-15 AVM 센서데이터

그림 5-16 AVM 카메라 센서 불량

AVM이 적용된 차량의 증상을 구분해서 점검과 진단한다.

① 후진 시 모니터 미반응

- 후진 신호 입력 확인(후진등 퓨즈 외)

② AVM 기능 작동 시 모든 화면이 모니터에서 파란색 화면 표출

- 파란색 화면이 표출되는 것은 영상신호가 입력되지 않는 것
- AVM 모듈의 전원과 접지 확인
- AVM 모듈과 내비게이션 유닛(모니터) 간의 통신선 확인
- AVM 모듈 교환

③ AVM 기능 작동 시 한쪽 화면이 모니터에서 파란색 화면 표출

- 해당 카메라 센서 관련 고장으로 영상신호가 입력되지 않음
- 해당 카메라 센서의 전원과 접지 확인
- 해당 카메라 센서와 AVM 모듈 간의 통신선 확인
- 해당 카메라 센서 교환

④ 주차라인 미작동

- 내비게이션 모듈 또는 AVM 모듈 간 조향각 센서가 간의 통신라인 확인
- 조향각 센서 전원, 접지 확인
- 조향각 센서 교환

그림 5-17 AVM 2D 모드와 3D 모드

5.3 차량별 차체수리 및 코딩

자동차 운행을 하는 중에 교통사고는 당연히 발생할 수 있는데, 주차편의 기능에서 전 · 후방 경보기와 자동주차의 경우 기본적으로 앞뒤 범퍼 초음파 센서가 장착됨에 따라 범퍼의 장착상태가 중요하고 별도의 코딩이 필요하지는 않다.

RVM과 AVM의 경우 카메라의 장착 위치에 따라 차량의 패널 손상이 시스템 작동에 영향을 주는데 수리가 완료된 후 RVM은 별도의 코딩이 필요하지 않지만 전 · 후, 좌 · 우 4대의 카메라 센서의 영상정보를 합성하는 AVM은 정차보정이라는 코딩이 필요하다. 그래서 AVM에 대하여 살펴보도록 하겠다.

5.3.1 국산 자동차

1) 차체수리

AVM과 관련한 차체수리 부분은 먼저 전 범퍼 또는 라디에이터 그릴에 부착된 카메라 센서는 전 범퍼 또는 라디에이터 그릴의 손상으로 인해 카메라의 설치 위치가 달라 정상적인 영상정보를 생성하기 힘들다. 그래서 전 범퍼 또는 라디에이터 그릴이 정상적으로 조립되었는지 손상에 의한 변형이 없는지 확인하고 카데라를 설치해야 한다.

후방 카메라는 대부분의 차량이 트렁크 패널에 장착되어 있다. 트렁크 패널은 볼트 온 패널로 차체 나사의 체결로 장착되어 있어 트렁크 패널의 변형에 따른 카메라의 장착 위치 또는 각도의 변형을 확인해야 하고, 좌 · 우 카메라는 대부분의 차량이 사이드 미러에 각각 장착돼있는데, 사이드 미러는 프런트 도어 패널에 장착되어 있어 프런트 도어 패널은 볼트 온 패널로 차체 나사의 체결로 장착되어 있어 프런트 문 패널의 변형에 따른 카메라의 장착 위치 또는 각도의 변형을 확인해야 한다.

즉 볼트 온 패널에 부착된 카메라는 패널의 장착상태를 먼저 확인하고 해당 패널의 변형 여부를 확인해 카메라의 장착상태를 점검해야 한다.

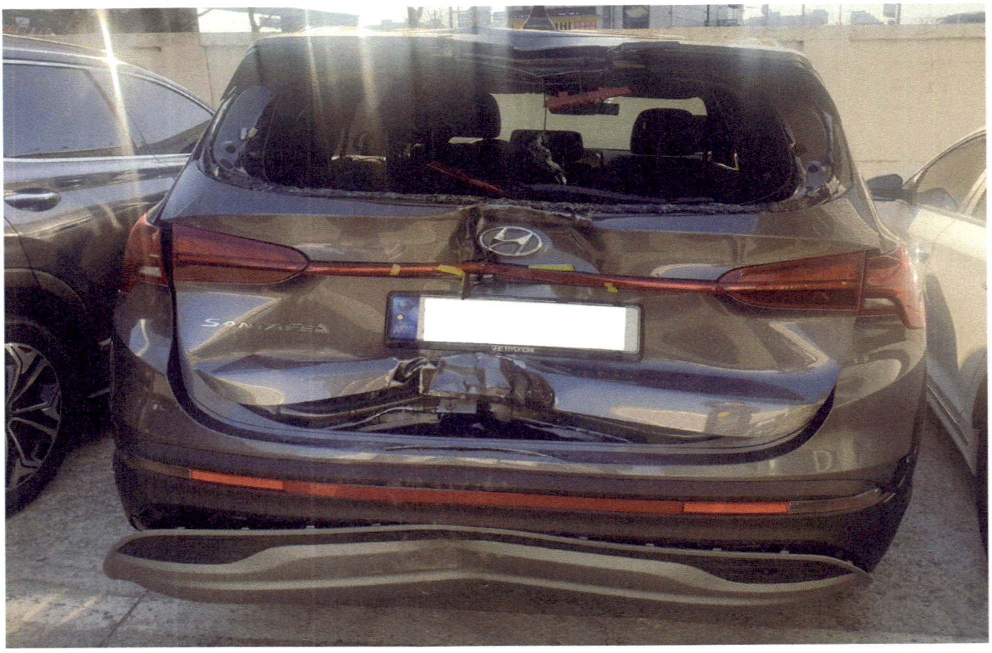

그림 5-18 카메라 센서에 영향을 주는 패널의 파손

2) 코딩

AVM 시스템 카메라를 교환하거나 AVM 모듈을 교환한 경우 배리언트 코딩을 전방 카메라를 탈거한 후 재장착하는 경우 스캔툴 진단기를 이용해 부가기능에서 공차 보정을 실시한다.

가. 사전준비

AVM 카메라의 보정을 위해서는 차량에 AVM 카메라가 정상적인 각도로 장착되어 있어야 한다. 그래서 AVM 카메라가 바로 장착됨을 가장 우선적으로 확인한다.

○ 차량 및 타겟 설정

평탄한 작업공간에 차량과 타겟을 정렬해야 하는데, 해당 차량의 보정 타겟을 카메라

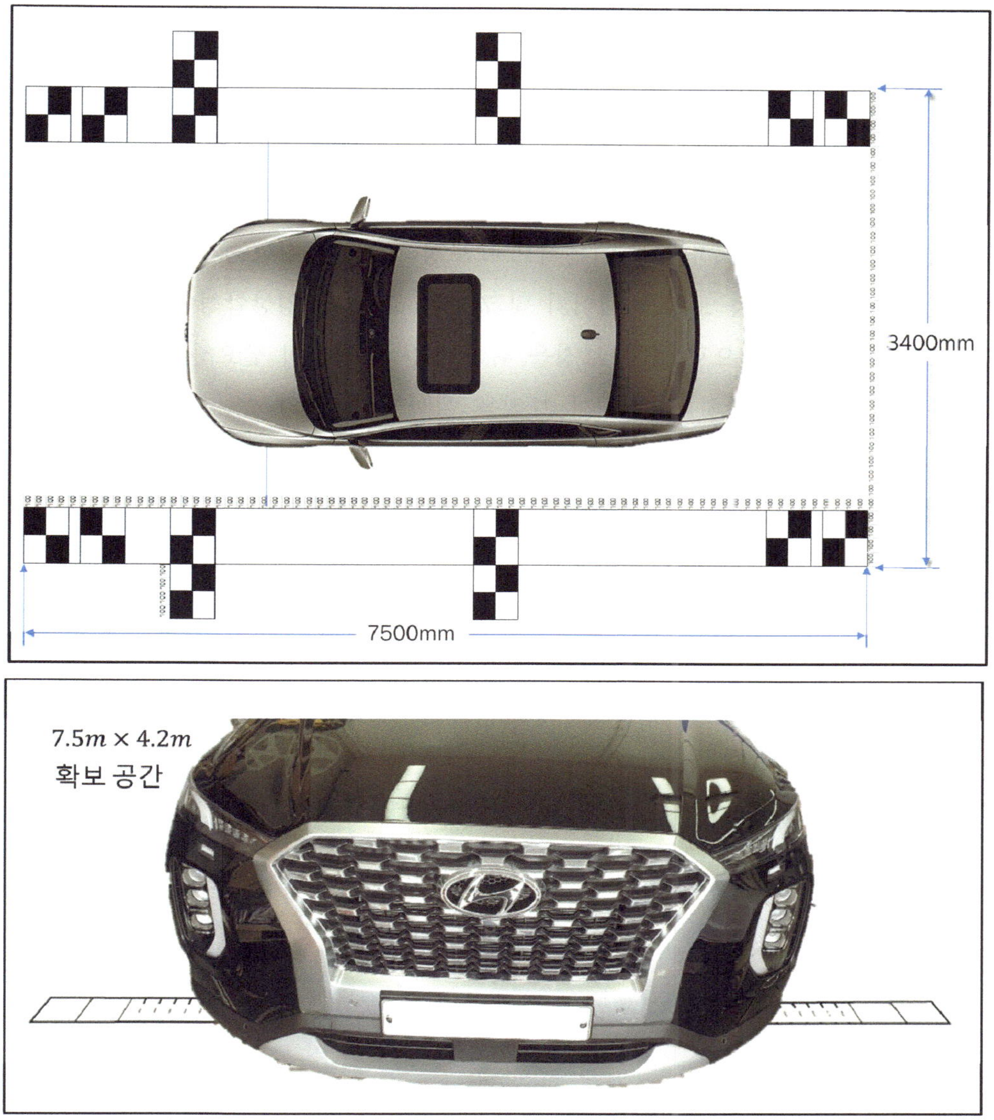

그림 5-19 국산차량의 AVM 보정타겟

국산차량 대부분이 동일한 보정타겟을 사용하는데, 그림 5-19에서 보는 것과 같이 설치해야 한다. 하지만 차량에 따라서 조금의 차이점이 있는데 이는 차량의 보닛의 크기와 차량의 길이와 관련 있는데, 일반적인 세단형 승용차에 비해 SUV, MPV 등의 차량은 보닛의 길이가 짧아 앞 타이어를 기준으로 타겟을 설치해 보면 전면 라디에이터 그릴에 설치된 카메라와 사이드 미러에 장착된 사이드 미러 간의 거리가 차이가 발생한다. 그에 따라 영상정보의 위치가 달라진다.

나. 스캔툴 코딩

① AVM(SVM) 공차 보정-수동

그림 5-20은 AVM이 적용된 차량의 부가기능으로 'AVM 공차 보정-자동' 메뉴를 확인할 수 있는데, 차량에 따라서 자동과 수동으로 구분되기도 한다. 차량에 따라서는 자동보정 기능만을 지원하기도 하는데, 기본적으로 보정타겟을 설치하는 것은 동일하지만 보정방식이 다른데 자동공차 보정은 제어기 및 카메라 교환 후 영상합성에 대한 공차 보정을 자동으로 수행하는 것으로 공차 보정을 위한 전용 작업장이 필요하고 보정은 차량의 내비게이션(디스플레이 장치) 화면에서 보정을 실시할 수 있다.

그림 5-20 AVM(SVM) 부가기능

수동보정은 자동보정에 필요한 공차보정 전용 작업장이 필요한 것은 동일하지만 AVM 모듈의 이미지를 캡처 할 수 있는 장치가 추가로 필요하다. 차량에 따라서는 공차 보정 방법이 수동과 자동이 동시에 지원되는 차량과 자동만 지원되는 차량으로 구분할 수 있는데 초기에 출시된 일부 차량은 수동과 자동 두 개 모드를 지원하고, 최근에 출시된 차량에서는 자동기능만을 지원하고 있다.

수동보정과 자동보정의 차이점을 비교해보면 수동모드에서는 카메라의 영상을 스캔툴에 영상을 띄워 보정 타겟의 위치를 수동으로 조정하는 것으로 스캔툴로 영상을 보내기 위한 이미지 캡처 모듈이 필요하고, 자동모드는 이미지 캡처 모듈 없이 내비게이션 화면에서 보정위치를 설정하고 조정하는 것으로 이미지 캡처 모듈이 불필요하다.

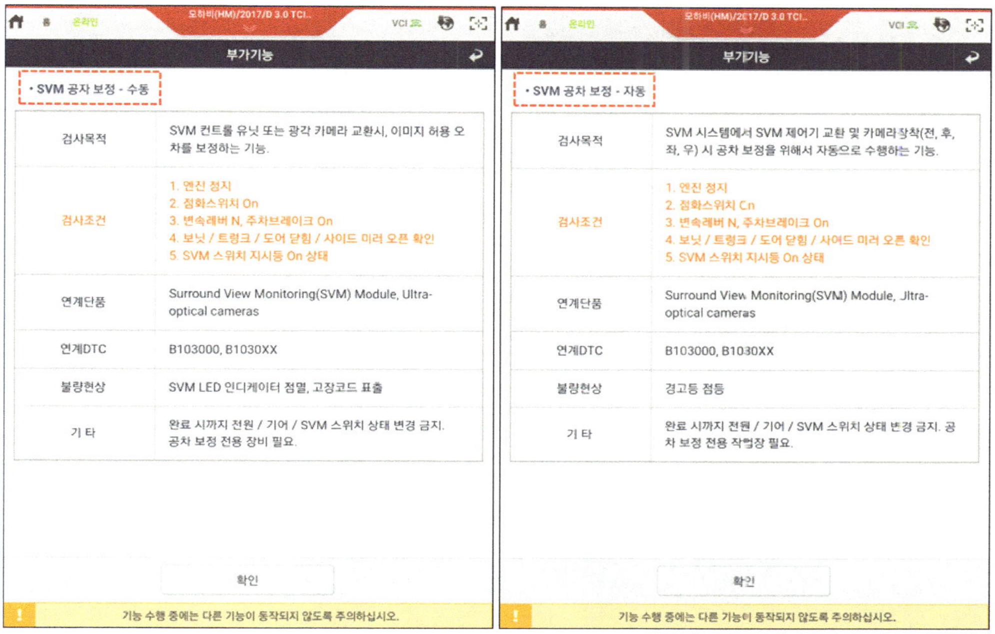

그림 5-21 AVM 수동보정과 자동보정 비교

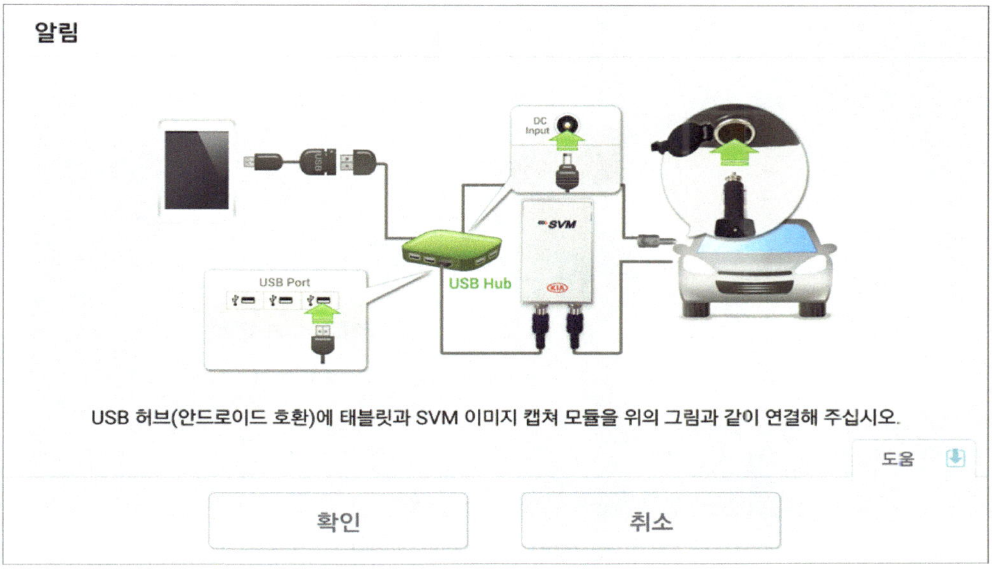

그림 5-22 캡처 모듈 설치 안내

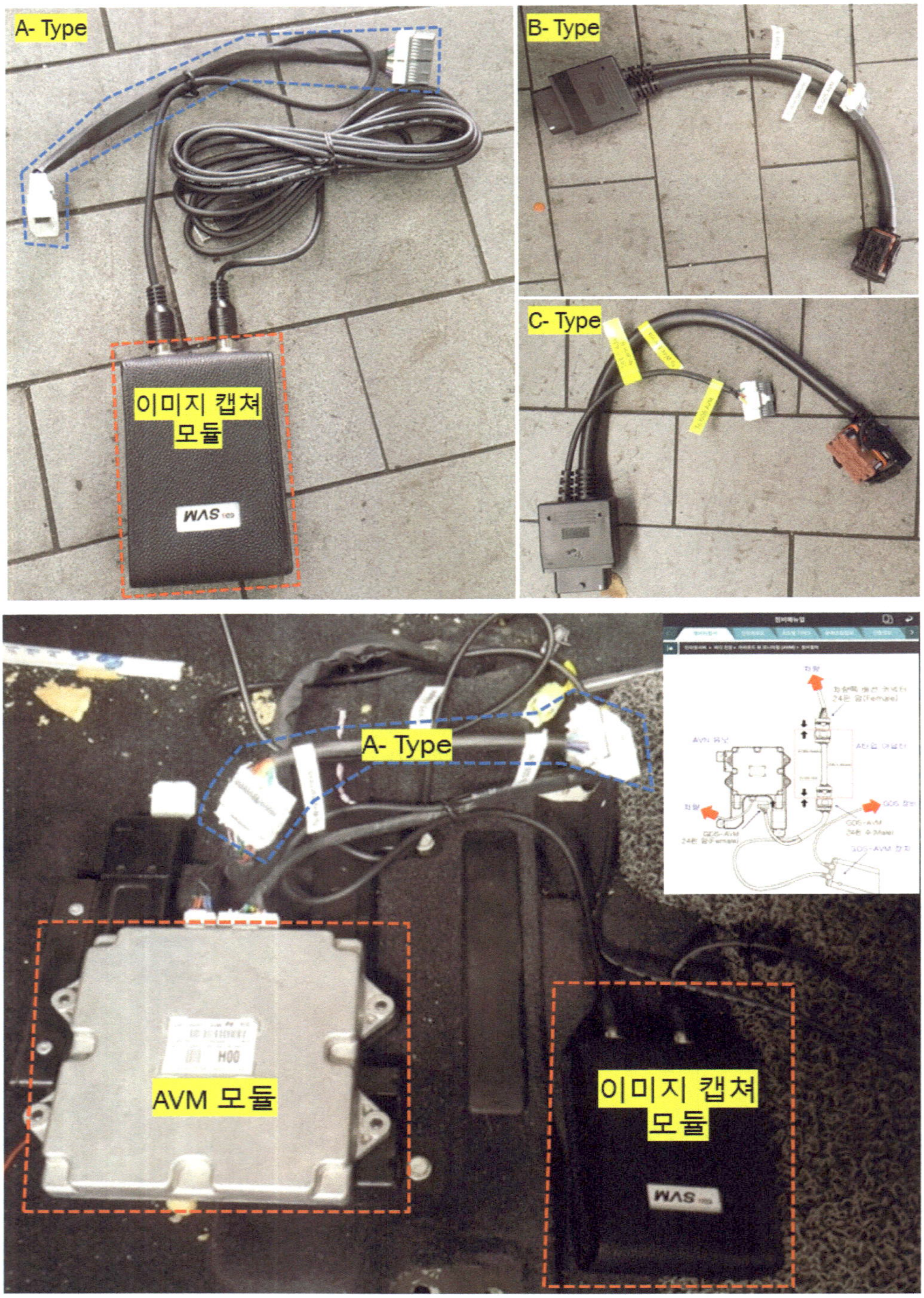

그림 5-23 이미지 캡처 모듈 커넥터

- 이미지 캡처 모듈 설치

스캔툴을 이용해 AVM(SVM) 부가기능에서 수동보정을 선택하면 그림 5-22와 같이 스캔툴 진단기와 SVM 이미지 캡처 모듈의 설치방법이 표시되는데, 이디지 캡처 모듈과 AVM 모듈과 연결에 필요한 커넥터를 확인하고 연결하는데 차량에 따라서 연결하는 커넥터의 형상이 구분되어 있다. 기본적으로 A-타입과, B-타입, C-타입으로 이는 차량에 적용된 AVM 모듈에 따라 달라진다.

그림 5-22는 진단기의 안내 메시지로 이미지 캡처 모듈과 AVM의 타입별 커넥터로 차량의 정비지침서를 확인하고 차량에 적합한 커넥터를 선택해 이미지 캡처 모듈과 AVM 모듈 그리고 스캔툴 진단기로 연결한다.

그림 5-23과 같이 이미지 캡처 모듈이 정상적으로 연결되면 차량의 카메라 영상이 표시되고 표시된 영상에서 보정타겟의 중심점을 선택하고 스캔툴 진단기 화면에 표시된 X축과 Y축 미세조정 버튼을 이용해 보정타겟 중심점에 타겟 점을 이동시키고 설정이 완료되면 보정 데이터를 전송한다.

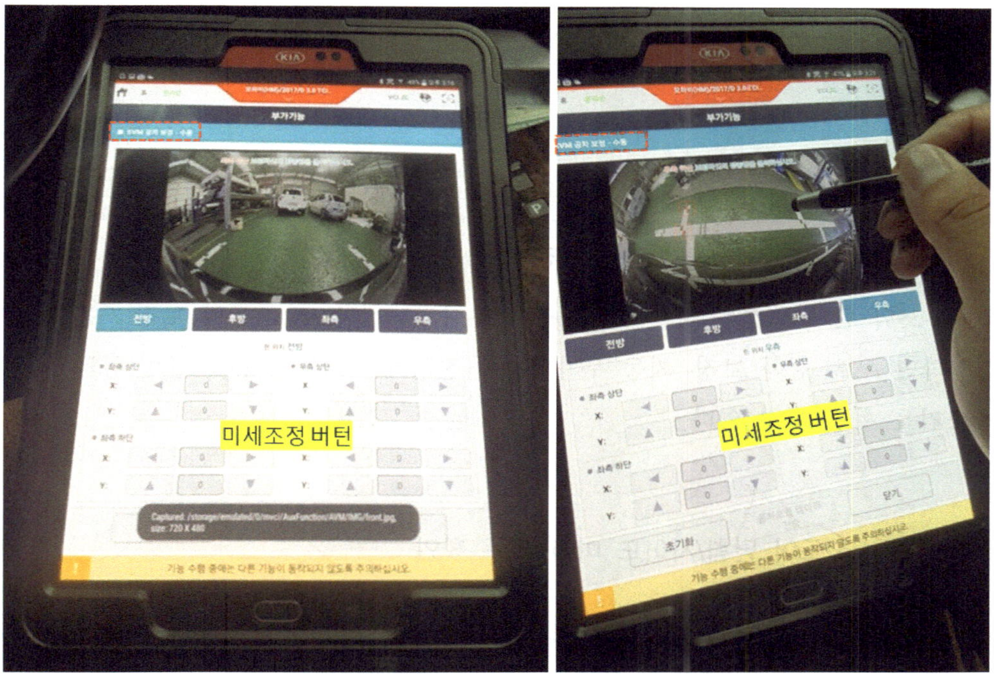

그림 5-24 AVM 공차 보정-수동

② AVM(SVM) 공차 보정-자동

AVN 공차 보정-자동은 앞에서 살펴본 수동보정과 크게 다르지는 않지만, 보정을 스캔툴 진단기에 표출된 화면에서 타겟을 터치하고 보정하는 것이 아니라 스캔툴을 이용해 공차 보정 모드로 진입을 하고 타겟의 설정은 내비게이션(디스플레이 장치)의 화면을 터치해 보정하는 것이 다른점이 된다.

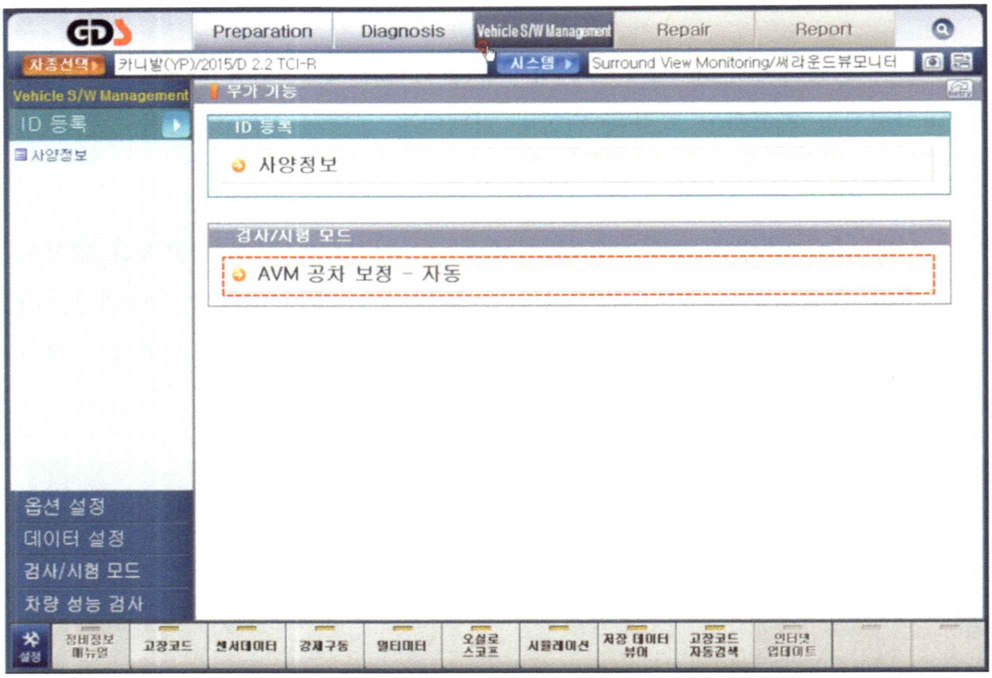

그림 5-25 AVM 공차 보정-자동 부가기능

그림 5-25와 같이 스캔툴 진단기를 이용해 부가기능에서 AVM 공차 보정-자동을 선택해 진입하면 AVM 공차 보정- 자동 부가기능에 진입하면 그림 5-26과 같이 공차 보정에 대한 조건을 확인할 수 있다.

1. 보닛/트렁크/도어 닫힘/사이드 미러 오픈 확인

2. IG ON, 기어 'N' 상태

3. SVM 스위치 지시등 'ON' 상태

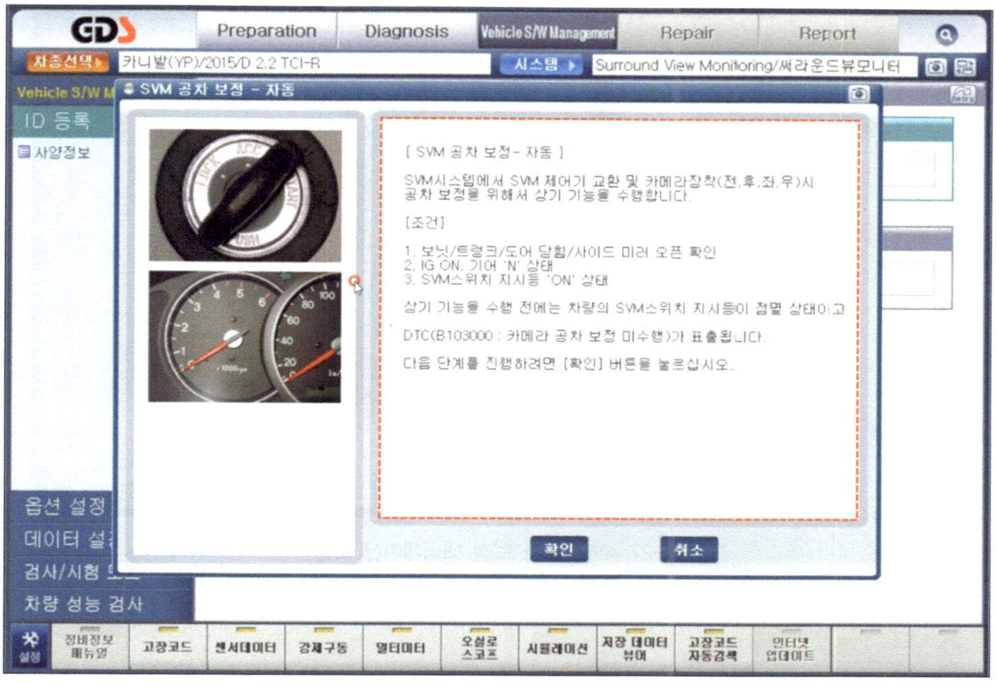

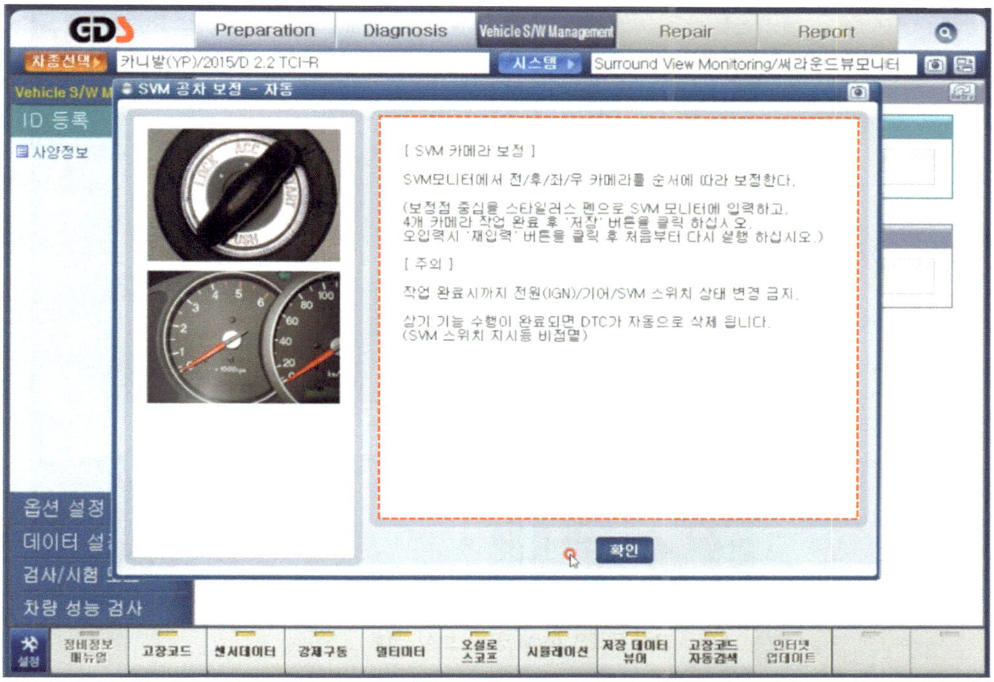

그림 5-26 AVM 공차 보정 및 카메라 보정

그림 5-27 AVM 공차 보정 내비게이션 화면

그림 5-28 AVM 공차 보정 전후

그림 5-26의 공차 보정 자동기능에 진입하면 그림 5-27과 같이 차량의 내비게이션 화면이 카메라 보정을 위한 화면으로 변경되고 차량 주위에 설치한 보정 타겟의 위치를

내비게이션에서 터치하고 위치를 설정하여 보정을 마무리한다.

③ SVM 주행 중 자동 공차 보정

최근 출시된 국산차량에서 AVM 모듈이 별도로 설치된 것이 아닌 오디오 비디오 내비게이션 모듈과 하나의 모듈로 합해진 형태로 자칫 AVM 기능을 찾지 못하는 경우가 발생할 수 있다. 스캔툴 진단기 메뉴에서 AVM 모듈 항목이 없는 차량에서는 AVN(Audio Video Navigation) 항목을 선택해 부가기능에서 공차 보정을 실시할 수 있다.

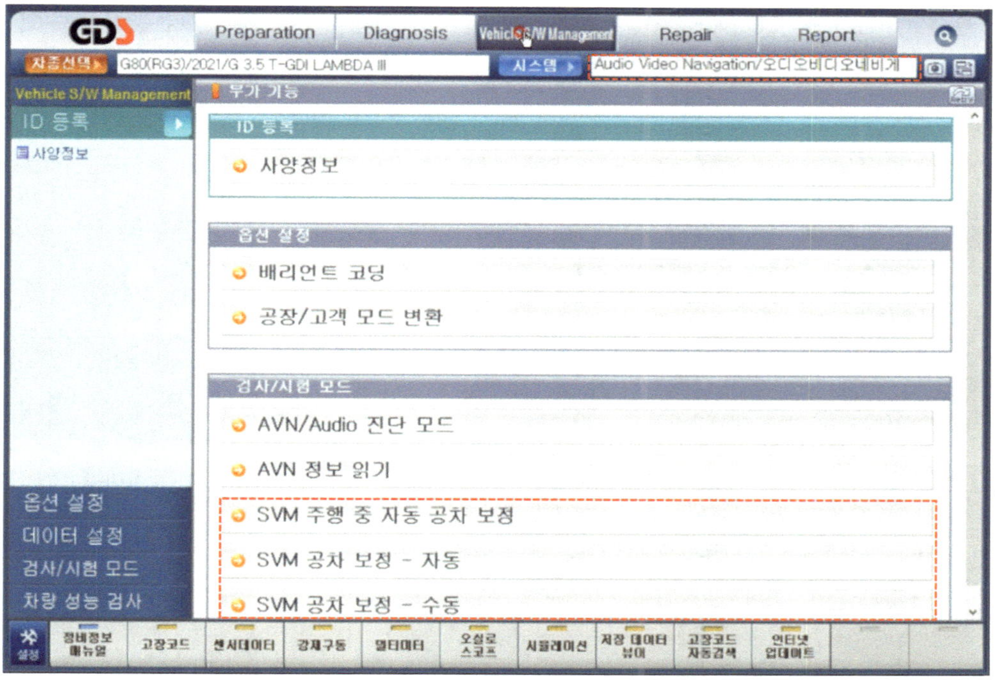

그림 5-29 AVN 내 AVM(SVM) 부가기능

AVM 보정을 알아보기 전에 전방/후방/좌측/우측 카메라의 영상이 정상적으로 화면에 표시되는지 확인하고 만일 영상이 화면에 표시되지 않고 파란색 화면이 나타나면 해당 카메라의 연결상태를 확인하고 영상이 표출되도록 한 후 보정을 실시한다.

주행 중 자동 공차 보정 기능을 실행하여 공차 보정을 실시하는데, 주행 중 자동 공차 보정 기능의 조건인 스티어링 휠의 조향각이 ± 90° 이내로 조향하고, 차량의 속도는 1~50km/h를 유지한다. 만일 차량이 주행하면서 공차 보정 기능의 조건을 조향각이 벗어나면 내비게이션 화면의 스티어링 휠 그림이 적색으로 표시되고, 속도가 범위를 벗어나면 속도계 그림이 적색으로 표시되므로 주의한다. 상태바가 가득차면 보정이 완료되는데 정상적인 조건에서는 약 2분 정도 소요되지만 도로 여건에 따라 다소 차이가 발생할 수 있다.

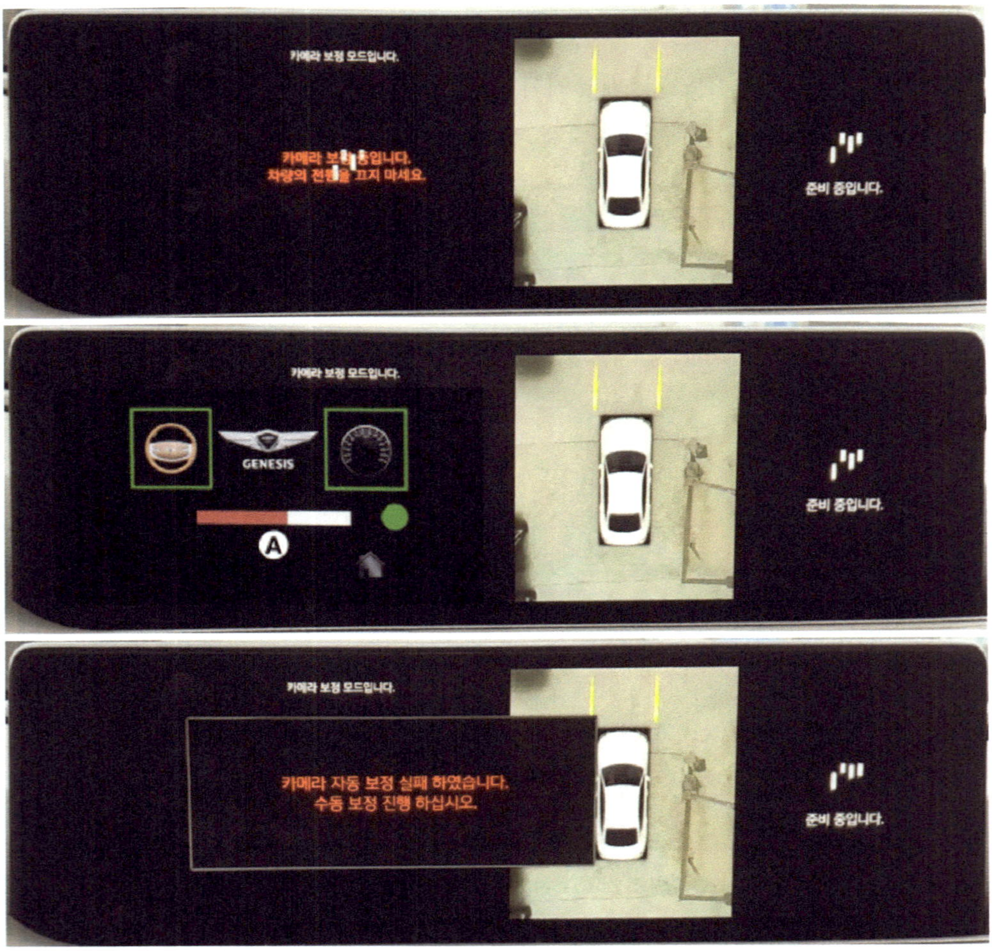

그림 5-30 AVM 주행 중 자동 공차 보정

AVM 주행 중 자동 공차 보정이 완료되면 보정이 완료되었다고 표시되고 초기 작동 상태로 돌아가는데 만일 보정 조건이 맞지 않은 상태로 보정이 되지 않으면 그림 5-30과 같이 보정에 실패하였다는 메시지가 표시되고 이때는 앞에서 살펴본 수동 보정기능을 실시하여 보정을 실시한다.

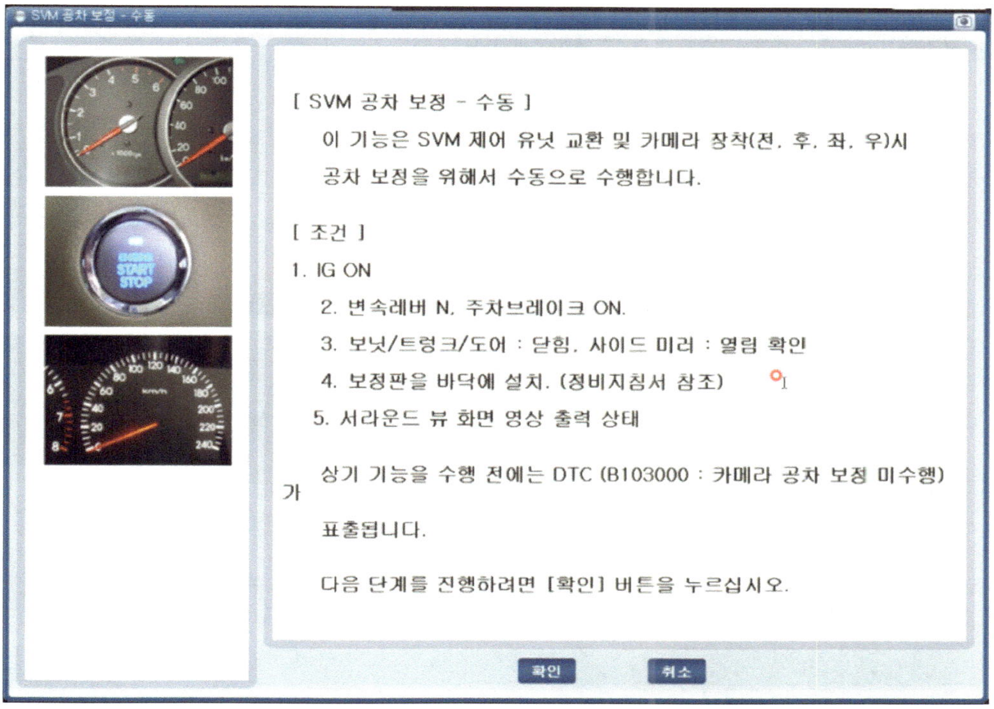

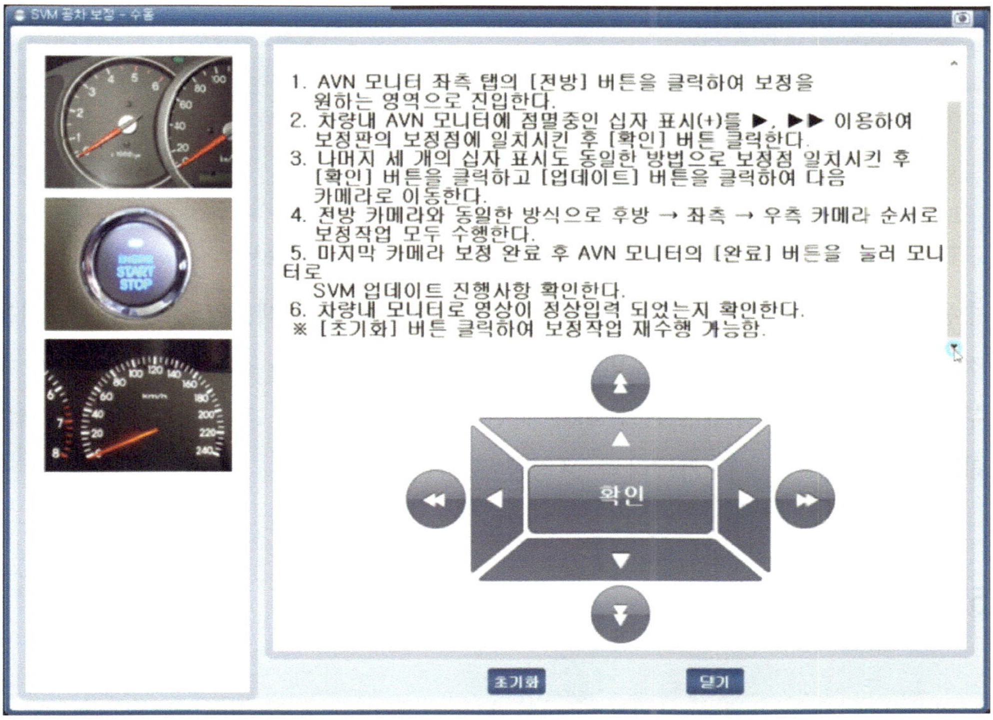

그림 5-31 G80(RG3) AVM 공차 보정 수동

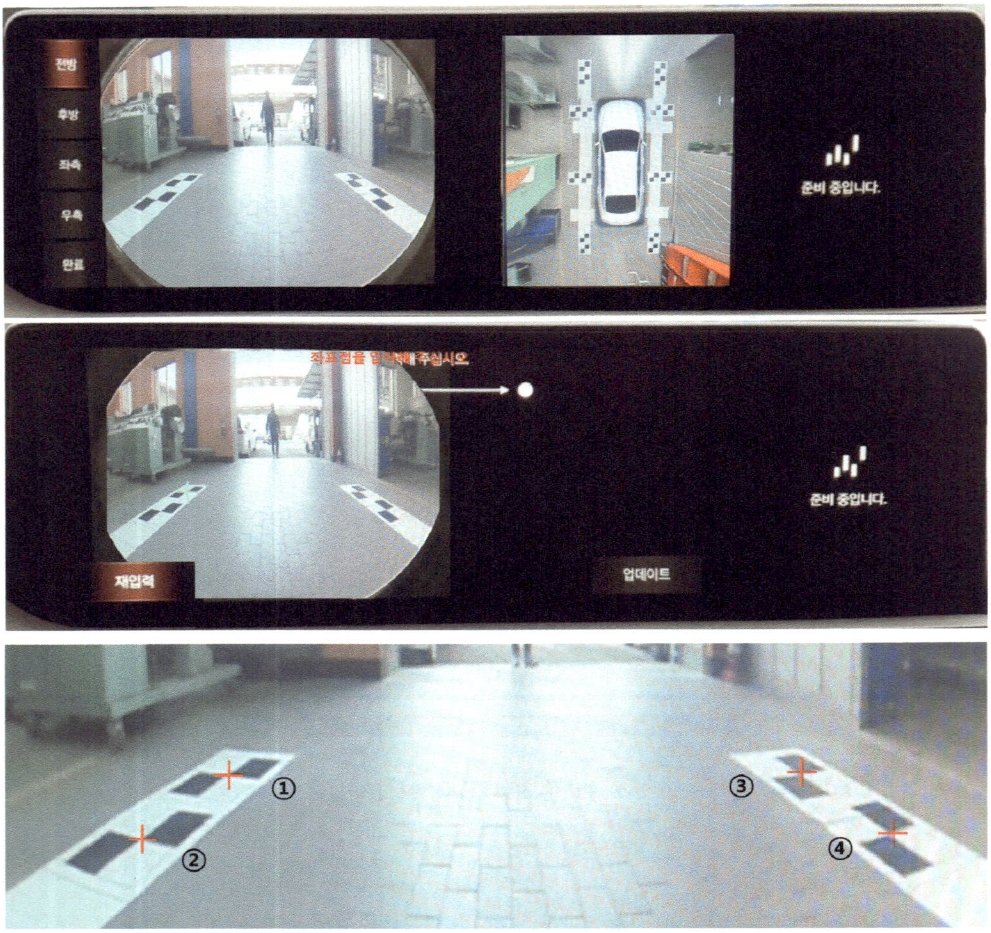

그림 5-32 G80(RG3) 공차 보정-수동 입력순서

수동보정 시 그림 5-32에서 보는 것과 같이 보정점에 '+'녹색으로 점멸되는 표시를 보정점에 일치시키고 확인을 누르면 '+'적색이 점등되는데 이와 같은 방법으로 왼쪽 위에서부터 왼쪽 아래 그리고 오른쪽 위와 하단 순으로 일치시킨 후 확인을 누르고 업데이트하면서 전, 후, 좌, 우 카메라의 보정을 수행한다.

5.3.2 수입 자동차

수입차량의 경우 앞에서 살펴본 국산차량과 크게 다르지 않지만, 차량의 제조사에 따라 보정에 필요한 타겟의 형상이 다른 것이 특징이고, 차량에 따라서는 보정 타겟 없이 보정할 수 있다.

1) 차체수리

차량이 사고로 인해 파손된 경우 AVM 카메라가 전, 후, 좌, 우의 정확한 위치에 고정되어 있어야 한다. 이때 가장 기본적인 것이 차체의 교정이 제대로 되어야 하고 그에 따라 도어패널과 같은 볼트온 패널이 정위치에 고정되고 AVM 카메라 역시 정상적으로 잘 고정될 수 있다. AVM 보정을 위해서는 카메라의 장착 각도가 정확해야 하므로 기본 틀인 차체수리가 매우 중요하다고 할 수 있다.

그림 5-33 차체 프레임 교정

2) 코딩

수입차량도 앞에서 살펴본 국산차량의 보정과 크게 다르지 않지만, 코딩을 위해서는 제조사별로 보정 타겟의 형상과 설치거리 등 차이가 있어 해당 차량의 정비매뉴얼을 확인하고 그에 맞는 준비를 하고 코딩을 시작한다.

가. 아우디

전방 카메라의 보정을 위해서는 차량에 전방 카메라가 정상적인 각도로 장착되어 있어야 한다. 그래서 전방 카메라가 바로 장착됨을 가장 먼저 확인해야 한다.

① 차량 설정

진단기를 이용해 코딩을 실시하기 전 차량에 장착된 AVM 카메라의 장착상태를 확인 후 보정을 위한 타겟을 준비하고 설치해야 한다. 차량과 타겟과의 거리 설정 및 직각으로 설정하는 등 차이가 있으니 해당 차량의 정비지침서 또는 스캔툴 진단기의 지침에 따라 보정 타겟을 설치한다.

그림 5-34 SVM 카메라 보정 타겟 설치(아우디 & 폭스바겐)

② 스캔툴 코딩

카메라 모듈을 교환한 경우 해당 시스템의 배리언트 코딩이 먼저 진행하고 보정해야 하는데 최근에는 인터넷 서버에서 프로그램을 다운받아 코딩을 진행하고 있다. 기본적인 차량진단기능을 비롯해 소모품 관리에 관한 핫펑션 기능 외에 ADAS와 관련된 보정기능과 각종 제어기의 프로그래밍 기능을 지원하고 있다.

아우디 차량의 경우 후방 카메라 보정과 AVM(SVM) 카메라 두 가지 모두 보정기능을 지원하기에 보정하고자 하는 카메라 영역을 선택해 코딩을 실시한다.

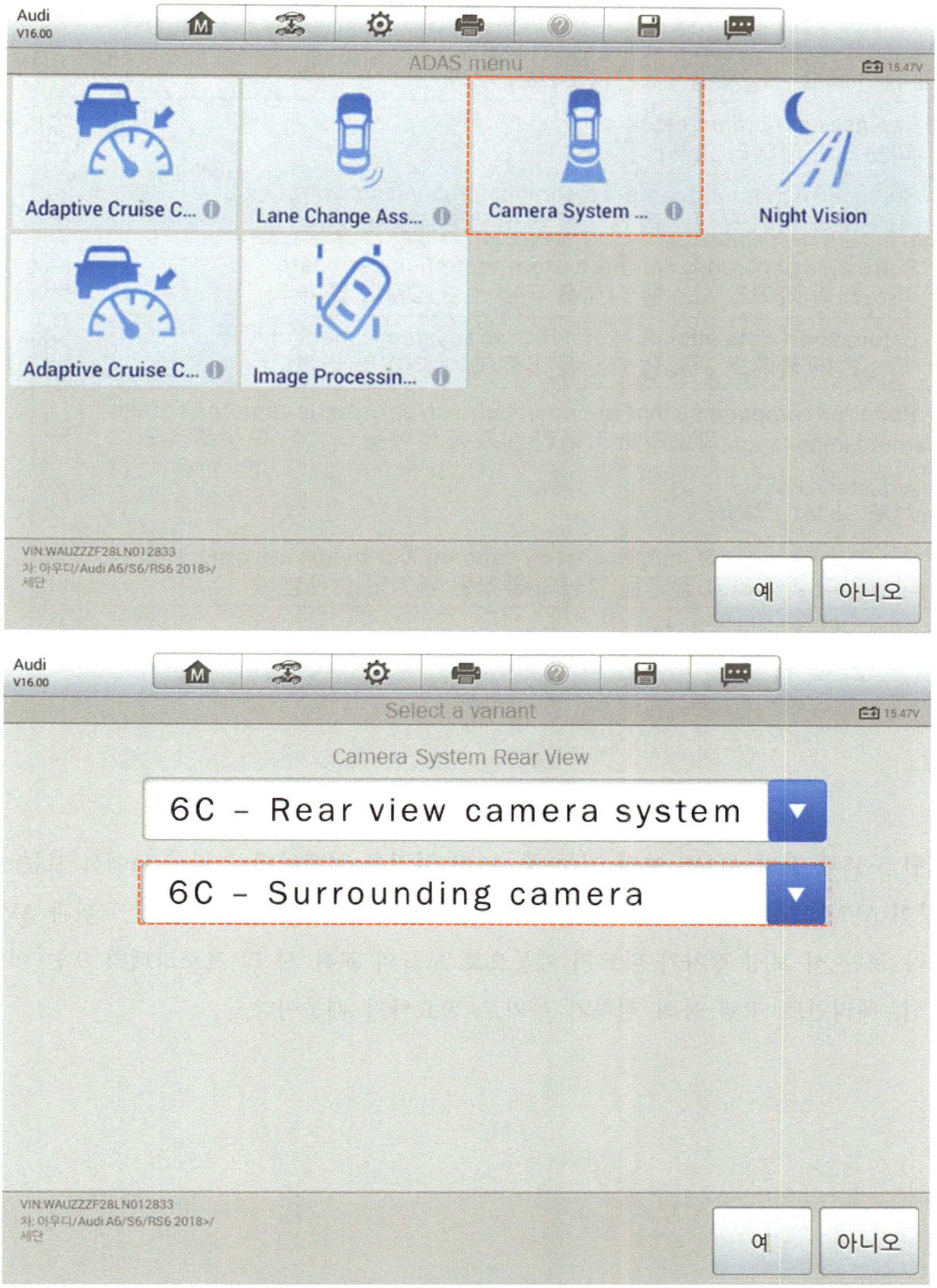

그림 5-35 스캔툴 ADAS 메뉴

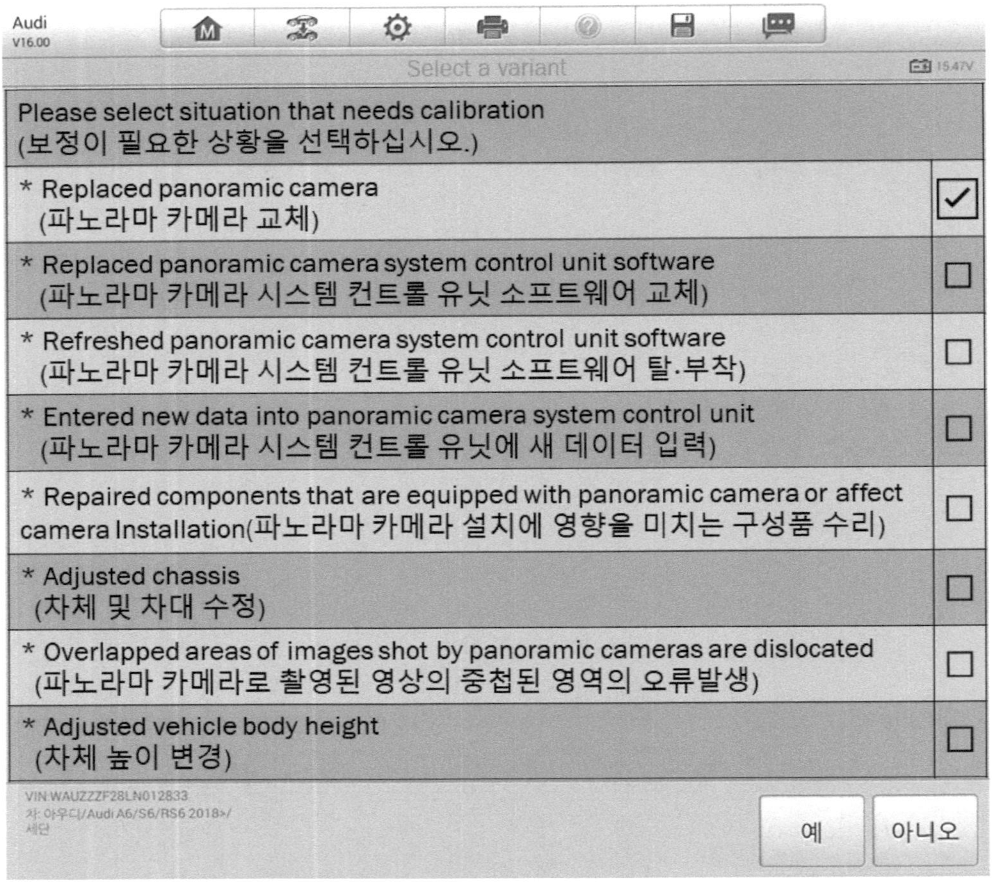

그림 5-36 AVM 보정상황 설정

그림 5-35과 같이 ADAS 보정 기능 중 AVM 설정을 선택하면 그림 5-36에서 보는 것과 같이 AVM 보정상황에 대하여 선택하게 되어 있는데 이는 AVM 모듈의 교환과 AVM 카메라 교환 시 보정 절차가 다르기 때문으로 모듈의 교환 시 리 프로그래밍 또는 어댑테이션, 베리언트 코딩 등의 절차가 추가로 필요하기 때문이다.

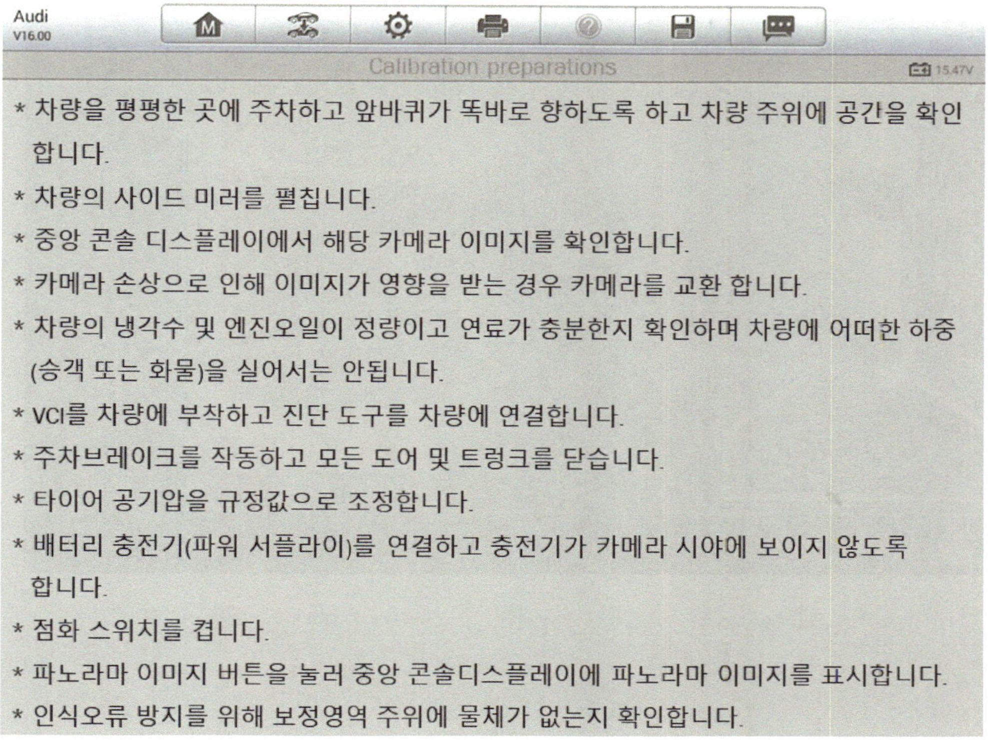

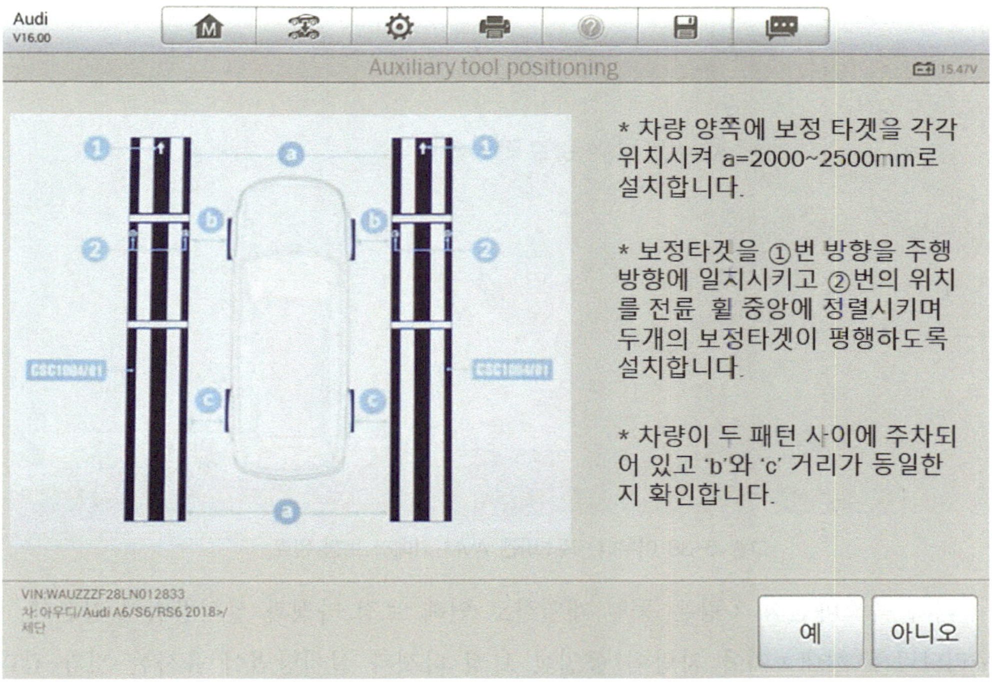

그림 5-37 AVM 보정 주의사항 및 보정 타겟 설치

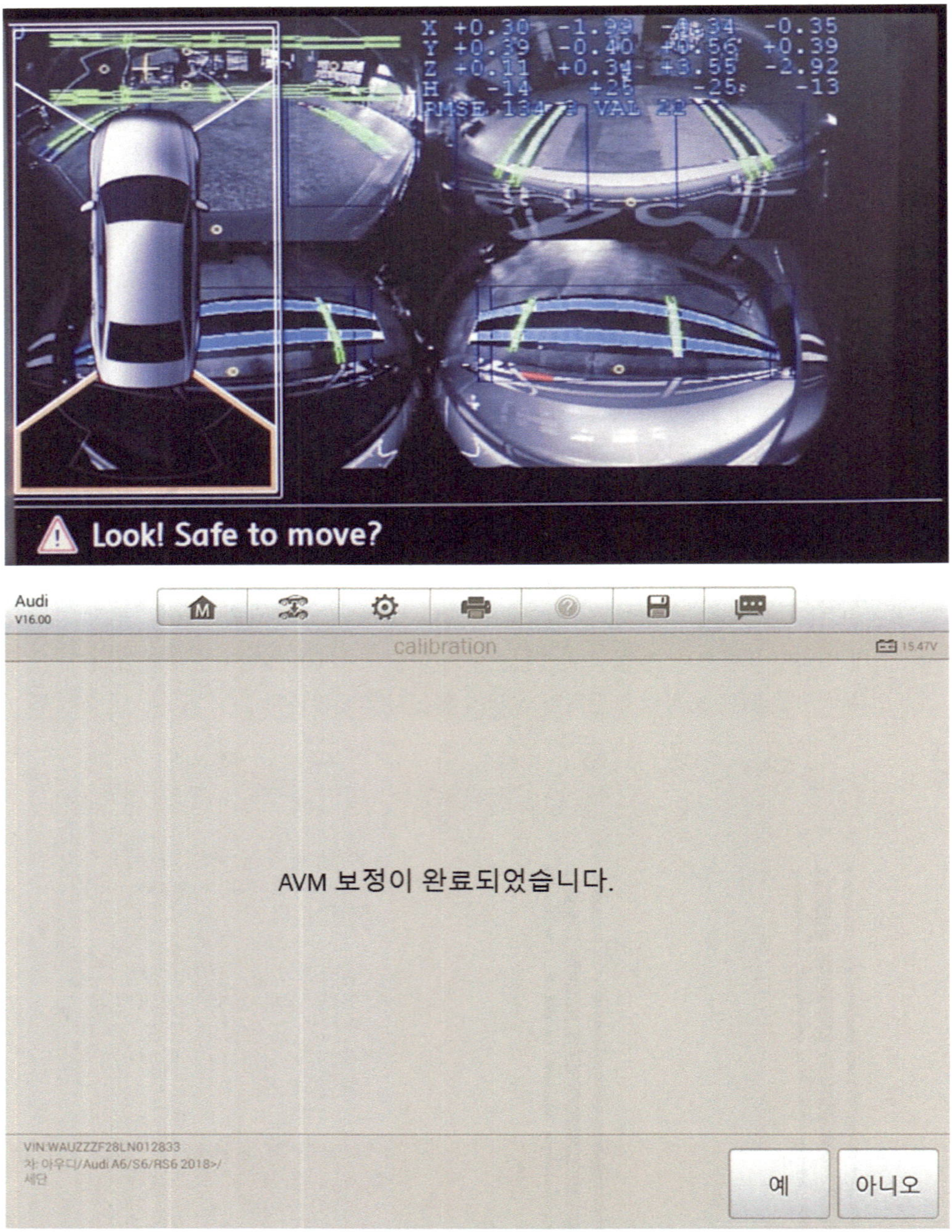

그림 5-38 아우디 · 폭스바겐 AVM 카메라 보정 완료

아우디와 폭스바겐의 차량은 동일 계열사로 인해 보정 타겟과 설치방법이 같은데, 이는 우리나라의 현대 · 기아 차량이 동일한 보정 타겟과 설치방법이 유사한 것과 같다.

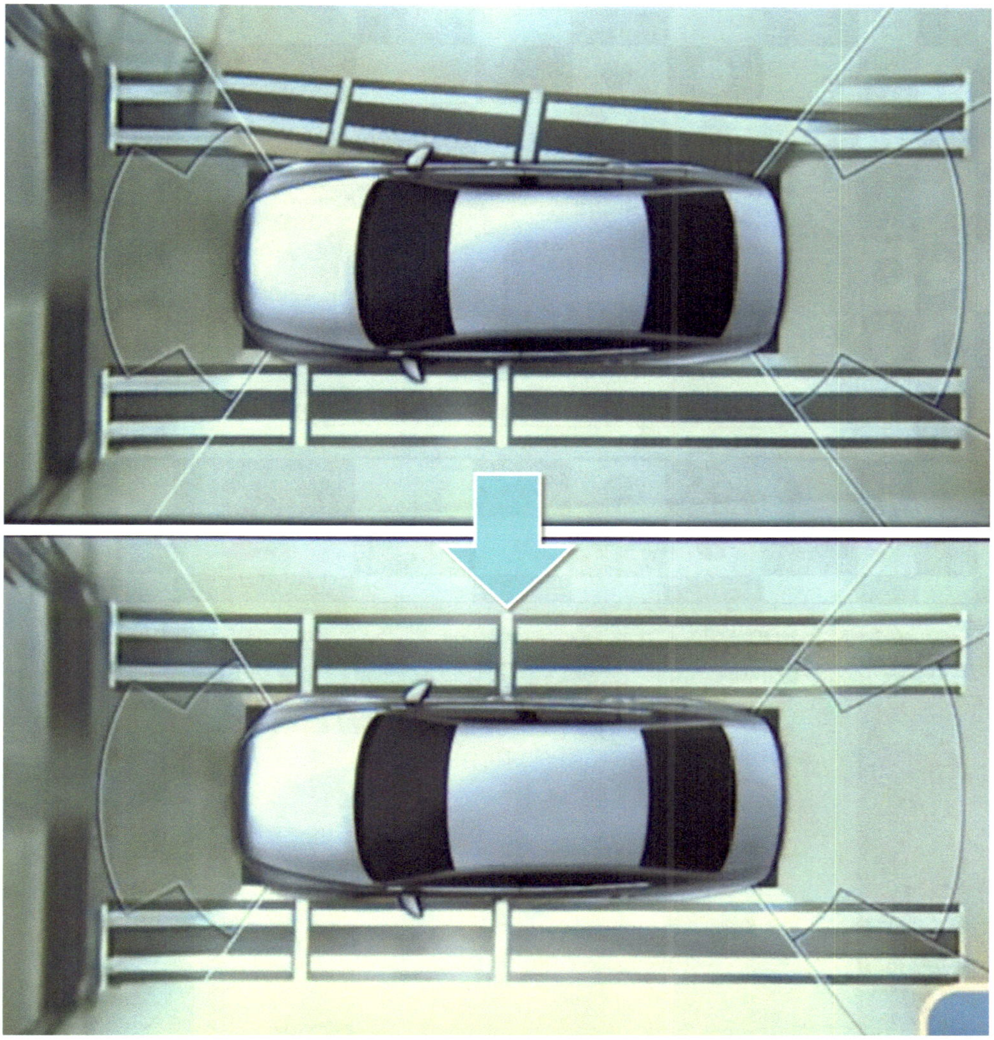

그림 5-39 AVM 보정 전후 비교(출처: https://youtu.be/txaJ_wSZE9M)

② 벤츠

벤츠 차량도 마찬가지로 국산차량과 앞에서 살펴본 아우디 차량과 크게 다르지 않다. 다만 보정 타겟의 형상과 설치방법이 상이하므로 보정 타겟의 설치 부분을 그림 5-41과 같이 설치하고 차량의 COMAND(Cockpit Management and Navigation Display 조그 다이얼) 컨트롤 노브를 이용해 AVM 카메라의 보정을 실시한다.

그림 5-40 벤츠 차량 AVM 카메라 보정 타겟 설치

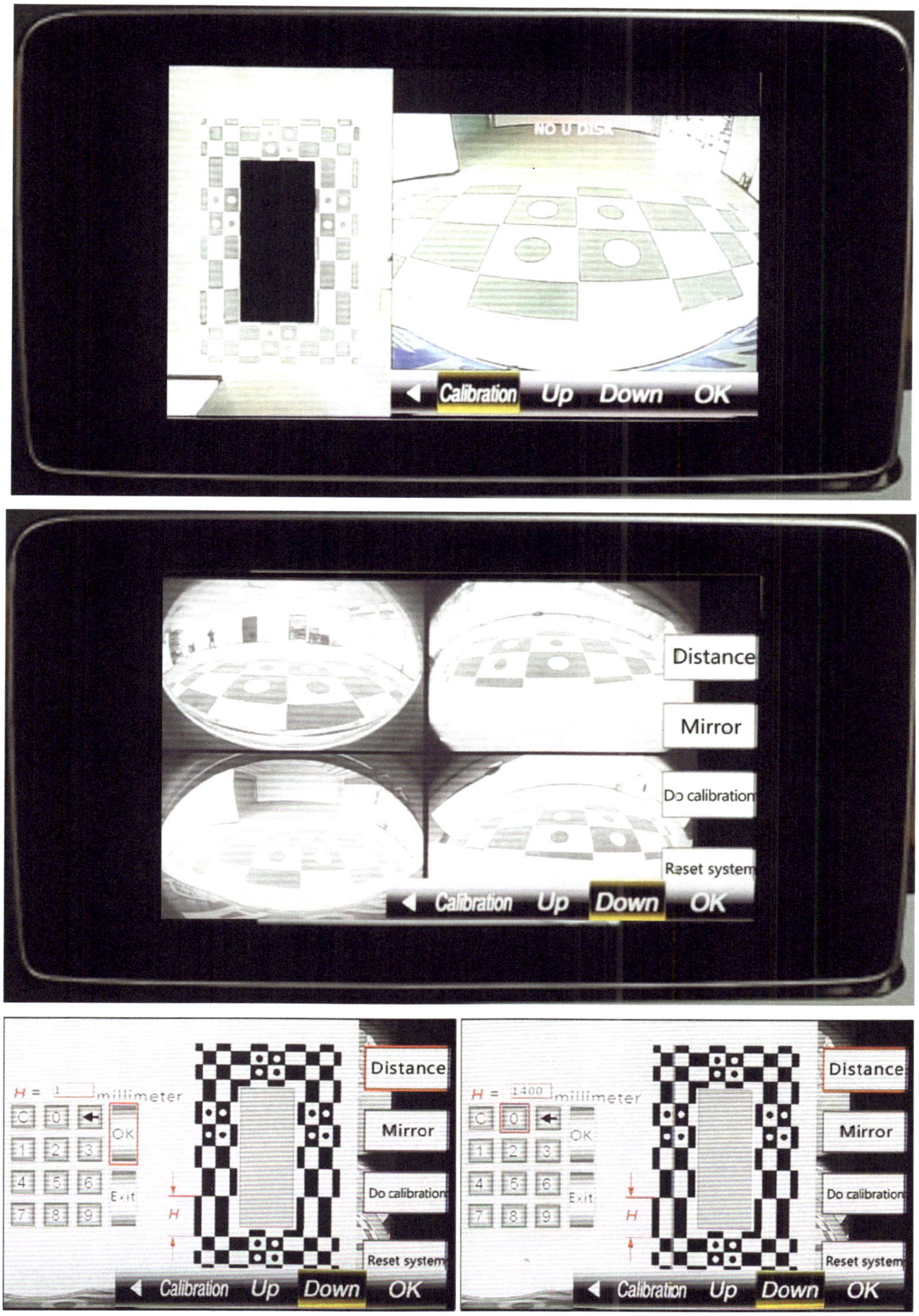

그림 5-41 벤츠 차량 AVM 카메라 보정(출처: https://youtu.be/IroQLAZGB2U)

그림 5-42 X5 G05 AVM

CHAPTER 5 생각해보기 Exercise

1. 주차편의 장치에 대하여 설명하시오.

2. 후방경보 장치에 대하여 설명하시오.

3. 후방 카메라에 대하여 설명하시오.

4. AVM(Around View Monitor)에 대하여 설명하시오.

5. 자동주차 기능 중 주차보조에 대하여 설명하시오.

6. 자동주차 기능 중 원격 주차에 대하여 설명하시오.

7. 전・후방 경보기에 적용된 초음파 센서의 진단방법에 대하여 설명하시오.

8. 자동주차 기능에 적용된 초음파 센서의 진단방법에 대하여 설명하시오.

9. 후방 카메라 고장 진단에 대하여 설명하시오.

10. AVM '공차 보정 - 자동'과 '공차 보정-수동'에 대하여 설명하시오.

Chapter 06

패널 및 차체 수리

자동차는 여러 종류의 패널이 결합되어 있는데, 차량이 사고로 인하여 차체에 손상을 입게 되면, 패널 별로 교환 또는 수정하여 차량을 수리한다. 손상된 차체를 수리하기 위한 공정은 차량의 입고에서 출발해 패널과 차체의 교환 또는 수정작업을 통하여 원형으로 복원하고, 도장을 거쳐 조립하고, 필요에 따라 광택작업을 끝으로 마두리한다.

이러한 차체 수리 작업은 작업범위 설정, 차체 고정, 탈착 및 인장, 패널 교환 시 용접작업, 방음 · 방청작업으로 진행하게 된다.

본 장에서는 차체를 구성하고 있는 패널별로 특징을 살펴보고 패널과 차체의 교환과 수정에 대하여 알아보도록 하겠다.

6.1 볼트 온 패널

6.1.1 볼트 온 패널 개요

볼트 온 패널이란 볼트나 너트 등을 이용하여 조립된 패널로 대표적으로 도어 패널이나 프런트 팬더 패널이 있으며, 탈 · 부착이 쉬운데, 작은 손상이 있는 경우는 수정해서 재사용하지만, 손상 부위가 크면 쉽게 교환을 할 수 있는 패널이 볼트 온 패널이다.

모든 패널의 교환은 동일한 기준으로 판단을 하지만, 볼트 온 패널의 경우 조금 더 쉽게 교환으로 판단하게 된다. 교환으로 판단하는 이유는 타 패널보다 탈 · 부착이 쉽다는 점이며, 그에 따라 상대적으로 외부 패널에 비해 교환해도 사고의 정도를 약하게 판단하기도 한다.

6.1.2 볼트 온 패널의 교환

볼트 온 패널이 단순히 탈 · 부착이 용이 하다고 쉽게 판단하여서는 안되는데, 이유는 수정과 복원작업을 통하여 수리에 소요시간 대비 교환작업이 빠르면 수정비용이 교환 작업비용보다 많이 소모되면 교환하는 것을 기본적인 원칙으로 하지만, 차량 소유자의 요구에 따라서 결정하는 부분이 더욱 크다.

볼트 온 패널은 쉽게 교환할 수 있지만, 수리한 차량을 판매할 시 사고차량으로 인식되어 중고차 가격을 제대로 받지 못 할 수도 있다. 예를 들어 운전석 도어에 충격을 입은 두 대의 차량이 있다고 가정하면, 'A' 차량과 'B' 차량이 동일한 충격량으로 인하여 동일한 파손이 되었는데 'A' 차량은 시간이 더 걸리고, 비용이 더 소모되더라도 복원을 하여 수리를 하였다. 그에 반해 'B' 차량은 운전석 도어 패널을 교환하여 수리를 완료하고, 이 두 대의 차량이 중고자동차 시장에 나와 가격을 정하면 동일한 사고로 파손된 부분이 같은 차량임에도 불구하고, 'A' 차량은 도어 패널을 교환 하지 않았기 때문에 무사고 차량이라 판정을 받을 수 있지만, 'B' 차량은 도어 패널을 교환하였기 때문에 도어 패널을 단순 교환한 사고차라 판정을 받게 되는 것이다.

비록 단순히 쉽게 탈부착이 가능한 볼트 온 패널이라고 할지라도 해당 사고차량이 복원하여 수리를 마치고 중고차 시장이라는 곳에서 가격에 대해 흥정을 하면 불리할 수 있어 단순한 볼트 온 패널이라 할지라도 차량의 수리를 의뢰한 차량 소유주의 입장을 고려하여 결정하는 것이 중요하겠다.

도어 패널은 자동차의 도어로 외부와 내부를 합한 형태이다. 도어를 여닫기 위한 경첩부와 차체의 'B' 필러에 장착된 패널로 차량에 따라 2개 또는 3개, 4개 등으로 차량의 디자인과 형태에 따라 그 수량이 다르고, 도어 패널 내 윈도와 같은 부수적인 장치들을 포함한다.

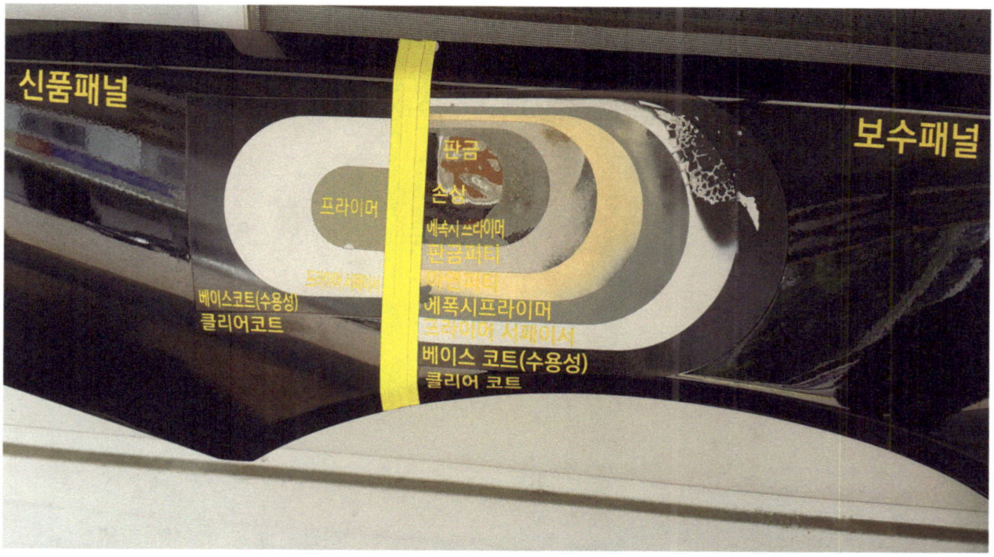

그림 6-1 패널 판금 수리

도어 패널의 교환은 신중하게 판단해야 하는데 이유는 도어 패널의 경우 정확한 위치에 장착이 되어야 외부 공기의 유입을 방지할 수 있으며, 만일 제대로 장착되지 못하면 외부의 공기유입으로 인한 소음의 발생과 도어의 여닫힘이 불량해질 수 있으며 도어 패널을 교환하면 차량을 중고차 매매 시 큰 사고차량으로 판단될 수도 있어 차량의 소유자에게 불이익이 갈 수 있어 차량의 소유자와의 충분한 협의가 있고 난 뒤에 교환을 진행하여야 할 것이다.

보닛 패널 패널은 일반적인 다른 패널에 비해 판금 작업하기 쉽지 않은데, 차량의 전면에 위치하고 엔진을 보호하는 엔진룸의 덮개로 여닫음이 빈번한 패널이다. 이와 비슷한 것이 도어 패널이나 트렁크 리드 패널, 테일게이트 패널이 있지만, 여닫음에 따라 충격을 많이 받게 되어, 도어 패널이나 트렁크 패널, 테일게이트 패널의 경우 차량의 충격을 흡수하기 위하여 적절한 두께를 두지만, 보닛 패널은 상대적으로 두께가 얇아 충격을 많이 받을 수 있다.

그림 6-2 볼트 온 패널 보닛

보닛 및 각종 패널의 복원 시 강판이 최초의 상태로 복원되지 않기에 퍼티를 도포하여 표면을 완성한다. 하지만 보닛의 손상정도가 미미한 경우는 문제가 되지 않지만, 변형정도가 커 퍼티를 많은 도포가 필요하거나 충격을 많이 받는 부위에 손상이 발생하면 도포된 퍼티가 보닛을 여닫을 시 발생하는 충격으로 도포한 퍼티가 후드 패널에서 이탈되는 결함을 낳을 수 있다. 그에 따라 보닛 패널에 손상이 발생하면 손상 위치에 따라 다르지만, 패널을 교환하는 경우가 많다.

전면 팬더 패널은 볼트 온 패널 중에서 가장 저렴한 패널로 상대적으로 단순한 제조 공에 의해 생산되어, 차량에 적용된 모든 패널 중 가격이 가장 저렴한 패널이다. 또 탈부착 또한 쉬워 전·측면의 사고로 프런트 팬더가 손상되면 판금작업으로 수리하는 것보다 교환하는 것이 비용적인 측면에서 저렴하다. 이는 프런트 팬더 패널의 가격이 저렴하다 보니 손상된 부위를 복원 수리하면, 이때 소모되는 수리비용에 비해 교환하는 비용이 저렴하기에 자주 교체되는 패널이다.

범퍼의 경우는 일반 패널과 다소 차이가 있다고 할 수 있겠지만 차체의 부품 중에서는 소모품으로 차량이 운행 중에 발생할 수 있는 가벼운 사고 등으로부터 충격을 흡수하는 가장 기본적인 부품 표현하게 되는 것이다.

6.2 외부 패널

6.2.1 외부 패널 개요

외부 패널은 볼트 온 패널에 비해 교환에 대한 판단을 내리기가 쉽지 않은데, 이는 차량을 매매할 때 리어 쿼터 패널과 같은 외판 패널을 교환한 차량은 대형 사고가 발생한 차량으로 판단되어 차량의 중고가격이 많이 감가되기 때문이다. 볼트 온 패널의 경우 단순 교환으로 판단하여 비교적 차량가액의 감가가 적지단, 외부 패널이 교환된 차량은 큰 사고가 발생하여 크게 수리한 차량으로 차량가액이 많이 감가된다.

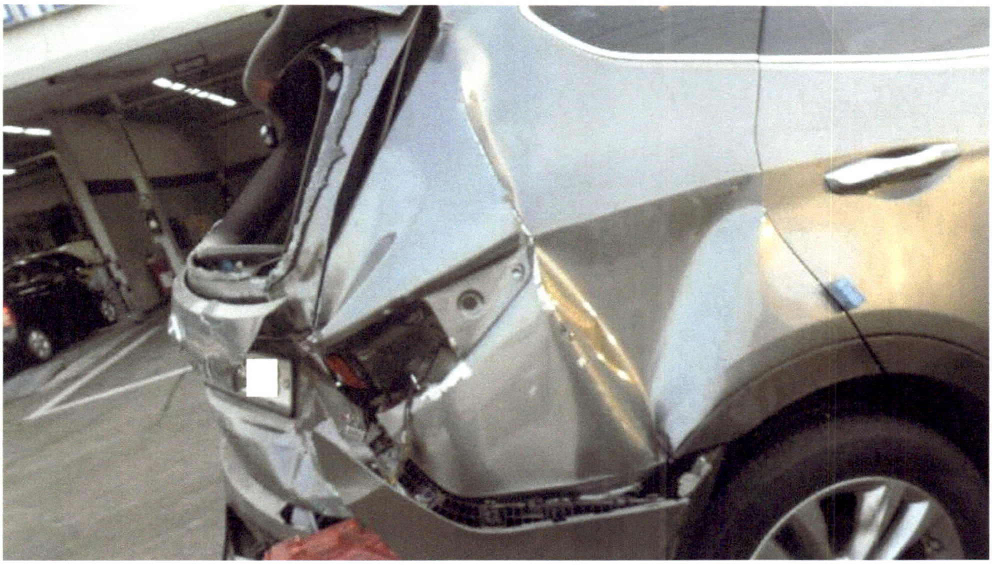

그림 6-5 외부 패널의 손상

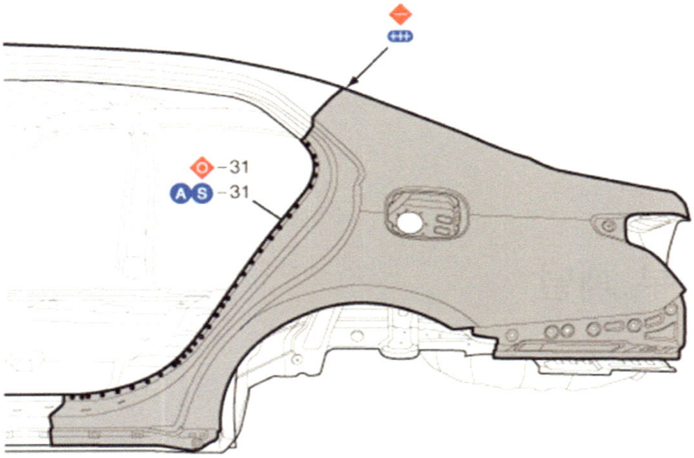

-31 ─ 31 : 용접점
　　 └ : 한겹(용접점 제거)

-31 ─ 31 : 용접점
　　 ├ A : 구조용 접착제
　　 └ S : 스포트 용접

: 절단
: 버트(맞대기) 용접

● : 탈거
● : 장착

⚠ 주 의

패널 제거전에 신품 패널의 절단 위치를 확인 한다.

그림 6-6 리어 쿼터 패널 교환

리어 쿼터 패널과 같은 외부 패널은 볼트 온 패널과 달리 스폿 용접으로 차체에 부착되어 있어 교환을 위해 탈착하기가 쉽지 않고, 절단해서 탈착하더라도 차량에 남아있는 외부 패널과 자연스럽게 연결되도록 조립하고 내부 패널과 용접으로 고정해야 하므로 작업의 난이도가 높다.

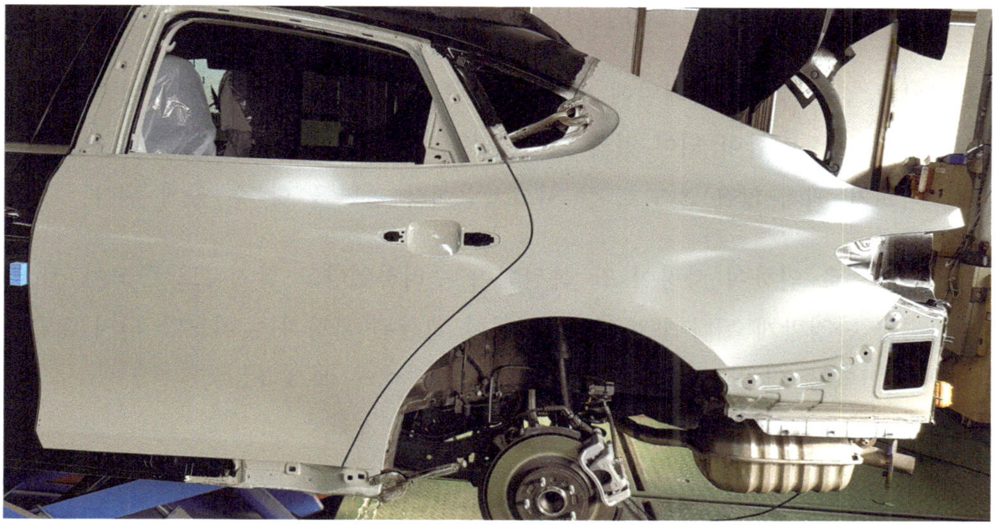

그림 6-8 리어 쿼터 패널 교환

6.2.2 외부패널 교환

외부적인 파손 형태에 따라 교환을 해야 할지 결정하기는 쉽지 않지만 그것을 결정하는 것이 시간과 비용이 문제가 되는 것인데 외부의 손상이 경미하여 판금작업을 거쳐 퍼티작업, 도장작업과 광택작업을 통하여 수리를 마무리하기도 하지만 그렇지 않고 파손이 완전히 심하게 되면 쉽게 교환을 결정할 수 있지만, 그 기준이 어느 정도냐고 명확히 짚어 이야기할 수는 없지만, 수정에 걸리는 시간이 어느 쪽이 많이 소모되느냐에 따라 결정하고 비용에 대한 부분 또한 마찬가지라 하겠는데 이렇듯 외부 패널을 수정작업 할 때 걸리는 시간이 길어지면 외부 패널을 교환하여야 하는데 외부 패널을 교환하기 위해 관련된 부품을 탈착해야 하는 경우가 있게 된다.

외부 패널을 교환한 후 외부 패널을 교환하기 위하여 탈착하였던 부품들을 정상적으로 잘 장착이 되어서 아무런 문제가 되지 않아야 하는데 만일 그렇지 않으면 주변 부품들이 제대로 장착이 되지 않거나 불가능해지며 장착이 될지라도 단차가 크거나 너무 협소하여 문제를 일으킬 수 있게 된다. 그리하여 수정작업을 잘못하여 패널의 형태를 제대로 복원하지 못하는 경우 외부 패널은 육안으로 쉽게 확인할 수 있는 부분이므로 정상적인 복원이 불가능하다고 판단이 되면 교환작업을 하는 것이 좋게 된다.

외부 패널의 경우 볼트 온 패널에 비해 더욱 중요하게 판단하여야 하는데 외부 패널의 특성상 용접으로 접합이 되어 있게 되어 외부 패널을 교환하게 되면 볼트 온 패널의 교환과는 비교가 되지 않을 정도로 큰 사고차량이라 판단을 할 수 있게 된다.

이러한 부분으로 인하여 차량이 잘 복원되어 수리하였다고 할지라도 중고차 시장에 넘겨져 가격을 판정받게 된다면 볼트 온 패널이 교환된 차량과는 비교가 되지 않을 정도로 차량의 가격을 인정받기 어렵기에 중요한 부분이라 하겠다.

6.3 내부 패널

6.3.1 내부 패널 개요

외부 패널과 달리 내부 패널의 경우 교환작업과 수정 작업에는 큰 차이점이 있다. 단순히 볼트 온 패널의 경우 간편하게 교환할 수 있었지만, 앞서 살펴본 것과 같이 외부 패널은 난이도가 있었다. 그와 달리 내부 패널의 경우 교환작업과 수정작업의 난이도가 가장 높게 되는데, 큰 차이점은 외부형상을 원래의 형태로 복원할 수 있느냐? 없느냐? 이다.

외형상으로 보이는 형태가 원래의 형태와 유사하느냐는 내부 패널의 변형으로 인하여 차이가 날 수 있으므로 외부 패널을 분석할 때와는 다르게 분석해야 한다.

그림 6-9 내부 패널 인장

6.3.2 내부 패널 교환

내부 패널은 수리 후 사고 전과 동일한 기능과 강도를 유지 할 수 있느냐가 문제가 될 수 있는데 동일한 부위에 새로운 충격이 발생하였을 때 차량 탑승자의 안전을 생각한다면 어떻게 수리해야 할지 고민을 해보아야 한다.

내부의 수정을 위하여 산소 용접기 등을 이용하여 열을 가하면서 수정을 하면 앞서 살펴본 차체의 강판별로의 강성이 달라서 수정을 할 때 해당 패널 강판의 성질을 숙지한 상태에서 안전에 영향을 줄 수 있는 부분이라면 고민을 해볼 필요성이 있다. 그에 따라서 수정을 할 것인지 교환을 할 것인지를 결정하여야 할 것이다.

내부 패널의 경우 외부 패널과 다르게 강도와 강성에 엄청난 차이가 나게 된다. 이는 모노코크 보디를 사용하는 차량이거나 프레임 보디를 사용하는 차량이든 비슷하게 되는데 주로 모노코크 보디를 사용하는 차량의 차체를 지지하는 뼈대와 같은 부분이기 때문인데, 해당 부분을 외관 형태와 치수에만 맞추어 복원하게 되면 추후 비슷한 부위의 충격이 발생하였을 때 동일하게 충격을 받아 주는 것은 아니기 때문이므로 치수에 맞추기만 하는 것이 제대로 복원하는 것은 아니다.

그림 6-10 내부 패널 탈거

내부 패널은 볼트 온 패널과 달리 외부 패널과의 조합으로 이루어져 있는데 보강판과 함께 용접되어 있고 대부분의 외부 패널의 두 배 이상으로 매우 두껍게 되어 있는데 외부 패널의 경우 제조사마다 차이가 있을 수 있지만, 0.8 ~ 1.0 mm 정도이지만 내부 패널은 1.2 ~ 2.4 mm 정도의 두께로 차이가 있게 되는데 이러한 두께의 차이는 외부 패널과 외부 패널 강도의 차이로 봐도 되는데 그로 인하여 내부 패널의 수정작업은 별도의 수정 장비를 이용하여 수정을 해야 하는데 산소 용접기 등으로 열을 주어 작업을 해서는 안 될 것이다. 외부의 경우 리어 사이드 멤버의 교환작업과 리어 백패널, 리어 쿼터패널, 내・외부 패널(좌・우)이 이루어져야 한다.

이처럼 수정작업을 하는 것 보다 교환작업을 하는 것은 리어 사이드 멤버의 변형이 발생하였을 때 진행하게 되는데 이는 수정작업을 했을 경우 차체의 강도가 저하 될 수 있으므로 차체의 강도 유지를 위하여 교환해야 한다.

복원하기 위하여 수정하는 경우 체인블록 등을 이용하여 인장작업과 함께 망치로 변형된 패널을 충격을 가하게 되면 패널을 원래의 형태로 복원시키기도 하지만 원형으로 복원할 수는 없으므로 강도와 강성은 저하되어 원래의 형상으로 제작된 신품 패널로 교환을 해주는 방법이 차량 출고시의 강성을 유지하는 방법이 된다.

그림 6-11 전면 내부 패널 파손

전면사고 차량을 분석해보면 전면 좌측과 우측 부분이 파손된 차량으로 앞서 살펴본 후면부가 파손된 차량과 같이 우측 사이드멤버의 변형과 펜더 에이프런의 변형이 발생하였으며 전면부위 전체가 좌측으로 휘어지는 변형이 발생하게 되었으며 조수석과 운전석의 프런트 도어 패널과 좌・우 A필러(프런트 필러)의 변형은 발생하지 않았다.

차량 대부분이 엔진이 차량의 앞에 장착이 되어 있게 되는데 앞서 살펴본 후면부 사고차량과 다르게 전면부의 사고차량의 경우 주의 깊게 살펴야 하는데 이는 차량을 운행하는 탑승객의 안전이 후면부보다 상대적으로 중요하게 되기 때문이다.

물론 그렇다고 해서 후면부의 사고차량이 신중하게 판단하여야 하겠지만 전면부위를 판단할 때 조금 더 주의 깊게 살펴 신중하게 판단해야 한다는 것이다.

만일 그렇지 못한 경우 차량 탑승객의 안전과 직결되므로 차체의 강도와 강성을 유지할 수 있도록 수정 또는 교환작업을 진행하여야 한다.

그림 6-12 내부 패널 손상 계측

전면부의 사고차량의 경우 후면부에 비해 탈착되어야 하는 부품이 많이 있게 되는데 이는 차량 엔진 대부분이 전면에 장착되어 있기 때문인데 내부 패널을 수정하거나 교환을 위해서는 엔진이나 변속기 등의 부품을 탈착하고 수정 또는 교환을 하게 된다.

그림 6-13 내부 패널 복원

그림 6-14 내부 패널 복원

6.4 차체 고정

6.4.1 차체 고정 목적

1) 차체 이동 방지

사고로 인하여 파손된 차량에서 내부 패널의 수정이나 차체의 골격 부위의 변형을 복원시키기 위해서는 큰 힘이 필요하게 되는데 이러한 힘을 가하게 될 경우 차체가 그 이상의 힘을 버텨내야 한다. 그래서 차량을 고정하는 부위를 단단하게 고정을 해야 하는데 만일 제대로 고정이 되지 않게 되면 차체가 이탈하고 제대로 된 복원작업을 실행할 수가 없게 된다. 그러므로 차체의 고정은 파손부위를 복원하기 위해 가하는 인장력을 잘 버틸 수 있는 부위에 안전하고 견고하게 고정시켜야 한다.

2) 인장력 균등 분할

차체를 복원하기 위하여 인장을 할 때 차체의 고정을 한 곳에만 하면 그 고정한 부위가 복원하기 위하여 인장하는 부위가 인장되는 것이 아니라 고정한 부위가 인장될 수 있다. 이렇게 되면 복원작업이 난해해지게 되는데 인장력이 한 곳에 집중되는 일은 절대로 없어야 하겠다.

차체의 고정은 기본고정으로는 4곳을 필요에 따라 추가고정을 하여 수정을 위해 인장을 할 때 그 힘에 반대로 버틸 수 있는 응력이 발생하도록 고정하고 한 곳으로 응력이 모이지 않게 고정한 부분을 분산시켜 복원을 위해 인장력을 가함에 따라 발생할 수 있는 2차적인 손상을 방지하여야 한다.

6.4.2 차체 고정 방법

차체의 고정이란 손상된 차체를 수정하기 위하여 고정하는 것으로 수정작업 중 차체가 움직이지 않도록 고정해야 하는데 고정을 하는 방식으로는 기본고정과 추가고정 이 있게 된다.

1) 기본고정

기본고정은 언더바디의 사이드 실 부분 플랜져 부위 좌, 우를 고정하는 것으로 차체의 손상부위를 복원 수정하기 위해서 가장 기본이 되는 고정위치이다.

주로 전, 후, 좌, 우 4곳을 고정하게 되는데 이는 차체에서 강한 강도를 가지고 있는 언더 바디의 플로어 부분으로 일반적으로 차체의 전면부에 설치하는 클램프의 위치는 프런트 필러 패널과 플로워 패널이 만나는 부분으로 차체의 하단 부위가 되고 후면부에 설치하는 클램프의 위치는 리어 필러 패널과 플로워 패널 이 만나는 부분으로 일반적으로 강도가 크고 튼튼한 부위에 설치하여 고정하게 된다.

만일 기본고정이 되는 부위에 손상이 발생한 경우가 있을 수 있는데 이러한 충격이 발생한 차량을 수정작업 시 전 · 후 · 좌 · 우 4곳 중 손상이 되지 않은 기본 고정위치에 클램프를 먼저 설치하고 손상된 기본 고정부위를 수정하고 난 후 클램프로 고정을 해주면 되겠다.

기본 고정을 하였다고 하여 차체를 완벽하게 수정이 가능한 것은 아닌데 그 이유는 차체가 받은 충돌의 양과 방향 등으로 인하여 파손된 부분의 변형이 달라지며, 그러한 부분을 수정하기 위하여 추가로 인장하고자 하는 방향과 반대 방향의 고정을 해주지 않게 되면 비틀림 등의 모멘트가 발생할 수가 있게 되어 차체를 원형으로 복원하는 데 애로사항이 발생하게 된다.

그래서 기본 고정만으로 수정작업 시는 수정하고자 하는 방향으로 차체의 비틀림이 발생할 수 있어 인장하고자 하는 방향의 반대 방향 등으로 추가적인 고정이 필요하게 된다.

그림 6-18 차체 기본 고정

2) 추가고정

추가고정은 복원하고자 하는 차량의 차체를 기본적인 고정을 완료하고 차량의 파손 부위에 따라 복원을 하기 위하여 인장작업 시 차체가 비틀릴 수가 있어 그 비틀림의 방향의 반대쪽에 고정하는 것으로 파손 부위의 인장작업 시 차체의 강도에 영향을 미치지 않도록 하여 체인이나 클램프로 체결하여 단단히 고정한 후 체인블록이나 인장 툴을 설치하여 고정시켜 주는 것이다.

기본고정 및 추가고정은 차체의 파손 부위를 인장작업 시 차체에 대응하는 힘을 유지시킬 수 있도록 하여줌으로 아주 중요한 작업이 된다. 만일 이러한 고정작업이 헐겁거나 정확한 부분에 장착이 되지 못하게 되면 인장작업 시 작업자의 안전뿐 아니라 인근에서 작업하는 작업자의 안전에 문제를 일으키게 되고 차량의 이차적인 변형이 발생하거나 파손이 되는 등의 문제가 발생할 수 있어 차체를 고정할 때는 주의 깊게 살피고 정확히 고정하는 것이 중요하겠다.

그림 6-15 인장을 위한 추가고정

6.5 차체 인장 및 교환

충격으로 인하여 차량의 차체에 변형이 발생하게 되면 기본적으로 차체를 복원하여야 하는데 차량에 발생한 충격이 대부분의 충격이 압축되므로 이를 복원하기 위해서는 충격을 받은 차체의 패널을 충격의 반대 방향으로 인장 작업을 진행하여야 하게 되고 만일 그 충격량이 너무 크게 되면 패널을 탈거하고 교환을 진행해야 한다.

6.5.1 차체 인장

인장작업은 충격으로 변형된 차체나 패널의 형상을 원래의 형상으로 복원하기 위해서 진행하는 작업으로 차체 수정장비와 오토폴, 체인블록, 체인과 클램프 등의 장비를 이용해서 충격으로 변형된 반대 방향으로 인장하여 차체를 원래의 형상으로 복원시켜주는 작업을 이야기한다.

충격으로 변형된 차체를 원래의 형상으로 복원시키기 위하여 인장을 하는 방법은 여러 방법이 있을 수 있는데 복원작업을 위한 인장작업과 교환할 패널을 인장하여 절단하고 남은 부위를 다시 인장하여 변형 부위를 복원시켜 교환할 패널을 잘 장착할 수 있는 형상을 만들어 내는 인장 작업도 있다.

인장작업 후에 교환할 패널을 절단할 때 일차적인 인장작업과 수정작업을 확인하고 차체의 형태가 원래의 형태로 복원되었다고 판단이 되었을 때 절단을 진행하게 된다.

이때 절단작업은 이차적인 인장작업을 위해 절단하고자 하는 부위의 2/3 정도에서 1/2지점에 절단을 해주는 것이 작업이 편리하게 된다.

일반적으로 프런트 사이드 멤버와 같은 강한부위의 절단을 가스용접기나 산소절단기를 이용하게 되는데 가스용접기나 산소절단기를 사용하게 되면 주변 패널이나 차체에 강성을 떨어트리게 될 수 있으므로 사용을 자제하고 가급적 드릴링이나 에어톱 등을 이용하도록 하는 것이 좋다. 부득이하게 산소용접기나 산소절단기 등을 사용할 경우 차체에 남아있는 부품이 열에 대한 영향을 받지 않도록 하여 절단하고 남은 부위를 드릴링이나 에어톱 등을 사용하는 것이 좋겠다.

차량의 파손 형태는 주로 휘어짐이나 꺾임, 비틀림 등으로 단순하게 변형된 경우보다 복합적으로 변형이 된 부분이 대부분이 되게 된다. 이러한 부분으로 인하여 파손된 차체를 복원할 때는 그 수정의 순서를 알아두고 수정하게 되면 조금이라도 쉽게 차체를 복원할 수 있다.

① 찌그러짐 수정, ② 종으로 휘어짐 수정, ③ 횡으로 휘어짐 수정

이상의 순서대로 진행하게 되면 복원작업을 진행할 때 조금이나마 쉽게 수정할 수 있는 기본적인 작업의 순서가 된다. 손상된 패널이나 멤버를 인장하고자 할 때 차량이 손상된 방향과 반대로 인장하는 것이 원칙이다.

손상된 부분을 인장하고자 할 때 방생되는 인장력은 큰 힘을 가해야 하는 경우가 있는데 이러한 이유로 클램프를 패널에 고정할 때 이러한 인장력을 버틸 수 있어야 하므로 완벽하게 고정해야 하는데, 만일 그렇지 못하게 되면 인장작업 중 클램프가 이탈되어 큰 사고로 연결될 수 있기에 주의해야 한다.

클램프의 체결이 잘되었는지 확인하기 위해서 체인을 설치 후 오토폴과 의 고정위치나 인장 높이, 인장 방향 등을 작업자가 의도한 방향으로 인장이 되는지 서서히 작동시켜 확인하면서 인장작업을 진행하여 안전사고의 발생을 주의하여 인장작업을 한다.

그림 6-16 차체 교환 및 인장

또 사이드 멤버 같은 강도와 강성을 요구하는 부분이 파손되어 꺾임 등의 변형이 발생하였을 때 사이드 멤버의 한쪽은 늘어나지만, 반대쪽은 수축하는데, 이는 주로 프런트 사이드 멤버와 리어 사이드 멤버에서 나타나게 된다.

이처럼 손상된 사이드 멤버나 리어사이드 멤버의 수정은 치수가 짧게 된 부위에 클램프를 고정해서 인장하는데 클램프의 고정을 바깥쪽으로 인장하면 안쪽의 수정이 곤란해지는 원인이 되므로 주의해야 한다.

손상된 차체의 변형된 부위에는 가공경화 현상이 발생하게 되는데 이 부분은 상대적으로 연신율이 저하되어 인장력을 과도하게 증가시키면 인장이 되는 부분이 끊어지게 되는데 이러한 부분을 줄이기 위해서는 변형된 부분을 한 번에 수정하려 해서는 안 되며 당겨지는 패널이나 멤버의 형태를 보면서 서서히 단계적으로 인장작업을 진행하여야 한다.

이러한 가공경화 부위를 수정하는 것은 쉽지 않은데, 이를 복원하기 위해서 산소용접기 등을 이용하여 변형된 부위를 가열한 후 수정하는 경우가 있는데 이렇게 가한 열로 인하여 차체가 가지고 있는 강도나 강성을 저하할 수 있어서 가급적이면 피해야 할 것이며, 부득이하게 열을 가하면 조금 낮은 온도로 국부적인 형태로 가열하고 그 범위 또한 한정적으로 가열하여야 할 것이다. 이러한 열을 가하는 방법은 차체의 강성을 저하하므로 가급적 피해야 하는 작업이 되겠다.

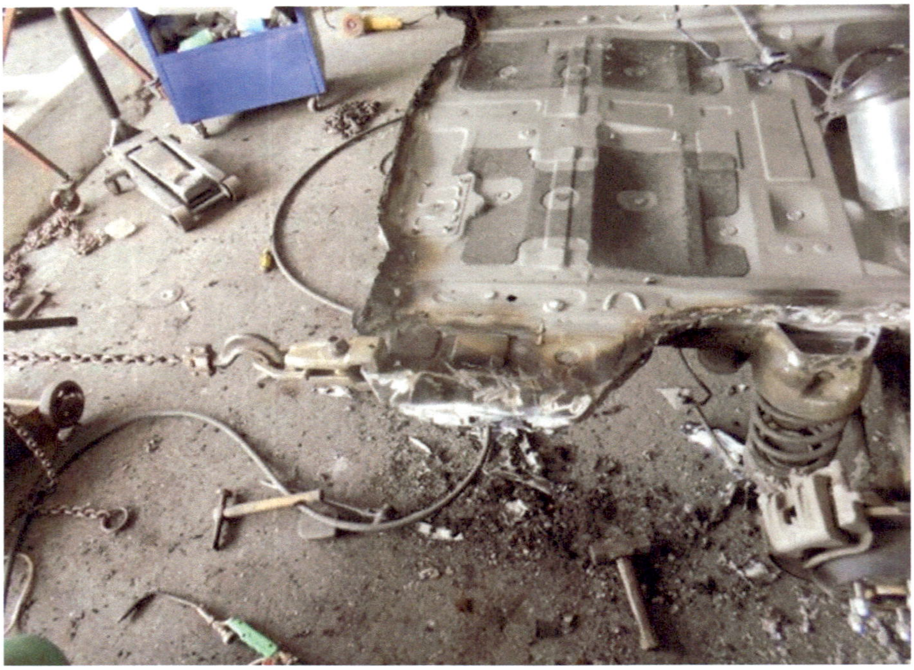

그림 6-17 차체 인장

인장작업을 하다 보면 스프링 백(spring back)현상을 접할 수 있는데 이 스프링 백 현상은 스프링과 같이 되돌아오는 것을 탄성이라고 표현하기도 한다. 차체에 적용된 패널이나 멤버는 여러 종류의 재료로 되어 있는데 그 부위의 재질별로 탄성이 달라지는데 이러한 탄성은 외부의 힘으로 변형된 물체에 그 힘을 제거하게 되면 다시 원래의 모양으로 되돌아가려는 성질로, 차체의 변형된 패널이나 멤버를 인장하기 위하여 힘을 가하게 되었을 때 인장이 되는 시점과 되돌아가는 시점이 발생하는데 이때 되돌아가려고 하는 것을 스프링 백이라고 하며 인장작업 시 스프링 백 되는 구간을 고려하여 인장력을 조절하여 진행하여야 한다.

인장작업을 진행할 때 이러한 스프링 백 현상으로 되돌아가기 때문에 규정된 수치보다 조금 더 인장을 해주어야 하는데 그렇다고 해서 너무 과한 힘으로 인장을 하게 되면 또 다른 뒤틀림이나 휘어짐이 발생할 수 있고 그렇게 이차적인 손상이 발생하면 수정작업을 하기가 쉽지 않게 된다.

이렇게 인장작업 시 발생하는 스프링 백 현상을 최소화해 인장작업의 정확도를 높이기 위해서는 해머 링 작업을 병행해 주는 것이 좋게 되는데 이는 인장 작업에 가장 필요한 부분이기도 하다. 이러한 해머 링 작업으로 변형부위를 수정해 줌으로써 변형된 부위가 원래의 형태로 되돌아가는 스프링 백 현상을 최소화해 규정 수치로 복원이 되는 정도를 쉽게 확인할 수 있으므로 반드시 해머 링 작업과 함께 인장작업을 진행함으로써 인장작업의 효과를 두 배로 만들도록 하여야 할 것이다.

6.5.2 차체 교환

인장을 하거나 판금을 통하여 패널을 수정하지 못할 정도로 크게 손상된 패널의 경우 탈거해 교환해야 한다.

차체를 수리하기 위하여 공급되는 패널류는 어셈블리 개념보다는 각각의 개념적인 부분으로 공급되는데 그로 인하여 교환하려는 패널은 공급되는 형태가 어떤 형태인지 숙지하고 있어야 한다. 물론 어셈블리로 공급이 되는 부품이 있기도 하지만 대부분의 부품은 부분적으로 공급이 되므로 손상된 형태와 교환해야 하는 범위를 정확히 판단해야 효율적인 작업을 진행할 수 있게 된다.

인장작업을 통해 손상된 부위의 수정작업이 끝나면 교환하여야 부분만큼 손상된 패널을 탈거하는 작업은 신품의 패널을 구 패널의 위치에 정확하게 부착하기 위한 하나의 과정이 되는데 신품 패널을 장착하기 위해 가급적이면 깨끗하게 마무리되는 것이 좋게 된다.

구 패널을 탈거할 때 구 패널의 잔존물이 존재하게 되면 신품 패널이 잘 맞지 않게 되고 정확한 위치에 장착이 어려워지게 된다. 그러므로 구 패널을 탈거할 때는 정확하게 드릴링하고 해머나 정을 이용하여 깨끗하게 탈거해야 한다.

그림 6-18 후면 쿼터 패널 내부와 외부

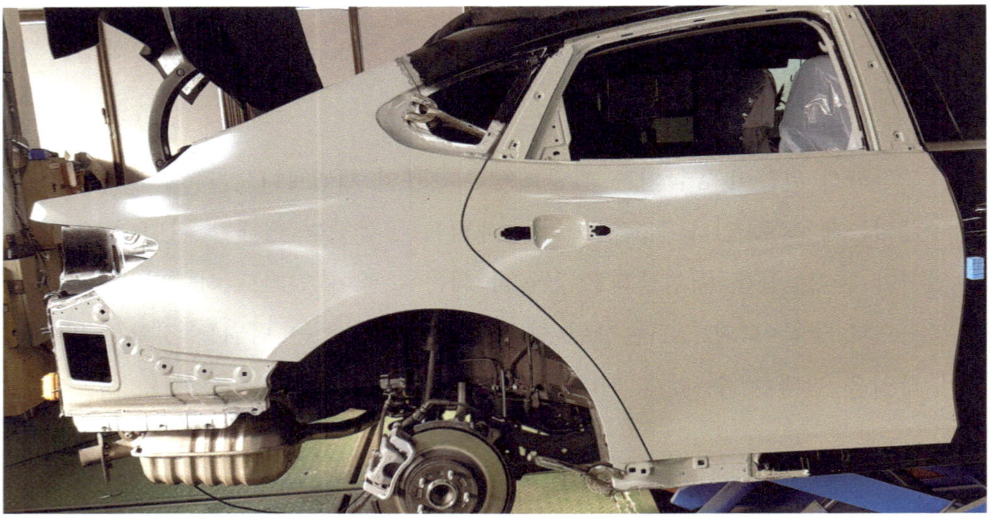

그림 6-19 후면 쿼터 패널 교환

차체수리 작업은 많은 공정을 통해 이루어지는데, 이러한 공정들은 작업을 진행하는 작업자에 따라 달라지며, 사용하는 장비와 공구, 시설과 환경이 다르므로 차이가 날 수 있지만, 차체를 수리하는 데 가장 중요한 것은 안전 장구를 반드시 착용하고 안전에 유의하면서 차량을 수리하는 것이 가장 중요한 부분이 되겠다.

CHAPTER 6 생각해 보기 Exercise

1. 차체 패널 중 쿼터 패널에 대하여 설명하시오.

2. 차체 수리 작업 시 차체를 고정하는 이유에 대하여 설명하시오.

3. 차체 수리 작업 시 차체를 고정하는 방법 중 기본고정에 대하여 설명하시오.

4. 볼트 온 패널 중 프런트 펜더 패널에 대하여 설명하시오.

5. 차체 수리 작업 중 차체 인장의 진행순서에 대하여 설명하시오.

6. 차체 패널 중 외부 패널에 대하여 설명하시오.

7. 차체 패널 중 외부 패널 교환에 대하여 설명하시오.

8. 차체 수리 시 가급적 산소용접기의 사용을 자제해야 하는 이유에 대하여 설명하시오.

9. 차체 패널 중 내부 패널에 대하여 설명하시오.

10. 차체 인장 작업 중에 발생하는 스프링 백(spring back)현상에 대하여 설명하시오.

AI 기반 자율주행 ADAS와 차체수리

초 판 인 쇄 | 2022년 2월 10일
초판2쇄발행 | 2026년 3월 11일

저　　자 | 강성구 · 권익형
발 행 인 | 이성범
발 행 처 | 문운당
주　　소 | 서울시 종로구 혜화로5길 16 (명륜1가 45-3)
전　　화 | (02)762-6010
팩　　스 | 영업 (02)745-0265 / 편집 (02)762-8758
홈페이지 | http://munundang.co.kr
이 메 일 | 영업 munun2@daum.net
편집 munundang@naver.com

ISBN 979-11-5692-613-9 93550

정가 27,000원